"十二五"职业教育国家规划教材
经全国职业教育教材审定委员会审定

全国医药中等职业教育药学类"十四五"规划教材（第三轮）

供药学类专业使用

药物制剂技术（第3版）

主　编　郭常文　刘桂丽

副主编　铁　民　张云坤

编　者　（以姓氏笔画为序）

丛振娜（广东省食品药品职业技术学校）

刘桂丽（江苏省常州技师学院）

杨　芳（湖南食品药品职业学院）

肖　雨（湛江中医学校）

张云坤（湖南食品药品职业学院）

陈　雯（成都恒瑞制药有限公司）

袁建华（江西省医药学校）

铁　民（淮南市职业教育中心）

郭常文（四川省食品药品学校）

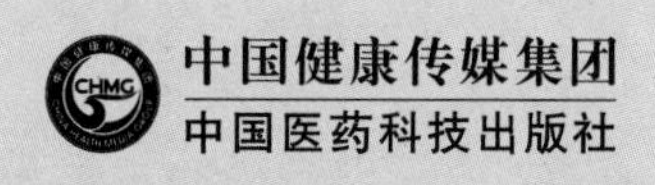

中国健康传媒集团
中国医药科技出版社

内容提要

本教材为“全国医药中等职业教育药学类‘十四五’规划教材（第三轮）”之一，根据药物制剂技术课程标准的基本要求编写而成。以能力本位为目标、就业为导向、学生为主体、理论与实践相结合的指导思想对教材进行系统化设计。本教材分为2个模块、22个项目，主要阐述了药物制剂技术必备的基本理论知识和常见剂型的制备技术。本教材为书网融合教材，即纸质教材有机融合电子教材、数字配套资源（PPT、微课、视频等）、题库系统、数字化服务（在线教学、在线作业、在线考试），使教学资源更加多样化、立体化。

本教材供医药类中等职业教育药学类专业使用，也可供医药类其他专业用。

图书在版编目（CIP）数据

药物制剂技术/郭常文，刘桂丽主编．—3版．—北京：中国医药科技出版社，2020.12
全国医药中等职业教育药学类“十四五”规划教材．第三轮
ISBN 978-7-5214-2135-4

Ⅰ．①药…　Ⅱ．①郭…　②刘…　Ⅲ．①药物-制剂-技术-中等专业学校-教材
Ⅳ．①TQ460.6

中国版本图书馆CIP数据核字（2020）第236795号

美术编辑　陈君杞
版式设计　友全图文

出版　**中国健康传媒集团**｜中国医药科技出版社
地址　北京市海淀区文慧园北路甲22号
邮编　100082
电话　发行：010-62227427　邮购：010-62236938
网址　www.cmstp.com
规格　787mm×1092mm $^{1}/_{16}$
印张　17 $^{1}/_{2}$
字数　345千字
初版　2011年5月第1版
版次　2020年12月第3版
印次　2024年6月第5次印刷
印刷　河北环京美印刷有限公司
经销　全国各地新华书店
书号　ISBN 978-7-5214-2135-4
定价　51.00元

获取新书信息、投稿、为图书纠错，请扫码联系我们。

出版说明

2011 年，中国医药科技出版社根据教育部《中等职业教育改革创新行动计划（2010—2012 年）》精神，组织编写出版了“全国医药中等职业教育药学类专业规划教材”；2016 年，根据教育部 2014 年颁发的《中等职业学校专业教学标准（试行）》等文件精神，修订出版了第二轮规划教材“全国医药中等职业教育药学类‘十三五’规划教材”，受到广大医药卫生类中等职业院校师生的欢迎。为了进一步提升教材质量，紧跟职教改革形势，根据教育部颁发的《国家职业教育改革实施方案》（国发〔2019〕4 号）、《中等职业学校专业教学标准（试行）》（教职成厅函〔2014〕48 号）精神，中国医药科技出版社有限公司经过广泛征求各有关院校及专家的意见，于 2020 年 3 月正式启动了第三轮教材的编写工作。在教育部、国家药品监督管理局的领导和指导下，在本套教材建设指导委员会专家的指导和顶层设计下，中国医药科技出版社有限公司组织全国 60 余所院校 300 余名教学经验丰富的专家、教师精心编撰了“全国医药中等职业教育药学类‘十四五’规划教材（第三轮）”，该套教材付梓出版。

本套教材共计 42 种，全部配套“医药大学堂”在线学习平台。主要供全国医药卫生中等职业院校药学类专业教学使用，也可供医药卫生行业从业人员继续教育和培训使用。

本套教材定位清晰，特点鲜明，主要体现如下几个方面。

1. 立足教改，适应发展

为了适应职业教育教学改革需要，教材注重以真实生产项目、典型工作任务为载体组织教学单元。遵循职业教育规律和技术技能型人才成长规律，体现中职药学人才培养的特点，着力提高药学类专业学生的实践操作能力。以学生的全面素质培养和产业对人才的要求为教学目标，按职业教育“需求驱动”型课程建构的过程，进行任务分析。坚持理论知识“必需、够用”为度。强调教材的针对性、实用性、条理性和先进性，既注重对学生基本技能的培养，又适当拓展知识面，实现职业教育与终身学习的对接，为学生后续发展奠定必要的基础。

2. 强化技能，对接岗位

教材要体现中等职业教育的属性，使学生掌握一定的技能以适应岗位的需要，具有一定的理论知识基础和可持续发展的能力。理论知识把握有度，既要给学生学习和掌握技能奠定必要的、足够的理论基础，也不要过分强调理论知识的系统性和完整性；

注重技能结合理论知识，建设理论－实践一体化教材。

3. 优化模块，易教易学

设计生动、活泼的教学模块，在保持教材主体框架的基础上，通过模块设计增加教材的信息量和可读性、趣味性。例如通过引入实际案例以及岗位情景模拟，使教材内容更贴近岗位，让学生了解实际岗位的知识与技能要求，做到学以致用；“请你想一想”模块，便于师生教学的互动；“你知道吗”模块适当介绍新技术、新设备以及科技发展新趋势、行业职业资格考试与现代职业发展相关知识，为学生后续发展奠定必要的基础。

4. 产教融合，优化团队

现代职业教育倡导职业性、实践性和开放性，职业教育必须校企合作、工学结合、学作融合。专业技能课教材，鼓励吸纳1～2位具有丰富实践经验的企业人员参与编写，确保工作岗位上的先进技术和实际应用融入教材内容，更加体现职业教育的职业性、实践性和开放性。

5. 多媒融合，数字增值

为适应现代化教学模式需要，本套教材搭载“医药大学堂”在线学习平台，配套以纸质教材为基础的多样化数字教学资源（如课程PPT、习题库、微课等），使教材内容更加生动化、形象化、立体化。此外，平台尚有数据分析、教学诊断等功能，可为教学研究与管理提供技术和数据支撑。

编写出版本套高质量教材，得到了全国各相关院校领导与编者的大力支持，在此一并表示衷心感谢。出版发行本套教材，希望得到广大师生的欢迎，并在教学中积极使用和提出宝贵意见，以便修订完善，共同打造精品教材，为促进我国中等职业教育医药类专业教学改革和人才培养作出积极贡献。

数字化教材编委会

主　编　郭常文　刘桂丽

副主编　铁　民　张云坤

编　者　(以姓氏笔画为序)

丛振娜（广东省食品药品职业技术学校）

刘桂丽（江苏省常州技师学院）

杨　芳（湖南食品药品职业学院）

肖　雨（湛江中医学校）

张云坤（湖南食品药品职业学院）

陈　雯（成都恒瑞制药有限公司）

袁建华（江西省医药学校）

铁　民（淮南市职业教育中心）

郭常文（四川省食品药品学校）

前言

《药物制剂技术》自2011年编写出版以来，已近10年，受到了广大师生的欢迎，在教学过程中发挥了重要作用。2016年，在第1版的基础上进行了修订。此次，为贯彻落实《国家职业教育改革实施方案》精神，适应职业教育发展的新变化、新要求，将新标准、新规范及时纳入教学内容，不断探索职业教育教学新方式，培养高素质的技能人才，《药物制剂技术》（第3版）在中国医药科技出版社的精心组织下，按照本套教材的编写原则和要求，在上版基础上进行修订编写而成。

本门课程是药剂专业、制药技术专业等药学类专业的核心课程，主要介绍在特定控制的生产环境中，按照既定的质量标准和生产规程，采用适宜的制备方法、生产流程和质量管理措施，将药物制成规定剂型和规格的合格产品的技术，是一门综合性和操作性极强的课程。

本教材分为2个模块、22个项目，主要阐述了药物制剂技术必备的基本理论知识和常见剂型的制备技术。本书将上版中模块二药物制剂技术基础技能融入各剂型制备过程中，避免在教学之初集中讲授过多的理论知识，影响学生学习的积极性；增加了大量实训操作，并尝试引入少量虚拟仿真实训，尽力突破本门课程实训设施设备和场所不足的瓶颈，激发学生学习兴趣；针对工作中应用较少的模块四药物制剂生产新技术未予保留；删除了项目六灭菌，是鉴于其重要性，经与本套教材中《微生物与寄生虫基础》主编夏玉玲老师沟通后，将灭菌知识放在该教材中重点介绍。本教材在语言上，尽量简短精练、通俗易懂，并配以适量图片和表格，以便理解。

教材由郭常文编写项目一～项目四、项目六，刘桂丽编写项目十～十二、项目二十，铁民编写项目八和项目九，张云坤编写项目五和项目七，肖雨编写项目十四和项目十五，袁建华编写项目十六～项目十八，杨芳编写项目十三和项目十九，丛振娜编写项目二十一和项目二十二，陈雯负责部分图片和部分内容审核。

教材编写过程中，得到了各有关院校和企业的大力支持和帮助，所有编者齐心协力、精益求精，为教材出版付出了大量心血，在此一并表示诚挚的谢意。

因编者水平所限，难免存在不足和疏漏之处，敬请广大读者提出宝贵意见。

编　者

2020年10月

目录

模块一　药物制剂技术基础知识

1. 掌握剂型、制剂等概念。
2. 熟悉剂型的分类。

1. 掌握《中华人民共和国药典》的体例。
2. 熟悉药品标准的种类；《中华人民共和国药典》凡例中常见规定。

1. 掌握药物制剂辅料常见分类。
2. 熟悉药物制剂包装的分类。

1. 掌握GMP对洁净度级别的要求；人员、物料进入洁净区的程序。
2. 熟悉空气净化技术。

模块二 药物制剂技术

1. 掌握散剂的制备工艺。
2. 熟悉散剂的概念和特点；粉碎、过筛、混合的基本操作。

1. 掌握颗粒剂的制备工艺；颗粒剂的分类；制粒的方法。

2. 熟悉颗粒剂的概念和特点；干燥的方法。

1. 掌握硬胶囊剂、软胶囊剂的制法。
2. 熟悉硬胶囊剂、软胶囊剂的定义、特点和质量检查。

1. 掌握片剂常用辅料及特性，湿法制粒压片法；浸出、蒸馏、蒸发的定义。
2. 熟悉片剂分类及特点；压片过程及其影响因素；糖衣片与薄膜衣片的包衣工艺及材料；浸出、蒸馏、蒸发的方法与设备。

1. 掌握丸剂的类型、常用辅料及制备方法。
2. 熟悉丸剂的定义和特点。

1. 掌握口服溶液剂的制备方法；制药用水的应用范围。
2. 熟悉口服溶液剂的概念和特点；制药用水的制备方法；表面活性剂的分类、性质和应用。

1. 掌握混悬剂的制备方法。
2. 熟悉影响混悬剂的稳定性的因素和混悬剂的稳定剂。

1. 掌握常用的乳化剂、乳剂形成的主要条件。
2. 熟悉影响乳剂稳定性的因素；乳剂不稳定现象的表现；乳剂的类型。

1. 掌握糖浆剂的制备工艺。
2. 熟悉糖浆剂的概念和特点。

1. 掌握酒剂的制备方法。
2. 熟悉酒剂的概念和应用。

1. 掌握酊剂的制备方法。
2. 熟悉酊剂的概念和特点。

1. 掌握软膏剂的制备工艺。
2. 熟悉软膏剂的概念和特点。

1. 掌握乳膏剂的制备工艺。
2. 熟悉乳膏剂的概念、基质。

1. 掌握贴膏剂的定义、质量要求和检查。
2. 熟悉贴膏剂的分类、特点。

1. 掌握栓剂的定义、作用特点。
2. 熟悉栓剂的制备工艺。

1. 掌握注射剂的概念；注射剂的特点；注射剂的质量要求；注射剂的生产工艺流程。
2. 熟悉注射剂常用的溶剂和附加剂；热原的定义；热原的性质。

1. 掌握气雾剂的定义、特点、分类、组成和质量要求。
2. 熟悉气雾剂的药物吸收和质量检查。

1. 掌握喷雾剂的定义、特点、质量要求。
2. 熟悉喷雾剂的分类、质量检查。

药物制剂技术基础知识

项目一　剂型
项目二　药品标准
项目三　认识药物制剂的物料
项目四　《药品生产质量管理规范》

项目一 剂型

PPT

学习目标

知识要求

1. **掌握** 剂型、制剂等概念。
2. **熟悉** 剂型的分类。
3. **了解** 制成剂型的目的。

能力要求

能说出常见剂型的名称、给药方式、起效快慢。

岗位情景模拟

情景描述 小李在某连锁药店工作，有位患者前来买药，但是该患者觉得胶囊难以吞咽，口服液太苦，丸剂服用量太大，不知道该选哪种剂型。

讨论 你觉得小李应该如何帮助患者选择合适的剂型呢？

任务一 认识剂型

一、剂型的定义

请你想一想

同学们，你们见过哪些药品呢？能说说它们是什么形状的吗？这些药又是怎么用的呢？

药剂制备就是将原料药物或与适宜的辅料，采用适当的方法和设备，制成适合于患者使用的各种形式。制备时的原料药物包括中药、化学药和生物制品原料药。由于原料药物有的是固体，有的是液体，有的是颗粒，有的是粉末，有的是饮片，性质也各不相同。因此，原料药物需要经过生产加工制成一定的形式，以达到充分发挥疗效、减小毒副作用、便于贮存和使用等目的。简单地说，就是药物制成的适合临床使用的不同给药形式，就称为药物剂型，简称剂型。

我们常见的药物有各种形状的，比如片状、颗粒状、小球状、粉末状等；也有不同形态的，比如透明液体、黏稠液体、粉末状固体、半固体，甚至还有气体形态的。药物的使用方法也多种多样，有的直接口服，有的涂抹或喷洒于皮肤等。如图 1－1～图 1－9 所示。

图1-1　片剂　　图1-2　胶囊剂　　图1-3　颗粒剂

图1-4　丸剂　　图1-5　软膏剂　　图1-6　散剂

图1-7　滴眼剂　　图1-8　口服液　　图1-9　栓剂

各类剂型中的某个具体品种，是根据《中华人民共和国药典》（以下简称《中国药典》）等药品标准、制剂规范规定的处方，将原料药物加工制成具有一定规格的药物制品称为药物制剂，简称制剂，如阿司匹林片、维生素C注射液、红霉素眼膏等。通常把生产制剂的过程也称为制剂。药物制剂主要在制药企业生产，少部分在医院制剂室制备。药物制剂中除了有药物外，也会根据需要添加药用辅料（简称辅料）。药物是起治疗作用的成分，辅料是生产药品和调配处方时所用的赋形剂和附加剂。

药物制剂技术是介绍药物制剂生产和制备技术的综合应用性课程，是制药专业的核心专业课程。药物制剂技术的基本任务是根据药物的性质和临床需要，将其制成适宜的剂型，以充分发挥药效。学习药物制剂技术的目的是熟练掌握制剂生产工艺，批量生产出安全、有效、稳定、方便使用的制剂，使药物能更好地发挥其临床作用，以满足患者的需要。

二、药物制剂生产中常用术语

在药物制剂的生产、经营和使用过程中，常常会遇到一些专有的名词，同学们需要了解其准确的定义。

药品：指用于预防、治疗、诊断人的疾病，有目的调节人的生理机能并规定有适应证或功能主治、用法、用量的物质。包括中药材、中药饮片、中成药、化学原料药及其制剂、抗生素、生化药品、生物制品、麻醉药品、精神药品、医疗用毒性药品、放射性药品等。

药品名称：药品名称主要有通用名、商品名。药品通用名是按照国家药典委员会制定的药品命名原则进行命名的，是药品的法定名称，具有通用性，不可用作商标注册。商品名是药品生产企业自行确定的并经药品监督管理部门批准的药品名称，具有专有性，不得仿用。在药品包装上必须标注药品通用名，如果同时标注通用名和商品名，则通用名应当显著、突出，两者字体比例不得小于2∶1。

批准文号：指国家批准药品生产企业生产该药品的文号。批准文号的格式是：国药准字+1位字母+8位数字，其中字母H代表化学药、Z代表中药、S代表生物制品、J代表进口分装药品。8位数字中前四位一般是该药品的生产企业所在省的代号，后四位为流水号。也有少部分药品的批准文号的前四位为批准年份的。 微课

批：在同一连续生产周期中，成型或分装前使用同一设备所生产的均质产品为一批。用于识别“批”的一组数字称为批号，用于追溯和审查该批药品的生产历史。每批药品均编制有生产批号。批号一般由6位数字组成，前4位数字表示生产的年、月，后2位数字表示该月生产该品种的批次。实际生产中，不同企业有不同的批号编制规范，因此，有的企业批号用8位数字表示，有的企业批号用数字加字母来表示，不尽相同。

规格：指制剂中主药含量。如某药片规格为100mg/片表示该药每片中含主药100mg。

药品有效期：指药品在规定储存条件下能保持其有效质量的期限。通常格式为“有效期至××××年××月”。

三、熟悉制成剂型的目的

药物的疗效主要是由药物的性质、结构决定的，但不同的剂型，对药效的发挥也有不同的影响，有时甚至起决定作用。剂型会影响药物的释放速度、起效快慢，也有可能影响药物的稳定性和安全性。因此，药物要根据不同的情况制成不同的剂型，以满足临床的多样化需求。

1. 临床治疗的需要 病有缓急、轻重、内外之别，所以临床对药物的剂型要求各有不同。比如要急救时，宜选用注射剂、吸入气雾剂、舌下片等起效快的剂型；需持久或缓慢给药的疾病，可考虑用丸剂、植入剂等作用缓慢而持久的剂型；局部皮肤病症，宜用软膏剂、凝胶剂等局部给药剂型。

你知道吗

不同剂型起效快慢

同一药物的不同剂型，给药方式不同，起效快慢是不同的。起效快慢顺序大致如下：静脉给药>吸入给药>肌内注射>皮下注射>直肠或舌下给药>口服给药>皮肤给药。

2. 更好地发挥药物疗效，减少药物毒副作用 如胰岛素、促皮质激素口服后能被胃肠道消化液破坏，可制成注射剂或鼻腔给药剂型。硝酸甘油吞服给药易被肝脏破坏起不到治疗作用，制成舌下给药剂型（舌下片、舌下膜），药物吸收途径改变，可避免肝脏首过效应，表现出良好的疗效。氨茶碱治疗哮喘病效果好，但有引起心跳加快的毒副作用，若制成栓剂直肠给药则可以减小其毒副作用。对胃刺激性大的药物不宜制成散剂、胶囊剂等。

3. 提高药物的稳定性 如青霉素干燥状态很稳定，在水中易水解产生高致敏性成分，宜做成粉针剂，以提高其稳定性。红霉素极易吸潮，可制成包衣片，增加其稳定性。一般情况下，固体制剂生产更方便，质量更稳定，生产时的质量风险更小。液体制剂分散度大，起效更快，但稳定性较差，容易发生沉淀、霉变、发酵等变质现象，生产的质量风险相对高些。

4. 便于运输、贮存和使用 如将药材中有效成分提取后制成片剂、颗粒剂、丸剂等，既可以减小体积、增加药效，又方便使用、运输储存。另外，可通过制剂手段进行色、香、味的调节，更利于不同患者的使用。

总之，剂型能调节药物作用强度，延长药物持续时间，控制药物见效快慢，甚至改变药物治疗作用。药物与剂型之间有着相辅相成的关系，药物起主导作用，而剂型对发挥药物作用起保证作用，剂型是药物必要的应用形式。

任务二 了解剂型的分类

药物的剂型很多，各剂型的制法、用法等各不相同，为方便学习、应用，常对剂型进行如下归纳分类。

1. 按形态分类

（1）固体剂型 如散剂、颗粒剂、片剂、胶囊剂、丸剂、膜剂等。

（2）液体剂型 如口服溶液、注射液、滴眼液、搽剂、乳剂、混悬剂等。

（3）气体剂型 如气雾剂等。

（4）半固体剂型 如软膏剂、乳膏剂、眼膏剂、凝胶剂等。

形态相同的剂型，制备工艺也比较相近，如制备固体剂型，多有粉碎、过筛、混合等工艺；制备液体剂型，多有溶解、过滤等工艺。形态相同的剂型，在质量检查上也有共同之处，比如多数固体制剂都要检查干燥失重（或水分）、粒度、崩解（溶散）时限、重量差异等，多数液体制剂常常也要检查相对密度、pH、装量或者装量差异。

2. 按给药途径分类

（1）经胃肠道给药剂型 如颗粒剂、胶囊剂、口服溶液剂等。

（2）注射给药剂型 如注射剂，包括静脉注射、肌内注射、皮下注射、皮内注射、腔内注射等多种注射途径。

（3）呼吸道给药剂型 如吸入气雾剂、吸入喷雾剂等。

（4）皮肤给药剂型 如软膏剂、乳膏剂、贴膏剂等。

（5）黏膜给药剂型 如滴眼剂、滴鼻剂、舌下片剂等。

（6）腔道给药剂型 如栓剂、阴道泡腾片等。

按给药途径分类与临床用药结合密切，能反映各剂型的给药部位、给药方法，对患者用药有一定的指导作用。不同给药途径微生物限度要求也不同。

另外，剂型还可以按分散系统、制法等进行分类。

实训一 剂型综合实训及考核

一、实训目的

通过设定任务，熟悉常见药品的类型、形态及给药途径。

二、实训原理

根据给定的药品，根据其形态和包装信息，判断药品的剂型、形态及给药途径。

三、实训器材

20 个品种的药品（编好序号），共 20 份实训内容答卷。

四、实训操作

分组答题，每组 2 ~ 3 人，完成实训内容答卷（表 1 – 1）。给出 20 个品种的名称和图片（一个品种 5 分），请同学们写出药品的剂型、形态和给药途径。

表 1 – 1 实训内容答卷

序号	药品名称	剂型	形态	给药途径
1				
2				
3				
……				
20				

五、实训考核

具体考核项目如表 1 – 2 所示。

表 1-2 剂型实训考核表

项目	考核要求	分值	得分
答卷卷面	字迹清晰，书写整齐，内容完整	10	
答卷内容	准确完整	80	
清场	器材归位，场地清洁	10	
合计		100	

目标检测

一、单项选择题

1. 药物制成的适用于临床应用的形式是（　　）

A. 剂型　B. 制剂　C. 主药　D. 药品

2. 在药品包装上一定要有（　　）

A. 商品名　B. 英文名　C. 通用名　D. 汉语拼音名

3. 某药厂生产的阿司匹林片的批准文号中有字母（　　）

A. Z　B. H　C. S　D. J

4. 同一药物不同的剂型，起效最快的是哪种（　　）

A. 注射剂　B. 口服液　C. 口含片　D. 散剂

5. 按照给药途径来分，口含片属于下列哪种（　　）

A. 呼吸道给药　B. 经胃肠道给药

C. 黏膜给药　D. 腔道给药

二、简答题

1. 药物制成制剂的目的是什么？

2. 请说出 5 个药品的名称，并分别说明它们是什么剂型，给药途径是什么？

（郭常文）

书网融合……

PPT

项目二 药品标准

学习目标

知识要求

1. **掌握** 《中华人民共和国药典》的体例。
2. **熟悉** 药品标准的种类；《中华人民共和国药典》凡例中常见规定。
3. **了解** 《中华人民共和国药典》的沿革。

能力要求

熟练掌握《中华人民共和国药典》的查阅方法。

岗位情景模拟

情景描述 小李到某制药企业从事质量检查工作，企业本周完成了一批小儿氨酚黄那敏颗粒和一批玄麦甘桔颗粒的生产，需要抽样进行全检，合格后方能放行。

讨论 1. 小儿氨酚黄那敏颗粒和玄麦甘桔颗粒的质量标准是什么样的？应该怎么查找？

2. 小儿氨酚黄那敏颗粒和玄麦甘桔颗粒都是颗粒剂，质量检查的项目相同吗？

任务一 认识药品标准

药品标准是国家对药品的质量、规格和检验方法所做的技术规定，是保证药品质量，进行药品生产、经营、使用、管理及监督检验的法定依据。药品的国家标准是指《中华人民共和国药典》（以下简称《中国药典》）和国务院药品监督管理部门颁布的药品标准（通常称为局颁标准）。

请你想一想

同学们，生产药品的时候可不可以根据患者或者企业的要求来更改药品的含量呢？比如，维生素C片是非常常见的药品，除了常见的100mg/片，可以生产60mg/片、200mg/片吗？

你知道吗

药品标准的效力

药品标准属于强制性标准，药品应当符合国家药品标准要求。经国务院药品监督管理部门核准的药品标准高于国家药品标准的，按照经核准的药品标准执行；没有国家药品标准的，应当符合经核准的药品标准。

《中华人民共和国药品管理法》（以下简称《药品管理法》）规定：药品所含成分与国家药品标准规定的成分不符的、药品所标明的适应证或者功能主治超出规定范围、变质的药品等，属于假药。成分含量不符合国家药品标准的药品、被污染的药品、未标明或者更改有效期的药品、未注明或者更改产品批号的药品、超过有效期的药品，擅自添加防腐剂、辅料的药品等，属于劣药。生产、销售假药、劣药的，将视情节轻重承担相应的法律责任。因此，药品标准是不能随意更改的，严格按照药品标准生产、检查、使用、经营和管理药品，是保证药品质量、保障人民用药安全有效，维护人民健康的前提。

《中国药典》是国家药品标准的核心，全面反映了我国医药发展和检测技术的应用现状。《中国药典》是由国家药品监督管理局组织国家药典委员会编纂而成。国家药典委员会的专家来自药品检验机构、科研院所、国内外药品生产企业等。

在国家药品监督管理局成立之前，卫生部药政部门负责管理药品，其颁布的药品标准称为部颁药品标准。该标准中的药品一部分保留至今，一部分进行了质量标准提升，也有一部分被撤销。其次，过去药品还有地方标准，后来经过再评价，大部分转为了地标升国标的质量标准。以上两部分的药品标准和国家药品监督管理局成立后批准的药品标准，统称为局颁药品标准。

某一具体品种的药品标准是由品种正文及其引用的凡例、通用技术要求共同构成的。比如上述的维生素 C 片，在它的质量标准的内容里面，规定了【鉴别】【检查】【含量测定】项，在【检查】项下规定了“溶液的颜色”和“其他　应符合片剂项下有关的各项规定（通则 0101）”。这就说明该药品的质量，除了满足其质量标准中的规定外，还需要同时满足制剂通则中的相关规定，比如【重量差异】【崩解时限】【微生物限度】等。 e 微课

任务二　熟悉《中华人民共和国药典》

一、《中华人民共和国药典》的历史沿革

《中华人民共和国药典》（简称《中国药典》）是国家为保证药品质量，保证人民群众用药安全、有效、质量可控而制定的技术法典，是药品研制、生产、经营、使用和监管的法定依据。我国的药典是由国家药典委员会编纂、政府颁布执行，具有法律约束力。《中国药典》是国家药品标准的重要组成部分，是国家药品标准体系的核心。

中华人民共和国成立以来，至今已经颁发了十一版药典，分别是 1953 年版、1963 年版、1977 年版、1985 年版、1990 年版、1995 年版、2000 年版、2005 年版、2010 年版、2015 年版、2020 年版。《中国药典》从 1963 年版起分为两册，从 2005 年版起分为三册，从 2015 年版起分为四册。

二、现行版《中华人民共和国药典》简介

《中国药典》2020 年版于 2020 年 12 月 1 日起正式实施，由一部、二部、三部、四

图2－1 《中国药典》2020年版

部及其增补本组成，见图2－1。本版药典进一步扩大了药品品种和药用辅料标准的收载，收载品种5911种，新增319种。一部中药收载2711种，二部化学药收载2712种，三部生物制品收载153种，四部收载通用技术要求361个，其中制剂通则38个，检测方法及其他通则281个，指导原则42个，药用辅料335种。

《中国药典》2020年版主要由凡例、品种正文和通用技术要求构成。

凡例是为正确使用《中国药典》，对品种正文、通用技术要求以及药品质量检验和检定中有关共性问题的统一规定和基本要求。因此，凡例是使用《中国药典》的"总说明"，是使用药典之前必须要学习的内容。比如采用的法定计量单位，药品标准中的常见的术语释义等。比如，热水、密封、易溶、细粉等，在药典上都作出了详细的规定。

你知道吗

《中国药典》2020年版关于温度的描述

温度描述，一般以下列名词术语表示：

水浴温度　除另有规定外，均指98～100℃

热水　系指70～80℃

微温或温水　系指40～50℃

室温（常温）　系指10～30℃

冷水　系指2～10℃

冰浴　系指约0℃

放冷　系指放冷至室温

通用技术要求包括《中国药典》收载的通则、指导原则以及生物制品通则和相关总论等。比如片剂的制剂通则，就规定了片剂的定义、分类、质量要求、检查项目及检查方法等内容。

《中国药典》各品种项下收载的内容为品种正文。一部和二部品种正文的内容有所不同。一部收载品种的正文内容主要有品名、来源、处方、制法、性状、鉴别、检查、浸出物、特征图谱或指纹图谱、含量测定、炮制、性味与归经、功能与主治、用法与用量、注意、规格、贮藏等。二部收载品种的正文内容主要有品名、有机药物的结构式、分子式与分子量、来源或有机药物的化学名称、含量或效价规定、处方、制法、性状、鉴别、检查、含量或效价测定、类别、规格、贮藏、制剂、杂质信息等，并没有收载药物制剂的适应证、药理作用、不良反应、药物相互作用等。

药典收载的凡例、通则、总论的要求对未载入本版药典的其他药品标准具有同等效力。

凡例和通用技术要求中采用“除另有规定外”这一用语，表示存在与凡例或通用技术要求有关规定不一致的情况时，则在品种正文中另作规定，并据此执行。比如，制剂通则0115散剂规定，【干燥失重】的检查，是在105℃干燥至恒重后进行，但是口服补液盐散（Ⅱ）的质量标准中规定，其【干燥失重】的检查，是在60℃干燥至恒重后进行。

实训二　药品标准综合实训及考核

一、实训目的

通过设定任务，学会查阅药典的方法，熟悉药典各部分的具体内容。

二、实训原理

1. 设定药典凡例的相关内容，指导凡例内容的查阅，了解凡例作为药典使用“总说明书”的作用。

2. 根据给定的药品名称，判断应查阅药典的哪部，通过药典各部正文内容的查阅，了解中药饮片、中药成方制剂、化学药的质量标准项目内容及差别。

3. 根据药典四部相关的工作任务，判断查阅内容位置，根据药典的编排顺序，查找相应内容，加深对药典四部的了解。

三、实训器材

《中国药典》2020年版的一部、二部、四部，实训内容答卷。

四、实训操作

分组查阅，每组2~3人，完成以下实训内容答卷。

实训内容答卷

（一）凡例实训内容

请查阅《中国药典》2020年版凡例，回答以下内容。

1. 药材产地加工及炮制规定的干燥方法为“干燥”，表示________________。

2. 药品的近似溶解度标示为“极易溶解”，表示________________。

3. 药品【贮藏】项下规定为“凉暗处”，表示________________。

4. 制剂的“规格”是指________________________。

5. 热水是指________________________________。

6. ppm是指________________________________。

7. 六号筛的筛孔内径是________________________________。

8. 细粉是指________________________________。

9. 溶液后标示的“（1→10）”表示________________________________。

10.《中国药典》2020年版（二部）的“类别”是指____________________。

（二）正文实训内容

1. 马来酸氯苯那敏片的质量标准在《中国药典》________部，它的质量标准内容包括__________、__________、__________、__________等项，马来酸氯苯那敏的分子式是：__________________。它一共有______种药品规格，分别是：____________。它的贮藏条件是________________________。

2. 人参的质量标准在《中国药典》________部，它的质量标准内容包括________、________、________、__________等项，在它的质量标准【检查】项下规定了：__________、__________、__________检查。它的使用注意是__________________。

3. 十滴水的质量标准在《中国药典》______部，它的剂型是__________。它使用时应该注意____________________________。

4. 孕康颗粒质量标准在《中国药典》______部，它的剂型是__________。它的质量标准中【处方】项的药味有药量吗？__________。

5. 云南白药的质量标准在《中国药典》________部，它的剂型是__________。它的质量标准中有【处方】吗？__________。

（三）药典四部实训内容

1. 植入剂在《中国药典》________部，它的定义是________________。植入剂需要检查__________、__________项目。

2. 在通则1200生物活性测定法中，通则1421灭菌法规定：采用环氧乙烷灭菌时，灭菌柜内的温度、湿度、灭菌气体浓度、灭菌时间是影响灭菌效果的重要因素。可采用下列灭菌条件：温度__________________，相对湿度________________，灭菌压力____________________，灭菌时间__________________。

3. 辅料麦芽糖的【性状】是____。它的质量标准中规定了________、________、________、__________等检查项。

五、实训考核

具体考核项目如表2-1所示。

表 2－1　药品标准实训考核表

项目	考核要求	分值	得分
答卷卷面	字迹清晰，书写整齐，内容完整	10	
答卷内容	准确完整	80	
清场	器材归位，场地清洁	10	
合计		100	

目标检测

一、单项选择题

1.《中国药典》2020 年版分为（　　）部，迄今为止，《中国药典》一共出版了（　　）版

A. 3　10　　B. 3　11　　C. 4　11　　D. 4　10

2.《中国药典》2020 年版（二部）的主要内容是（　　）

A. 中药　　B. 化学药品　　C. 生物制品　　D. 制剂通则

3. 现行版《中国药典》是（　　）

A. 2015 年版　　B. 2015 年增补版

C. 2019 年版　　D. 2020 年版

二、判断题

1. 我国所有的药品都收载在《中国药典》中。（　　）
2.《中国药典》从 2005 年版分为上下两册。（　　）
3. 药品标准仅仅是药品生产和监督检查才需要遵守的法定依据。（　　）

（郭常文）

书网融合……

微课

划重点

自测题

项目三 认识药物制剂的物料

PPT

学习目标

知识要求

1. 掌握　药物制剂辅料常见分类。
2. 熟悉　药物制剂包装的分类。
3. 了解　药物制剂包装的作用；辅料的要求。

能力要求

1. 能正确查找原辅料的质量标准。
2. 能识别各种药品包装。

岗位情景模拟

情景描述　小王在某制药企业从事药品生产质量管理工作，负责原料的质量检查，本周供应部门新采购了一批阿莫西林的原料。

讨论　小李需要对阿莫西林原料做什么检查呢？

任务一　了解药物制剂的原料

原料药物是指用于制剂制备的活性物质，简称原料。包括中药、化学药、生物制品原料药物。中药原料药物系指饮片、植物油脂、提取物、有效成分或有效部位；化学药原料药物系指化学合成或来源于天然物质或采用生物技术获得的有效成分（即原料药）。如图 3－1。

图 3－1　原料药物

原料药物（以下简称原料）的含量和用量准确、品质优良是制剂有效性、安全性的前提和基础，原料药物的稳定性也直接影响着制剂的稳定性，因此，在制剂生产中对原料药物严格监管是非常重要的生产环节。药品生产所用的原料药物应当符合相应的质量标准，进口原料药物应当符合国家相关的进口管理规定。不符合质量标准的原料药物有可能含量低于标示量，导致制剂的含量不符合要求；也有可能原料药物含有有毒杂质，影响制剂的安全性，或者杂质的种类影响制剂的质量检查，无法得出准确的检验结果；原料药物的洁净程度也会对制剂的稳定性、微生物限度等产生直接的影响。所以，严格控制原料药物的质量，正确管理原料药物的使用、贮存、发放等，是保证制剂质量的第一道关口。

> **请你想一想**
>
> 同学们，药物制剂原料药物的重要性肯定是不言而喻的，那么原料药物的管理有哪些重要的规定和要求呢？

企业应当建立原料的操作规程，确保原料的正确接收、贮存、发放、使用，防止污染、交叉污染、混淆和差错。采购的原料应当严格检查，以确保与订单一致，并确认供应商已经质量管理部门批准。原料的运输应当能够满足其保证质量的要求，对运输有特殊要求的，其运输条件应当予以确认。原料的外包装应当有标签，并注明规定的信息。必要时，还应当进行清洁，发现外包装损坏或其他可能影响物料质量的问题，应当向质量管理部门报告并进行调查和记录。每次接收均应当有记录，一次接收数个批次的物料，应当按批取样、检验、放行。只有经质量管理部门批准放行并在有效期或复验期内的原料方可使用。

仓储区内的原料应当有适当的标识，并详细标明原料信息。使用计算机化仓储管理的，应当有相应的操作规程，防止因系统故障、停机等特殊情况而造成物料和产品的混淆和差错。原料应当按照有效期或复验期贮存。贮存期内，如发现对质量有不良影响的特殊情况，应当进行复验。

配料时，原料应当由指定人员按照操作规程进行称量。核对物料后，精确称量或计量，并作好标识。每一原料及其重量或体积应当由他人独立进行复核，并有复核记录。原料称量通常应当在专门设计的称量室内进行，称量室的温度、湿度、震动等符合相应的要求，所用衡器和量具经规范校准合格。

任务二　熟悉药物制剂的辅料

一、辅料的定义

辅料是指生产药品和调配处方时所用的赋形剂和附加剂。日常生活中常见的有：蔗糖、淀粉、明胶、水、乙醇、色素、防腐剂等；不常见的有：聚山梨酯（吐温）80、羧甲基纤维素钠、微粉硅胶、聚乙二醇、虫蜡等。

赋形剂是指作为药物的载体，赋予制剂一定的形态与结构的物质，如：液体制剂的溶剂、颗粒剂的黏合剂、栓剂的基质等。

附加剂是用于保持药物与剂型质量稳定的物质，如：混悬剂的助悬剂、糖浆剂中的色素和芳香剂、注射剂中的抗氧剂等。

你知道吗

齐二药事件

2006年4月，广州中山三院传染科先后出现多例重症肝炎患者突然急性肾功能衰竭症状。院方通过排查，将目光锁定齐齐哈尔第二制药有限公司（以下简称齐二药）生产的“亮菌甲素注射液”上，这是患者们当天唯一都使用过的一种药品。

随后，原国家食品药品监督管理局、国家药品不良反应监测中心等管理部门做出迅速反应，经过严格检验后确认，齐二药的亮菌甲素注射液含有高达30%的二甘醇。二甘醇在体内被氧化成草酸引起肾损害，导致了患者肾功能急性衰竭。

正常情况下，该药品是不应含有这种成分的。那么，如此高浓度的二甘醇为何会出现在齐二药的亮菌甲素注射液里呢？经过调查，生产亮菌甲素注射液需要大量溶剂丙二醇，在采购该溶剂时，是齐二药采购员钮某向江苏泰兴市的不法商人王某购入的。王某伪造产品注册证等证件，将工业原料二甘醇冒充药用辅料丙二醇出售给齐二药。假冒原料进厂后，检验人员严重违反操作规程，未将检测图谱与标准图谱进行对比鉴别，并在发现检验样品相对密度与标准严重不符的情况下，将其改为正常值，签发合格证。致使假冒辅料进入制剂生产环节，制造出含有大量二甘醇的注射剂，随后注射进入患者的体内，最终导致13人死亡，部分人肾毒害的惨剧。

二、辅料的种类

辅料的种类十分丰富，作用也是多种多样的。其分类方法主要包括按剂型分类、按用途分类等。

（一）按剂型分类

剂型不同，所用的辅料差别较大。比如，片剂的辅料包括用于增加片重的辅料（淀粉、糖粉），用于增加物料黏性以利于制粒的辅料（水、乙醇、淀粉浆），用于加速片剂崩解的辅料（羧甲基淀粉钠、干燥淀粉），用于促进颗粒填充时的流动、减少摩擦的辅料（如滑石粉、硬脂酸镁、氢化植物油）等。用于注射剂的辅料包括溶剂（注射用水、注射用油），用于增加溶解度的辅料（甘油、聚山梨酯80），用于减轻疼痛的辅料（苯甲醇、盐酸普鲁卡因）。这种分类方式在制剂的制备上具有一定的意义。

（二）按用途分类

按用途分，辅料可以分为液体药剂的溶剂（水、乙醇、甘油），增加药物体积、减少黏性的填充剂（蔗糖、淀粉、乳糖、无机盐），增加药物黏性的黏合剂（淀粉浆、羧甲基纤维素钠、蔗糖浆），防止微生物生长繁殖的防腐剂（对羟基苯甲酸酯类、山梨酸），帮助油水两相乳化形成稳定乳剂的乳化剂（吐温类、司盘类、胶浆类）等。

此外，辅料还可以按照制剂形态来分类，比如固体剂型辅料、液体剂型辅料等。

三、辅料的要求 微课

辅料是很多药物制剂成型的物质基础，是药物制剂中不可或缺的物料。辅料对于制剂的成型、稳定性、均一性、释药速度、给药方式，甚至制剂的疗效、生产成本，都可能产生重要影响。因此，用于制剂生产的辅料应符合以下要求。

（1）必须符合药用要求，其生产应符合药用辅料生产相关质量管理规范等规定。

（2）在特定的贮藏条件、期限和使用途径下，药用辅料应化学性质稳定。

（3）应保证能满足制剂安全性和有效性要求。

（4）不影响制剂生产、质量、安全性和有效性。

（5）应符合其对应的质量标准。

（6）包装或标签上应标明产品名称、规格（型号）及贮藏要求等信息。

任务三 了解药物制剂的包装材料

药品包装所用的材料，包括与药品直接接触的包装材料和容器、印刷包装材料，但不包括发运用的外包装材料。

一、药品包装的定义

药品包装是指选取适宜的材料或容器，采用一定的技术手段，将药品包裹封闭，为药品提供品质保护以及商标与说明的总称。药品包装分为内包装和外包装，内包装是指直接接触药品的一层包装，其目的是防止药品受水分、空气、光、热等外界因素的影响，保证药品质量，便于使用；外包装是指药品的外部包装，是将已经内包装的药品装入盒、箱、袋、罐等容器中，是为了运输而采取的一种措施。

二、药品包装的作用

1. 保护药品质量 药品进行适当的包装可以使药品避光、防潮、防霉、防虫蛀、防氧化等，以提高药品的稳定性，保证药品在运输、贮存期内质量的可靠；药品经过适当的包装，还可以使药品在运输、装卸的过程中，免受外力的震动、冲击和挤压，避免破损、挥发、污染等损失。

2. 便于流通和计数 将药品包装成一定的尺寸、规格和形态，方便药品的运输，方便药品在仓储、货架中的陈列和室内保管，也方便流通和销售过程中药品的计数和计量。

3. 促进销售 药品包装是最好的广告媒介，可以对消费者产生直接的吸引力。独特的药品包装设计与造型能诱导和激发消费者的购买欲望，起到促进销售的作用。在我国，同一个药品，尤其是非处方药，往往有众多厂家生产，面对同类药品，广大消费者在不具备专业知识的情况下，药品的外包装是影响消费者选购药品的重要因素之一。

4. 指导消费 药品包装上通常有药品名称、规格、适应证、用法用量、注意事项等内容，对患者正确使用药品能起到指导作用。

5. 方便使用 随着药品包装材料与包装技术的发展，药品包装呈多样化，合适的药品包装可以方便患者取用和分剂量。

三、药品包装的分类

（一）按材质分类

药品包装材料按其材质分为：塑料类、金属类、玻璃类、复合材料、橡胶类及陶瓷类等。

1. 塑料类 如药用低密度聚乙烯滴眼剂瓶、口服固体药用高密度聚乙烯瓶、聚丙烯输液瓶等。优点是质量轻、不易破碎、使用方便、不同塑料之间或塑料与其他材料易于复合、成型工艺成熟；缺点是耐热性差、废弃物不易分解处理。如图 3－2 所示。

2. 玻璃类 包括钠钙玻璃输液瓶、低硼硅玻璃安瓿、中硼硅管制注射剂瓶等。优点是阻隔性能优良，可加入有色金属盐改善其遮光性，光洁透明，可回收利用，成本低；缺点是重、易碎。

3. 橡胶类 常用的有注射液用氯化丁基橡胶塞、药用合成聚异戊二烯垫片、口服液体药用硅橡胶垫片等。优点是弹性好，能耐高温灭菌；缺点是针头穿刺胶塞时会产生橡胶屑或异物，橡胶的浸出物或其他不溶性成分有可能进入药液中，易老化。

4. 金属类 常见的有药用铝箔、铁制的清凉油盒、药用软膏铝管等。优点是机械性能强、强度大、刚性好、阻隔性能优良，适合危险品的包装；缺点是耐腐蚀性能低，需镀层或涂层，材料价格高。如图 3－3 所示。

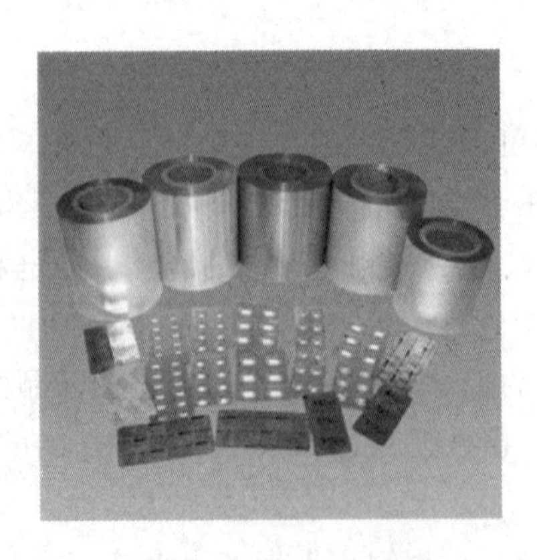

图 3－2 药品包装材料（聚氯乙烯固体药用硬片）

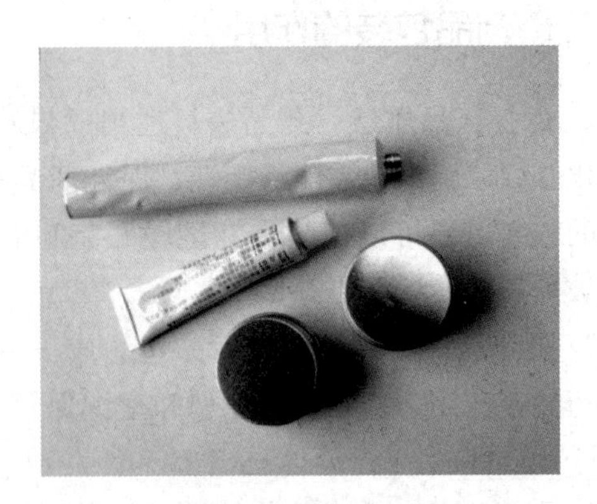

图 3－3 金属类药品包装材料

5. 复合材料类　如复合膜、铝塑组合盖等。主要是各种塑料与纸、金属或其他材料进行胶黏复合而成的多层结构的膜，具有阻隔气体、防尘、防紫外线、强度大、耐磨损、易印刷、易热封等特点。

（二）按用途和形制分类

可分为输液瓶（袋、膜及配件）、安瓿、药用（注射剂、口服或者外用剂型）瓶（管、盖）、药用胶塞、药用预灌封注射器、药用滴眼（鼻、耳）剂瓶、药用硬片（膜）、药用铝箔、药用软膏管（盒）、药用喷（气）雾剂泵（阀门、罐、筒）等。

（三）按使用方式分类

药品包装材料按使用方式分为Ⅰ、Ⅱ、Ⅲ三类。

1. Ⅰ类药包材　指直接接触药品且直接使用的药品包装材料、容器。包括药用丁基橡胶瓶塞、药品包装用PTP铝箔、药用PVC硬片、药用塑料复合膜袋、塑料输液瓶（袋）、药用塑料瓶、塑料滴眼剂瓶、软膏管、气雾剂喷雾阀门、抗生素瓶铝塑组合盖等。

2. Ⅱ类药包材　指直接接触药品但便于清洗，清洗后可以消毒灭菌的药品包装材料、容器。包括药用玻璃管、玻璃输液瓶、西林瓶、玻璃口服液瓶、安瓿、玻璃滴眼剂瓶、输液瓶胶塞、气雾剂罐、瓶盖橡胶垫片等。

3. Ⅲ类药包材　指除Ⅰ、Ⅱ类以外其他直接影响药品质量的药品包装材料、容器。包括西林瓶铝盖、输液瓶铝盖、口服液瓶铝盖等。

实训三　认识药物制剂的物料综合实训及考核

一、实训目的

通过设定任务，学会查阅药物制剂原辅料的质量标准。给定药品包装，通过按照要求分类，熟悉包装材料的类型。

二、实训原理

1. 给定原辅料名称，查找其质量标准。
2. 根据给定的药品，观察其包装，再按照材质进行分类。

三、实训器材

《中国药典》2020年版二部、四部，各种类型药品包装材料（20种），实训内容答卷。

四、实训操作

分组，每组 2 ~3 人，完成实训内容答卷。

实训内容答卷

（一）原辅料实训

1. 红霉素的质量标准项下有哪几部分内容？红霉素的制剂有哪些？

2. CO_2的质量标准中，【检查】项下要求检查哪些内容？CO_2应该如何贮藏？

3. 明胶空心胶囊的质量标准中，【检查】项下要求检查哪些内容？空心胶囊应该在什么温湿度条件下贮存？

4. 大豆磷脂和大豆磷脂（供注射用）质量标准中，【检查】项下的项目有何不同？

5. 药典四部中收载了哪几种聚乙二醇，其名称后面的数字代表的意思是什么？

6. 1，2 - 丙二醇和 1，3 - 丙二醇，哪一个不能用于药用？为什么？

（二）包装材料实训

1. 以上 20 种包装材料，请按下列分类要求填写。

纸质类：

玻璃类：

塑料类：

金属类：

橡胶类：

复合材料类：

2. 以上 20 种包装材料，请按下列分类要求填写。

Ⅰ类药包材：

Ⅱ类药包材：

Ⅲ类药包材：

五、实训考核

具体考核项目如表 3 - 1 所示。

表 3 - 1　认识药物制剂的物料实训考核表

项目	考核要求	分值	得分
答卷卷面	字迹清晰，书写整齐，内容完整	10	
答卷内容	准确完整	80	
清场	器材归位，场地清洁	10	
合计		100	

目标检测

一、多项选择题

1. 以下有关药物制剂的原料管理的内容正确的是（　　）
   A. 有质量标准　　B. 应审核供应商资质
   C. 每批检验　　D. 双人复核
2. 片剂的辅料包括（　　）
   A. 淀粉　　B. 水　　C. 乙醇　　D. 羧甲基淀粉钠
3. 常用的药品包装材料有（　　）
   A. 纸材料　　B. 玻璃材料　　C. 金属材料　　D. 塑料材料
4. 下列属于Ⅰ类药包材的有（　　）
   A. PTP 铝箔　　B. 药用塑料复合膜袋
   C. 安瓿　　D. 口服液瓶铝盖

二、简答题

1. 何为药品包装？包装的作用有哪些？
2. 常用的药品包装材料主要有哪些分类？
3. 辅料的要求有哪些？

（郭常文）

书网融合……

微课

划重点

自测题

项目四 《药品生产质量管理规范》

PPT

学习目标

知识要求

1. **掌握** GMP对洁净度级别的要求；人员、物料进入洁净区的程序。
2. **熟悉** 空气净化技术。

能力要求

会按照正确的流程和要求进出洁净区。

岗位情景模拟

情景描述 小王在某制药企业从事制剂生产工作，工作岗位是固体制剂生产车间主任，有一天，经理告知他本周三有新同事要参观生产区，请他做好安排。

讨论 1. 小王应该注意什么问题？

2. 小王应该做好哪些准备工作？

任务一 熟悉药物制剂生产环境

一、《药品生产质量管理规范》简介

> **请你想一想**
>
> 同学们，你想象中的药品生产车间是什么样子的呢？我们在制剂生产过程中应该如何确保生产环境的洁净卫生呢？

《药品生产质量管理规范》（简称GMP）是指在药品生产过程中，用科学、合理、规范化的条件和方法来保证生产出优良药品的一整套科学、系统的管理文件。是药品生产和质量控制的基本要求，旨在最大限度地降低药品生产过程中污染、交叉污染以及混淆、差错等风险，确保持续稳定地生产出符合预定用途和注册要求的药品。GMP适用于药物制剂生产的全过程和原料药生产中影响成品质量的关键工序。

我国于1988年第一次颁布GMP，其后有1992年版、1998年版GMP，现行的GMP为2010年版，自2011年3月1日开始施行。分十四章共三百一十三条，分别是第一章总则；第二章质量管理；第三章机构与人员；第四章厂房与设施；第五章设备；第六章物料与产品；第七章确认与验证；第八章文件管理；第九章生产管理；第十章质量控制与质量保证；第十一章委托生产与委托检查；第十二章产品发运与招回；第十三章自检；第十四章附则。

我国现有药品生产企业在整体上呈现多、小、散的格局，生产集中度低，自主创

新能力不足。实施2010年新版GMP，有利于促进医药行业资源向优势企业集中，淘汰落后生产力；有利于调整医药经济结构，以促进产业升级；有利于培养具有国际竞争力的企业，加快医药产品进入国际市场。

2010年版GMP与前版GMP相比较，有以下特点：①加强了药品生产质量管理体系建设，提高了对企业质量管理软件方面的要求；②全面强化了从业人员的素质要求；③细化了操作规程、生产记录等文件管理规定，增加了指导性和可操作性；④完善了药品安全保障措施，引入了质量风险管理概念以及药品生产全过程管理的理念，达到了与世界卫生组织药品GMP的一致性。

二、洁净区的空气洁净度级别

药物制剂生产环境分为一般生产区和洁净区。洁净区是指需要对环境中尘粒和微生物数量进行控制的房间（区域），其建筑结构、装备应当能够减少该区域内污染物的引入、产生和滞留，见图4-1。我国现行GMP把洁净区划分为4个洁净度级别，由高到低的顺序为：A级、B级、C级和D级。详见表4-1、表4-2。

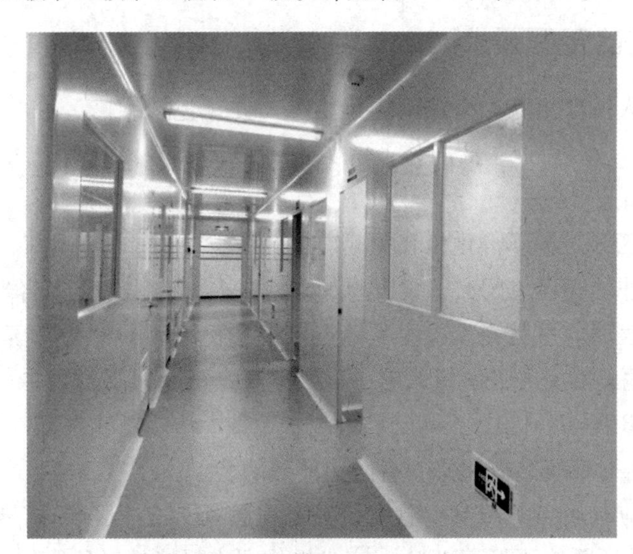

图4-1 生产洁净区

表4-1 各洁净级别空气悬浮粒子标准

洁净度级别	悬浮粒子最大允许数/m³			
	静态		动态	
	≥0.5μm	≥5.0μm	≥0.5μm	≥5.0μm
A级	3520	20	3520	20
B级	3520	29	352000	2900
C级	352000	2900	3520000	29000
D级	3520000	29000	不作规定	不作规定

你知道吗

静态测量：是指所有设备均已安装就绪，但未运行且没有操作人员在现场的状态。

动态测量：是指生产设备均按预定的工艺模式运行且有规定数量的操作人员在现场操作的状态。

表 4－2 各洁净级别微生物数监测的动态标准

洁净度级别	浮游菌/（cfu/m^3）	沉降菌（ϕ90mm）/（cfu/4h）	表面微生物	
			接触（ϕ55mm）/（cfu/碟）	5 指手套/（cfu/手套）
A 级	<1	<1	<1	<1
B 级	10	5	5	5
C 级	100	50	25	—
D 级	200	100	50	—

三、洁净区的管理要求

1. 洁净室内人员数量应严格控制。其工作人员（包括维修、辅助人员）应定期进行卫生和微生物学基础知识、洁净作业等方面的培训及考核；对进入洁净室的临时外来人员进行指导和监督。

2. 进入洁净区的人员不得化妆和佩戴饰物。

3. 洁净区与非洁净区之间必须设置缓冲设施，人流、物流走向合理。

4. 洁净室内表面应平整光滑、无裂缝、接口严密、无颗粒物脱落，并能耐受清洗和消毒，墙壁与地面的交界处宜成弧形，以减少灰尘积聚和便于清洁。

5. 在 A 级、B 级洁净区内不得设置水池、地漏。C 级、D 级洁净区内水池、地漏设计要合理，不得对环境造成污染，有防止倒灌的装置。

6. 洁净区内应有适当的照明、温度、湿度和通风。洁净区与非洁净区之间、不同级别洁净区之间的压差应不低于 10Pa。产尘操作间应保持相对负压或采取专门的措施，防止粉尘扩散，避免交叉污染。

7. 与药品直接接触的生产设备表面应光洁、平整、易清洗或消毒、耐腐蚀，不得与药品发生化学反应、吸附药品或向药品中释放物质。

四、不同剂型的空气洁净度级别要求

根据各种剂型质量要求及其生产过程的特点，药品生产环境的洁净度要求有所不同。详见表 4－3。

表4-3　药品生产环境的洁净度要求一览表

产品类型		操作	洁净度
无菌药品	最终灭菌药品	高污染风险的产品灌装（或灌封）	C级背景下的局部A级
		1. 配制、过滤 2. 眼用制剂、无菌软膏、无菌混悬剂的配制、灌装 3. 直接接触药品的包装材料最终处理后的暴露环境	C级
		1. 轧盖 2. 直接接触药品的包装材料最终清洗	D级
	非最终灭菌药品	1. 灌装前无法除菌过滤的药液或产品的配制 2. 注射剂的灌装、分装、压盖、轧盖等 3. 直接接触药品的包装材料灭菌后的装配 4. 无菌原料药的粉碎、过筛、混合、分装	B级背景下的局部A级
		1. 处于未完全密封状态产品的转运 2. 直接接触药品的包装材料灭菌后的转运和存放	B级
		1. 灌装前可除菌过滤的药液或产品的配制、过滤	C级
		2. 直接接触药品的包装材料的最终清洗、灭菌	D级
非无菌药品		1. 口服液体和固体制剂、腔道用药（含直肠用药）、表皮外用药品等非无菌制剂生产的暴露工序 2. 直接接触药品的包装材料最终处理	D级

五、洁净室的空气净化技术

空气净化是以创造洁净空气为目的的空气调节措施。空气净化技术是指为达到某种空气净化要求而采取的净化技术，是一项综合性技术。为了获得良好的洁净效果，不仅要采用合理的空气净化技术，还必须对建筑、设备、工艺等采取相应的措施严格管理。

洁净室的空气净化技术多采用空气滤过法，常用的空气过滤器按效率可分为初效、中效、高效过滤器。在空气净化系统中，一般采用三级过滤装置，第一级使用初效过滤器，第二级使用中效过滤器，第三级使用高效过滤器。

初效过滤器　主要是滤除 >10μm 的微粒，用于新风过滤。滤材一般采用易清洗、易更换的粗、中孔泡沫塑料或涤纶无纺布。（图4-2）

中效过滤器　可滤除1~10μm 的尘粒，为袋式过滤器，滤材一般为玻璃纤维、无纺布或中、细孔泡沫塑料，常用于风机之后，高效过滤器之前，用于保护高效过滤器。（图4-3）

高效过滤器　用于过滤1μm 的尘粒，一般置于通风系统末端，即室内通风口上，滤材用超细玻璃纤维滤纸，滤尘率高达99.97%。（图4-4）

图4-2　初效过滤器

图4-3　中效过滤器

图4-4　高效过滤器

六、洁净室的气流组织形式

气流组织形式是指洁净室内的气流流向和均匀度。按气流流向分为单相流（层流）和非单相流（紊流）两种形式，其中层流有垂直层流和水平层流两种，垂直层流多用于灌装点局部保护和层流工作台；水平层流多用于洁净室的全面洁净控制。洁净度为A级的区域需采用层流。

在满足生产工艺的条件下，应尽量采用局部净化。局部层流即可供一些只需在局部洁净环境下操作的工序使用，如洁净工作台、层流罩及带有层流装置的设备，可在B级或C级环境中使用。有些净化装置已经被安装在关键设备中，如大输液的灌装设备、冻干粉针的灌装和加塞设备等。

任务二　熟悉人员进入洁净区的程序和要求

一、人员进入洁净区的程序

1. 人员进入非无菌产品洁净区　其程序如图4－5所示。

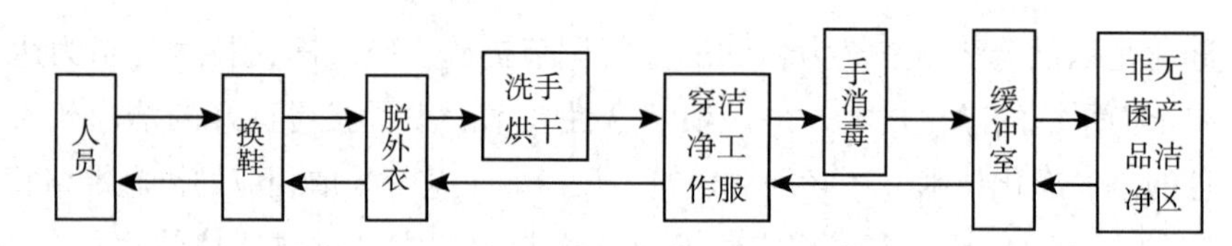

图4－5　人员进入非无菌产品洁净区程序图

2. 人员进入无菌产品洁净区　其程序如图4－6所示。

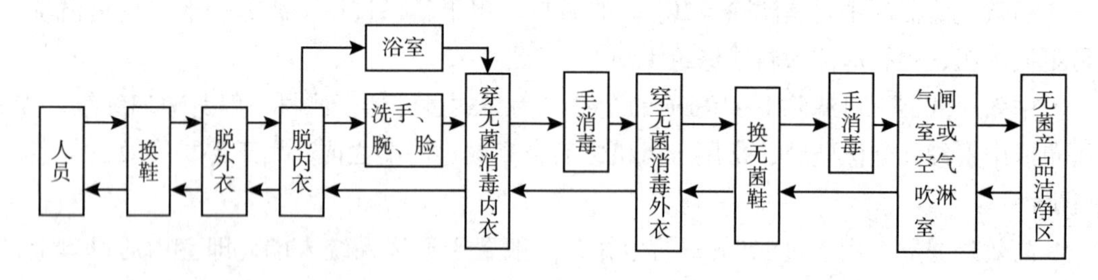

图4－6　人员进入无菌产品洁净区程序图

二、人员净化要求

工作人员进出洁净区，都应该按照规范进行操作，减少人员进出对洁净区的污染。

（1）换鞋时，在鞋柜外侧脱下脚上鞋，放入鞋柜，转身180°，从内侧鞋柜中取出本区工作鞋换上。

（2）洗手时，先用水冲洗双手，接着用清洁剂洗手，再用水冲洗干净后用烘手器烘干。

（3）穿分体洁净服时，穿戴顺序是从上到下，即先戴好工作帽，再穿工作衣，再穿工作裤。照镜整理使穿戴整齐、严密。

（4）进洁净区的人员不得化妆、戴饰物。

（5）人员净化用室，即存放外衣室和洁净工作服室应分开设置，外衣存衣柜和洁净工作服柜宜按岗位人数每人一柜。

（6）盥洗室应设洗手和消毒设施，宜装烘干器，水龙头开启方式以不直接用手为宜。

（7）有空气洁净度要求的生产区内不得设厕所、浴室，厕所宜设在人员净化室外。

（8）为保持洁净区域的空气洁净度和正压，洁净区域的入口处可设置气闸室或空气吹淋室，气闸室的出入门应有防止同时打开的措施，可采用气锁间（设置在两个或数个房间之间的具有两扇或多扇门的隔离空间）。

三、洁净工作服及其洗涤灭菌要求

（1）洁净工作服的选材、式样及穿戴方式应与生产操作和空气洁净度等级要求相适应，并不得混用；洁净工作服的质地应光滑、不产生静电、不脱落纤维和颗粒物质。

（2）洁净工作服、手套、面罩等应定期更换、清洗，必要时使用一次性服装，不同空气洁净度等级使用的工作服应分别清洗、整理，必要时消毒或灭菌，灭菌时不应带入其他的颗粒物质。

（3）洁净工作服的洗涤、干燥，其洁净度可低于生产区一个级别；洁净工作服的整理、灭菌和存放室，洁净级别宜与生产区相同。

你知道吗

工作服及其质量应当与生产操作的要求及操作区的洁净度级别相适应，其式样和穿着方式应当能够满足保护产品和人员的要求。各洁净区的着装要求规定如下。

D级洁净区：应当将头发、胡须等相关部位遮盖。应当穿合适的工作服和鞋子或鞋套。应当采取适当措施，以避免带入洁净区外的污染物。

C级洁净区：应当将头发、胡须等相关部位遮盖，应当戴口罩。应当穿手腕处可收紧的连体服或衣裤分开的工作服，并穿适当的鞋子或鞋套。工作服应当不脱落纤维或微粒。

A/B级洁净区：应当用头罩将所有头发以及胡须等相关部位全部遮盖，头罩应当塞进衣领内，应当戴口罩以防散发飞沫，必要时戴护目镜。应当戴经灭菌且无颗粒物（如滑石粉）散发的橡胶或塑料手套，穿经灭菌或消毒的脚套，裤腿应当塞进脚套内，袖口应当塞进手套内。工作服应为灭菌的连体工作服，不脱落纤维或微粒，并能滞留身体散发的微粒。

任务三 熟悉物料进入洁净区的要求

一、物料进入洁净区的程序

物料（包括药物、辅料、包装材料等）进入洁净区的程序如图 4－7 所示。

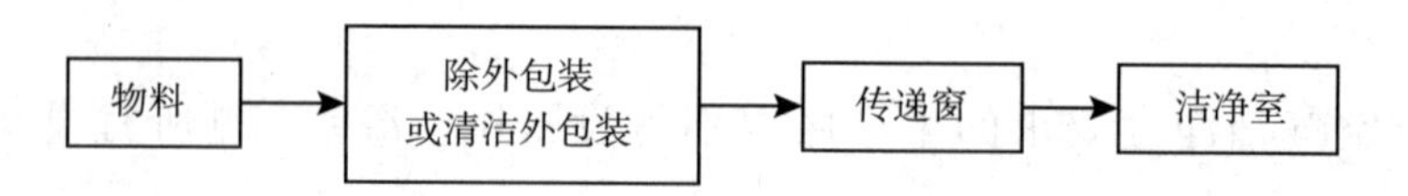

图 4－7 物料（包括药物、辅料、包装材料等）进入洁净区的程序图

二、物料进入洁净区的要求

1. 进入有空气洁净度要求区域的原辅料、包装材料等应有清洁措施，如设置原辅料外包装清洁室、包装材料清洁室等。

2. 进入不可灭菌产品生产区的原辅料、包装材料和其他物品，除满足上一条要求外，还应设置灭菌室，配备灭菌设施。

3. 清洁室或灭菌室与洁净室之间应设置气闸室或传递窗（柜），用于传递原辅料、包装材料和其他物品。传递窗（柜）双门不可同时打开。

4. 生产过程中产生的废弃物出口不宜与物料进出口合用一个气闸或传递窗（柜），宜单独设置专用传递口。

三、与药品直接接触的辅助气体

1. 用于设备灭菌的无菌蒸汽应经净化处理，并在使用点设置无菌过滤器。

2. 与药品直接接触的干燥用空气应经净化处理。

3. 与药品直接接触的压缩空气、惰性气体应根据生产需要进行除油、除湿、除尘和除菌处理，并在使用点设置终端过滤器。

实训四 药品生产质量管理规范综合实训及考核

规范进入非无菌产品洁净区

一、实训目的

通过换鞋、换衣服、洗手、消毒等流程的实际体验，加深对人员进入非无菌产品洁净区的程序和要求的理解和掌握。

二、实训原理

通过动手操作，加深对理论知识和基本技能的掌握。

三、实训器材

模拟固体制剂生产车间，洁净拖鞋、工作服、帽、口罩、头套、洁净服等，洗手液、消毒酒精。

四、实训操作

依次进入实训车间，完成以下实训内容。

1. 换鞋
2. 换工作服
3. 洗手烘干
4. 换洁净工作服、鞋
5. 手消毒
6. 进入缓冲室
7. 进入生产区
8. 退出
9. 清场

五、实训考核

具体考核项目如表 4－4 所示。

表 4－4 《药品生产质量管理规范》实训考核表 1

项目	考核要求	分值	得分
换鞋	操作规范正确	10	
换工作服	操作规范正确	10	
洗手烘干	操作规范正确	10	
换洁净工作服、鞋	操作规范正确	10	
手消毒	操作规范正确	10	
进入缓冲室	操作规范正确	10	
进入生产区	操作规范正确	10	
退出	操作规范正确	10	
清场	场地清洁	20	
合计		100	

规范进入无菌产品洁净区（虚拟仿真实训）

一、实训目的

通过虚拟仿真实训系统，模拟换鞋、换工作服、洗手、消毒等流程，加深对人员进入无菌产品洁净区的程序以及要求的理解和掌握。

二、实训原理

通过游戏操作，加深对理论知识和基本技能的掌握。

三、实训器材

仿真实训车间。

四、实训操作

实名进入仿真实训系统，完成实训内容。

五、实训考核

具体考核项目如表 4－5 所示。

表 4－5 《药品生产质量管理规范》实训考核表 2

项目	考核要求	分值	得分
完成仿真实训	操作规范正确	80	
清场	场地清洁，关闭电源，填写使用记录	20	
合计		100	

目标检测

一、单项选择题

1.《药品生产质量管理规范》是指（ ）

A. GMP　B. GSP　C. GCP　D. GLP

2. 制剂生产车间空气洁净度划分的依据是（ ）

A. 温度与相对湿度　B. 温度与压差

C. 微粒数与微生物数　D. 微粒数与温度

3. 口服片剂生产的洁净度级别是（ ）

A. A 级　B. B 级　C. C 级　D. D 级

4. 下面说法正确的是（　　）
   A. 生产物料可随操作人员带入进洁净区
   B. 洁净区应有适当的照明、温度、湿度和通风
   C. 洁净度级别中 D 级比 C 级要求高
   D. 传递窗可双门同时打开以方便传递物料
5. 药品生产和质量管理的基本准则是（　　）
   A. 对产品质量负全部责任
   B.《药品经营质量管理规范》
   C. 保证安全生产
   D. 保证药品的安全、有效、经济
   E.《药品生产质量管理规范》
6. 与 GMP 对工作服的规定不符合的是（　　）
   A. 工作服的选材、式样、穿戴方式应与生产操作和空气洁净度级别的要求相适应
   B. 工作服可以混用
   C. 洁净工作服的质地应光滑、不产生静电、不脱落纤维和颗粒性物质
   D. 工作服应制定清洗周期，不同空气洁净度级别使用的工作服应分别清洗、整理，必要时消毒或灭菌
   E. 无菌工作服必须包盖全部头发、胡须及脚部，并能阻留人体脱落物

二、简答题

1. 制剂生产洁净区的洁净度级别有哪些？
2. 洁净区的温湿度、压差、照度等的要求如何？

（郭常文）

书网融合……

划重点

自测题

药物制剂技术

- 项目五　制备散剂
- 项目六　制备颗粒剂
- 项目七　制备胶囊剂
- 项目八　制备片剂
- 项目九　制备丸剂
- 项目十　制备口服溶液剂
- 项目十一　制备混悬剂
- 项目十二　制备乳剂
- 项目十三　制备糖浆剂
- 项目十四　制备酒剂
- 项目十五　制备酊剂
- 项目十六　制备软膏剂
- 项目十七　制备乳膏剂
- 项目十八　制备贴膏剂
- 项目十九　制备栓剂
- 项目二十　制备注射剂
- 项目二十一　制备气雾剂
- 项目二十二　制备喷雾剂

项目五 制备散剂

PPT

学习目标

知识要求

1. **掌握** 散剂的制备工艺。
2. **熟悉** 散剂的概念和特点；粉碎、过筛、混合的基本操作。
3. **了解** 散剂的质量检查。

能力要求

学会散剂制备的操作技术。

岗位情景模拟

情景描述 某药厂生产1∶100硫酸阿托品散，其处方如下。

【处方】 硫酸阿托品　1.0g　胭脂红乳糖（1%）　0.5g　乳糖　加至100g

如果您是生产操作员，请思考如何生产制备该散剂。

讨论 1. 处方中胭脂红乳糖起什么作用？

2. 硫酸阿托品怎样才能跟乳糖均匀混合？

任务一 认识散剂

一、散剂的定义

散剂系指原料药物或与适宜的辅料经粉碎、均匀混合制成的干燥粉末状制剂。见图5-1。

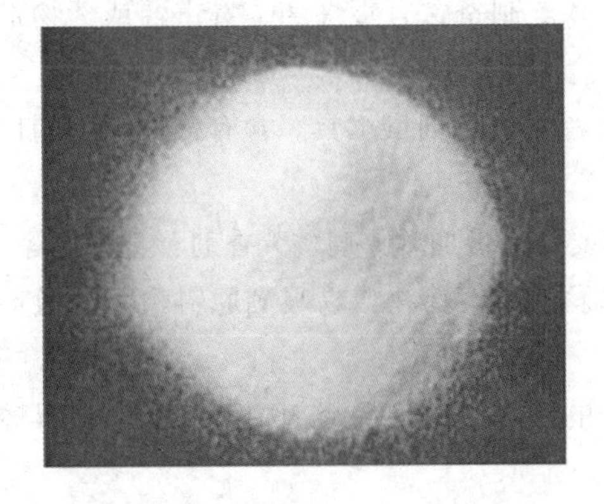

图5-1 散剂示意图

散剂为古老的剂型之一，除作为药物制剂直接应用于临床外，也是制备其他剂型如片剂、丸剂、胶囊剂等的原料。

二、散剂的特点

请你想一想

什么是口服散剂和局部用散剂？

口服散剂一般溶于水或分散于水、稀释液或其他液体中服用，也可直接用水送服。

局部用散剂可供皮肤、口腔、咽喉、腔道等处应用，专供治疗、预防和润滑皮肤用。

1. 优点

（1）粉碎程度大，比表面积大，易分散，起效快。

（2）制备工艺简单。

（3）剂量易于控制，便于小儿服用。

（4）外用覆盖面积大，有保护和收敛作用。

（5）储存、运输、携带比较方便。

2. 缺点　药物粉碎后比表面积大，存在臭味、刺激性、化学活性等相应增加，挥发性成分易散失，容易吸潮等缺点，因此，一些腐蚀性强、易吸湿变质的药物不宜制成散剂。

三、散剂的分类

按医疗用途分类：可分为口服散剂和局部用散剂。

按药物组成分类：可分为单散剂和复方散剂。

按药物性质分类：可分为含毒性药散剂、含液体成分散剂、含共熔性成分散剂。

按剂量分类：可分为分剂量散剂和不分剂量散剂。

四、散剂的质量要求

1. 供制散剂的原料药物均应粉碎。除另有规定外，口服用散剂应为细粉，儿科用和局部用散剂应为最细粉。

2. 散剂应干燥、疏松、混合均匀、色泽一致。制备含有毒性药、贵重药或药物剂量小的散剂时，应采用配研法混匀并过筛。

3. 散剂可单剂量包（分）装，多剂量包装者应附分剂量工具。含有毒性药物的口服散剂应单剂量包装。

4. 散剂中可含有或不含辅料。口服散剂需要时亦可加矫味剂、芳香剂、着色剂等。

5. 除另有规定外，散剂应密闭贮存，含挥发性原料药物或易吸潮原料药物的散剂应密封贮存。生物制品应采用防潮材料包装。

6. 为防止胃酸对生物制品散剂中活性成分的破坏，散剂稀释剂中可调配中和胃酸的成分。

7. 散剂用于烧伤治疗如为非无菌制剂的，应在标签上标明“非无菌制剂”；产品说明书中应注明“本品为非无菌制剂”，同时在适应证下应明确“用于程度较轻的烧伤

（Ⅰ°或浅Ⅱ°）”；注意事项下规定“应遵医嘱使用”。

任务二 掌握制备散剂的技术

一、散剂的生产工艺流程

散剂生产过程中应采取有效措施防止交叉污染，口服散剂生产环境的空气洁净度要求达到D级，外用散剂中表皮用药的生产环境要求达到D级，深部组织创伤和大面积体表创面用散剂要求达到C级。一般散剂的生产工艺流程如图5－2所示。

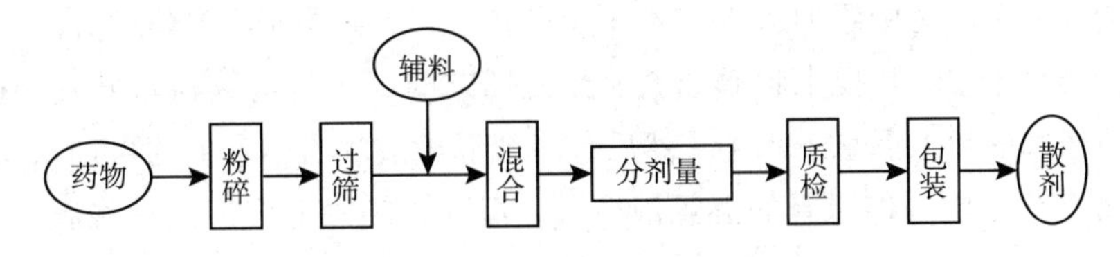

图5－2 散剂的生产工艺流程图

二、粉碎

1. 粉碎的定义 粉碎是借助机械力将大块固体物料破碎成适宜大小的颗粒或粉末的操作过程。

物料被粉碎的程度可用粉碎度表示。粉碎度（n）等于粉碎前的粒度（D_1）与粉碎后的粒度（D_2）的比值。

2. 粉碎的目的

（1）增加药物的表面积，促进药物的溶解与被吸收，提高药物的生物利用度。

（2）调节药物粉末的流动性。

（3）改善不同药物粉末混合物的均匀性。

（4）有助于药材有效成分的浸出。

3. 粉碎的基本原理

（1）极性的晶型物料，如生石膏、硼砂等，脆性好，易粉碎。

（2）非极性的晶型物料，如樟脑、冰片等，脆性差，不易粉碎，可加入少量液体研磨。

（3）非晶型物料，如树脂等，有弹性，难粉碎，可降温后粉碎。

（4）草本类的物料宜先干燥，再进行切割粉碎。

4. 粉碎的方法

（1）单独粉碎和混合粉碎 单独粉碎是指对单一物料进行的粉碎操作。贵重药物、刺激性药物、氧化性和还原性药物等应采用单独粉碎。

混合粉碎是指两种或两种以上物料同时粉碎的操作。若某些物料的性质与硬度相似，则可混合粉碎，既可避免一些黏性药物单独粉碎的困难，又可使粉碎与混合一同操作。

你知道吗

串油法：含脂肪较多的药物先捣成糊状，再与已粉碎的其他药物掺和粉碎。

串研法：含糖类较多的黏性药物，吸湿性强，必须先将处方中其他干燥药物粉碎，然后取一部分粉末与本类药物掺研，做成不规则的碎块或颗粒，在60℃以下充分干燥后再进行粉碎。

（2）干法粉碎和湿法粉碎　干法粉碎是将物料适当干燥使水分减少到一定限度（一般应少于5%）后再粉碎的方法。对于挥发性的、受热易起变化的物料，可用石灰干燥。

湿法粉碎是在药物中添加适量液体（如水或乙醇）共同研磨的粉碎方法。

当药物难溶于水，且要求粉碎成特别细的粉末时，可将药物与水共置于研钵中一起研磨，使研细的粉末混悬于水中，然后，将此混悬液倾出，余下的再加水反复操作，至全部药物研磨完毕，将所有的混悬液合并，沉降，倾去上层清液，将湿粉干燥，可得到极细的粉末。此法俗称水飞法。

（3）低温粉碎　低温粉碎是将物料或粉碎机进行冷却的粉碎操作。适用于：①常温下粉碎困难、软化点低、熔点低的可塑性物料，如树脂、树胶、干浸膏等的粉碎；②含水、含油虽少，但富含糖分，有一定黏性的物料，如红参、玉竹、牛膝等的粉碎。

（4）超微粉碎　经超微粉碎后的药粉粒径可达到微米级，显著增加了药物的表面积，提高生物利用度，植物性药材细胞破壁率可达95%以上。但需要特殊设备，耗能较大。超微粉碎适用于：①因溶出速度低导致药物难以吸收的难溶性药物的粉碎；②有效成分难以从组织细胞中溶出的植物性药材的粉碎。

（5）流能粉碎　流能粉碎是指利用高压气流使物料与物料之间、物料与器壁间强烈碰撞而产生的粉碎操作。由于气流在粉碎室膨胀时的冷却效应，使被粉碎的物料温度不升高。故本法应用于热敏感物料或低熔点物料的粉碎。

5. 粉碎的器械

（1）研钵　一般用瓷、玻璃、玛瑙、铁或铜制成，但以瓷研钵和玻璃研钵最为常用，主要用于小剂量药物的粉碎或实验室里散剂的制备。如图5－3所示。

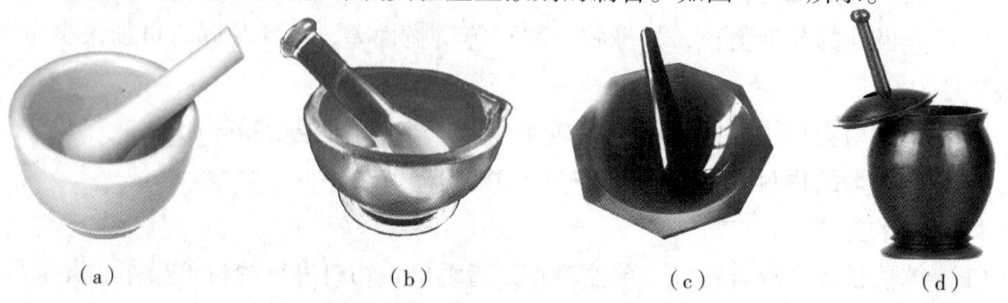

（a）　（b）　（c）　（d）

图5－3　各种材料的研钵

（a）陶瓷研钵；（b）玻璃研钵；（c）玛瑙研钵；（d）铜研钵

（2）万能粉碎机　对物料的粉碎作用以冲击力为主，结构简单，操作方便，适用于脆性、韧性物料的粉碎，应用广泛。其典型的粉碎结构有冲击柱式和锤击式两种。如图5－4所示。

锤击式粉碎机的粉碎粒度可由锤头的形状、大小、转速以及筛网的目数来调节。

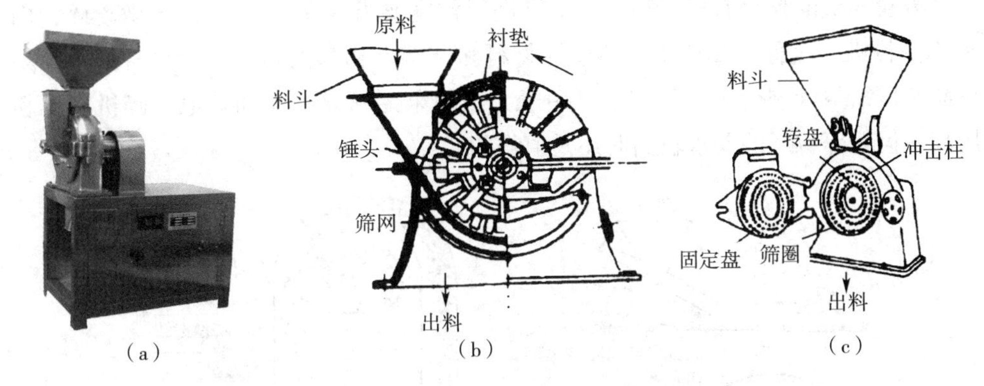

图5－4　万能粉碎机

（a）外观图；（b）锤击式；（c）冲击柱式

（3）球磨机　见图5－5，系在不锈钢或陶瓷制成的圆柱筒内装入一定数量不同大小的钢球或瓷球，使用时将药物装入圆筒内密盖后，用电动机带动圆筒，圆筒转动时，带动钢球（或瓷球）转动，并带到一定高度，然后在重力作用下抛落下来，球的反复上下运动使药物受到强烈的撞击和研磨，从而被粉碎。粉碎效果与圆筒的转速、球与物料的装量、球的大小与重量等有关。

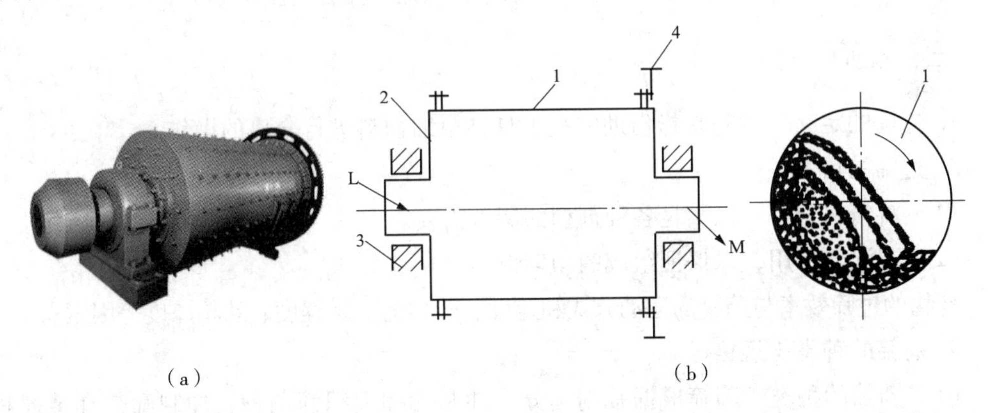

图5－5　球磨机

（a）外观图；（b）结构图

1. 筒体；2. 端盖；3. 轴承；4. 大齿轮；L. 给料口；M. 排料口

球磨机的粉碎效率较低，粉碎时间较长，但由于密闭操作，适合于贵重物料的粉碎、无菌粉碎、湿法粉碎等，必要时可充入惰性气体，所以适应范围很广。

（4）流能磨　亦称气流粉碎机，物料被压缩空气带动，在粒子与粒子间、粒子与器壁间发生强烈撞击、冲击、研磨等作用而得到粉碎。压缩空气夹带的细粉由出料口进入旋风分离器或袋滤器进行分离，较大颗粒由于离心力的作用沿器壁外侧重新带入粉碎室，重复粉碎。粉碎程度与喷嘴的个数和角度、粉碎室的几何形状、气流的压缩压力以及进料量等有关。气流式粉碎机的形式很多，其中最常用的典型结构如图 5－6 所示。

气流粉碎机的粉碎有以下特点：①可进行粒度要求为 3～20μm 的超微粉碎，因而具有“微粉机”之称；②适用于热敏性物料和低熔点物料的粉碎；③设备简单，易于对机器及压缩空气进行无菌处理，可用于无菌粉末的粉碎；④和其他粉碎机相比粉碎费用高，但粉碎粒度的要求较高时还是值得的。

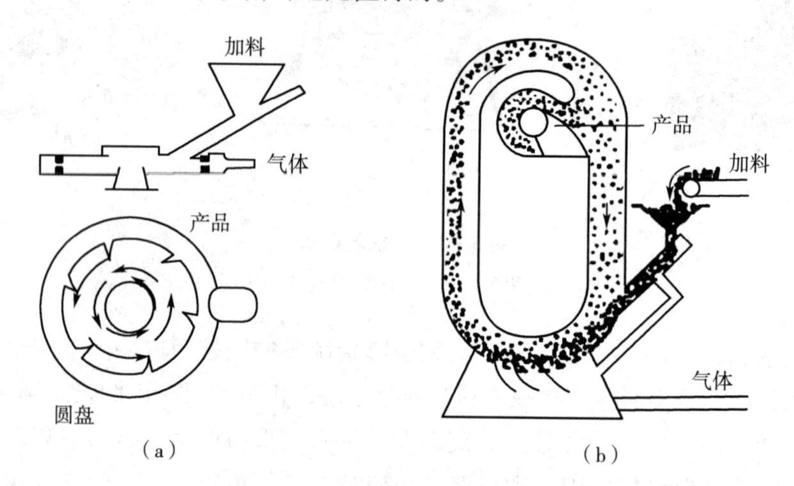

图 5－6　流能磨示意图

（a）圆盘形气流粉碎机；（b）椭圆形气流粉碎机

三、过筛

1. 过筛的定义　过筛是指借助网孔工具将粗细物料进行分离的操作。

2. 过筛的目的

（1）将粉末分等，以满足各种剂型的制备需要。

（2）起混合作用，以保证组成的均匀性。

药物的过筛效率与药物的运动方式和速度、药物的干燥程度、药粉厚度等因素有关。

3. 药筛的种类与规格

（1）药筛的种类　药筛根据其制法分为冲制筛和编织筛两种。冲制筛是在金属板上冲压出圆形筛孔的药筛；编织筛是用尼龙、钢丝、绢丝等编织筛面的药筛。冲制筛常用于高速粉碎设备，编织筛在使用时筛线易移位，因此常将金属筛线交叉处压扁固定。

过筛设备根据运动方式分为摇动筛、振动筛、多用振动筛等。

①摇动筛　最上为筛盖，最下为接收器，中间按孔径大小从上到下排列多个筛子。把物料放入最上部的筛上，盖上盖，固定在摇动台摇动数分钟，即可完成对物料的分级。常用于测定粒度的分布。

②振动筛　见图5-7，具有分离效率高、单位筛面处理能力大、维修费用低、占地面积小、重量轻等优点，故应用广泛。

（2）药筛的规格　《中国药典》规定的标准药筛共有9种筛号，一号筛孔径最大，依次减小，九号筛孔径最小。工业上习惯以目数表示筛号，即每英寸（2.54cm）长度上有多少个孔就为多少目，目数越大，孔径越小。《中国药典》标准筛号与工业筛目数的对应关系如表5-1所示。

图5-7　振动筛

表5-1　《中国药典》标准筛号与工业筛目数的对应关系

筛号	筛孔内径/（μm，平均值）	工业筛目数/（孔/英寸）
一号筛	2000±70	10
二号筛	850±29	24
三号筛	355±13	50
四号筛	250±9	65
五号筛	180±7	80
六号筛	150±66	100
七号筛	125±6	120
八号筛	90±5	150
九号筛	75±4	200

4. 粉末的分等　《中国药典》将粉末分成了六等，即最粗粉、粗粉、中粉、细粉、最细粉、极细粉。

最粗粉：能全部通过一号筛，但混有能通过三号筛不超过20%的粉末。

粗粉：能全部通过二号筛，但混有能通过四号筛不超过40%的粉末。

中粉：能全部通过四号筛，但混有能通过五号筛不超过40%的粉末。

细粉：能全部通过五号筛，并含有能通过六号筛不少于95%的粉末。

最细粉：能全部通过六号筛，并含有能通过七号筛不少于95%的粉末。

极细粉：能全部通过八号筛，并含有能通过九号筛不少于95%的粉末。

5. 粉体的流动性　粉体的流动性与粉体大小、形态、粉体间的作用力、粉体大小范围、表面摩擦力、含水量、带电等因素有关。一般以休止角或流速来表示粉体的流动性，休止角小和流速快都表明粉体流动性好。当休止角小于40°时，可以满足生产流动性的需要。

你知道吗

休止角：粉末在粉体堆积层的自由斜面上滑动时受到重力和粉末间摩擦力的作用，当这些力达到平衡时处于静止状态，此时粉体堆积层的自由斜面与水平面所形成的最大角叫休止角。休止角是检验粉体流动性好坏的最简便方法。

四、混合

1. 混合的定义 混合是指两种或两种以上物料均匀化的操作。

2. 混合的目的 混合的目的在于使处方各组分均匀化，色泽一致，以保证剂量准确、用药安全。

3. 混合的方法

（1）搅拌混合法 适用于剂量、色泽或质地相近的不同组分药物粉末的混合。

（2）研磨混合法 适宜于结晶性药物粉末的混合，不适宜于吸湿性、氧化还原性药物。

（3）过筛混合法 一般过筛混合后仍需加以适当的搅拌混合。

4. 混合的设备

（1）槽形混合机 由断面为U型的固定混合槽和螺旋状搅拌桨组成，混合槽可以绕水平轴转动以便于卸料，如图5－8所示。物料在搅拌桨的作用下不停地多方向运动，从而达到均匀混合。混合效率较低，但操作简单，目前仍广泛应用。这种混合机亦可用于制粒前的捏合操作。

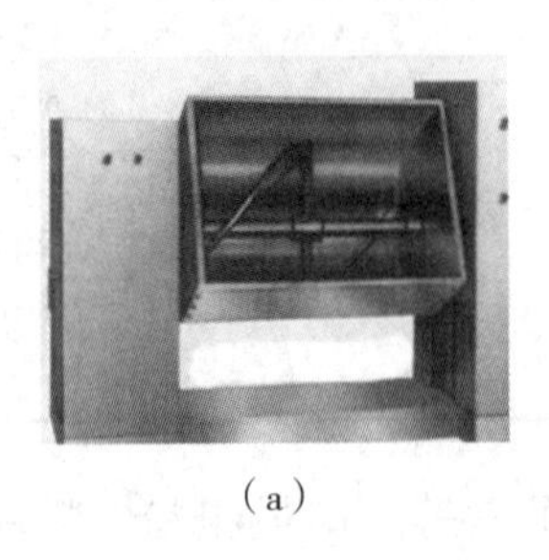

（a）

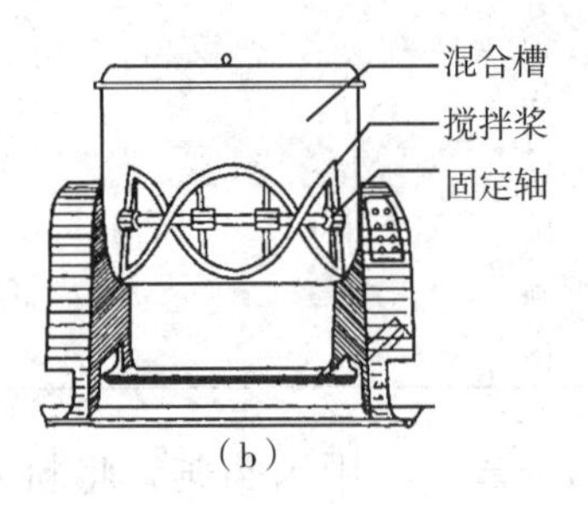

（b）

图5－8 槽形混合机

（a）外观图；（b）结构图

（2）混合筒 按混合筒的形状分为圆筒型混合筒和V形混合筒（图5－9）。混合筒装在水平轴上，由传动装置带动绕轴旋转，装在筒内的物料随混合筒的转动而上下反复运动进行混合。适用于密度相近粉末的混合。适宜的充填量为30%。

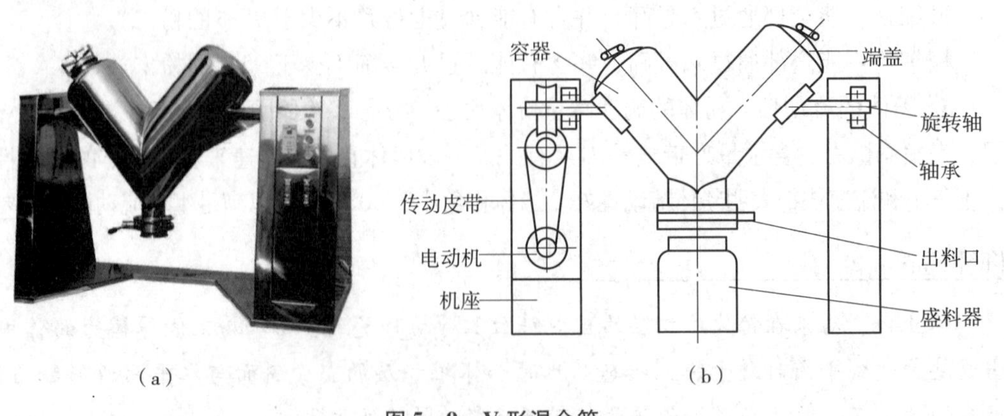

（a） （b）

图5－9 V形混合筒

（a）外观图；（b）结构图

（3）三维运动混合机　混合时，圆筒多方向转动，筒内物料交叉流动混合，无离心力作用，无比重偏析及分层、积聚现象，各组分可有悬殊的重量比，是目前较理想的混合机，混合时间短、效率高、混合均匀度高，混合率可达99.9%。（图5-10）

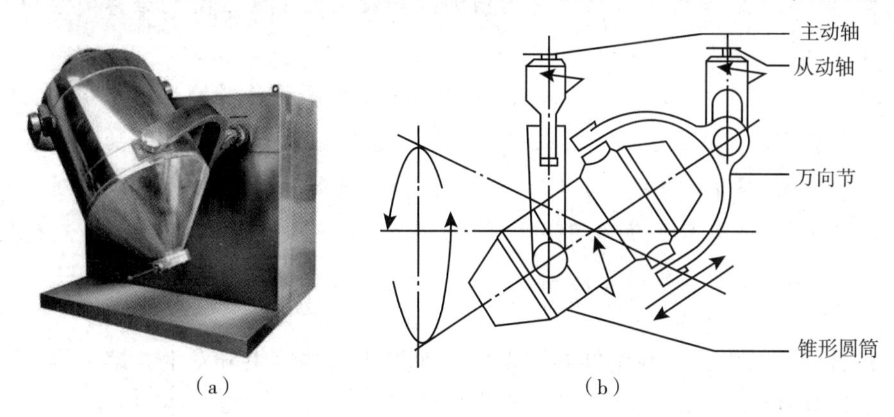

（a）　　（b）

图5-10　三维运动混合机

（a）外观图；（b）结构图

5. 混合的基本原则　总的原则为不同药物粉末混合均匀一致。但是，对于不同剂量、不同质地、不同色泽药物的混合还应遵循如下原则。

（1）等量递增法　对于剂量相差悬殊的配方，可将组分中剂量小的粉末与等量的量大的药物粉末一同置于适当的混合器械内，混合均匀后再加入与混合物等量的量大组分同法混匀，如此反复，直至组分药物粉末混合均匀。该法又称“配研法”。等量递增法通常用量大组分先饱和容器，以减小容器的吸附作用，避免量小的组分损失。该法适用于毒剧药制备倍散。

（2）打底套色法　对于不同组分，色泽或质地相当悬殊的配方，可将量少、色深或质轻的粉末放置于混合容器中作为底料，再将量多、色浅或质重的药物粉末分次加入，采用“等量递增法”混合均匀（套色）。混合时通常先用量大组分饱和混合器械，以减少量少药物组分在混合器械中被吸附造成相对较大的损失。

（3）组分密度　组分密度差异大时，密度小者应先加入容器中，后加入密度大者。

（4）组分的吸附性　药粉易吸附在混合容器表面时，应先将量大且不易吸附的药粉或辅料垫底。

（5）组分的带电性　因混合摩擦而带电的粉末不易混匀，可加入抗静电剂克服。

（6）含液体组分　用处方中的固体组分或吸收剂吸收该液体，至不显湿润为止。如某组分含结晶水，会在研磨时释放而引起湿润，则可用等摩尔无水物代替；如某组分吸湿性很强（如胃蛋白酶、乳酶生等），则应在低于其临界相对湿度条件下，迅速混合并密封防潮；如某些组分混合时引起吸湿性增强，则不应混合，可分别包装。

你知道吗

临界相对湿度：水溶性药物的粉末在相对湿度较低的环境下，几乎不吸湿，而当相对湿度增大到一定值时，吸湿量急剧增加，一般把这个吸湿量开始急剧增加的相对湿度称为临界相对湿度（CRH）。

CRH是水溶性药物的特征参数，空气的相对湿度高于物料的临界相对湿度时极易吸潮。几种水溶性药物混合后，其吸湿性有如下特点：混合后的CRH约等于各组分的CRH乘积，即 $CRH_{AB}=CRH_{A}\times CRH_{B}$，例如，葡萄糖和抗坏血酸的CRH分别为82%和71%，两者混合物的CRH为58.3%，此值提示我们混合与保存必须在低于混合物CRH（58.0%）的环境下才能有效地防潮。CRH值越高，则越不易吸湿。

（7）含低共熔组分　利用低共熔现象，即先使低共熔组分发生共熔，再与其他固体组分充分混匀。

（8）含小剂量的毒剧药　采用配研法，选用固体稀释剂将其制成倍散（稀释散）。

你知道吗

散剂中如含有毒性药物，因其剂量一般较小，称取费时，服用容易损耗，造成剂量误差，因此，一般在毒性药物中添加一定比例量的辅料稀释成倍散，以保证剂量的准确性。

倍散系指在小剂量的毒剧药中添加一定量的稀释剂制成的散剂，又称稀释散、贮备散。常加入的稀释剂有乳糖、淀粉、蔗糖、糊精、葡萄糖以及其他无机物如沉降碳酸钙、沉降磷酸钙、白陶土等，其中以乳糖较为适宜。

倍散的稀释倍数由药物剂量而定，如剂量在0.01～0.1g可配成10倍散；剂量在0.001～0.01g可配成100倍散；剂量在0.001g以下应配成1000倍散。如毒性中药马钱子是以马钱子粉入药，《中国药典》2020年版一部收载的马钱子粉，是以制马钱子粉碎成细粉，测定含量后，加适量淀粉稀释至规定含量而成的。另外，为保证混合均匀性，常加入一些着色剂如胭脂红、亚甲蓝等，将不同倍散染成不同颜色，借助颜色深浅来区别不同的稀释倍数。

五、分剂量

将混合均匀的散剂按需要分成等重份数的过程叫作分剂量。常用的方法有以下几种。

1. 目测法　又称估分法，系称取总量的散剂，以目测分成若干等份的方法。此法操作简便，但准确性差。药房临时调配少量普通药物散剂时可用此方法。

2. 容量法　系用固定容量的容器进行分剂量的方法。此法效率高，但准确性不如重量法。目前药房大量配制普通药物散剂时所用的散剂分量器、药厂使用的自动分包机、分量机等都采用的是容量法的原理分剂量的。

3. 重量法 系用衡器（例如电子天平）逐份称重的方法。此法分剂量准确，但操作麻烦，效率低。主要用于含毒剧药物、贵重药物散剂的分剂量。

六、包装与贮存

散剂的比表面积较大，其吸湿性与风化性都比较明显，若因为包装与贮存不当而吸湿，可发生很多变化，如润湿、失去流动性、结块等物理变化，变色、分解或效价降低等化学变化，微生物污染等生物学变化等一系列不稳定现象，严重影响散剂的质量以及用药的安全性。因此，散剂的防潮是保证散剂质量的重要措施，应选用适宜的包装材料和贮存条件有效延缓散剂吸湿。

1. 包装 散剂的包装应根据其吸湿性强弱采用不同的包装材料，包装材料的透湿性将直接影响散剂在贮存期的物理、化学稳定性和生物稳定性。

（1）包装材料 散剂常用的包装材料有包药纸（包括有光纸、玻璃纸、蜡纸等）、复合膜（袋）、塑料袋、玻璃管和玻璃瓶等。

（2）包装方法 散剂可单剂量包装也可多剂量包装。单剂量散剂可用纸袋或塑料袋分装，用塑料袋包装时应热封严密；多剂量的散剂可用塑料袋、纸盒、玻璃管或瓶包装，玻璃管或瓶装时可加盖软木塞用蜡封固，或加盖塑料内盖。有时在大包装装入硅胶等干燥剂，多剂量包装者应附分剂量用具。

药品在运输过程中，不可避免的振动会导致密度不同的组分分层，在包装时瓶装散剂应装满，袋装散剂封口应牢固。

你知道吗

散剂的吸湿：是指固体表面吸附水分子的现象。

散剂的风化：是指药物失去或部分失去结晶水。

药物的吸湿性与空气状态有关，药物在较大湿度的空气中容易发生吸湿，在干空气中容易发生干燥，直至物料的吸湿与干燥达到动态平衡。

包装材料的选择：塑料袋的透气、透湿问题未完全克服，而且常温和长时间存放易老化，只适宜包装性质稳定的中西药散剂。玻璃管或玻璃瓶密闭性好，本身性质稳定，适用于包装各种散剂。特别适用于芳香、挥发性散剂以及有吸湿性、细料及毒、贵重药散剂，但易破碎，携带不便，成本较高。

2. 贮存 散剂应密闭贮存，含挥发性或易吸湿性药物的散剂，应密封贮存。还应考虑温度、湿度、微生物及光照等对散剂质量的影响。

任务三 了解散剂的质量控制和检查

一、散剂的质量控制

散剂在生产和贮藏过程中，应符合以下要求。

1. 散剂生产所需的原辅料应在有效期内，并已经检验合格后放行。包装材料、中间产品、待包装产品等均需检验合格。

2. 配料时应按照规程进行配料，核对物料后，精确称量或计量，并做好标识。

3. 每一工序生产前应当进行检查，确保设备和工作场所没有上批遗留的产品、文件或与本批产品无关的物料，设备处于已清洁及待用状态，做好检查记录，避免混淆或差错。物料名称、代码、批号、标志等确认无误且符合要求。

4. 生产时应检查环境参数确保满足生产要求。粉碎、筛分和混合操作应防止粉尘产生和扩散。每一工序操作时严格按照生产操作规程进行。结束时应清场。每一环节均应做好生产记录和抽检记录。

5. 分剂量和包装环节应随时检查粉体的装量差异，及时调整设备状态。

6. 包装完毕产品进入待验区，经规范抽样全检合格后方可放行。检验人员还应做好抽检样品的留样。

二、散剂的质量检查

除另有规定外，散剂应进行以下相应质量检查。

1. 外观均匀度 取供试品适量，置光滑纸上，平铺约 $5cm^2$，将其表面压平，在明亮处观察，应色泽均匀，无花纹与色斑。

2. 粒度 除另有规定外，化学药局部用散剂和用于烧伤或严重创伤的中药局部散剂及儿科用散剂，照下述方法检查，应符合规定。

检查法 除另有规定外，取供试品 10g，精密称定，照粒度和粒度分布测定法（通则 0982 单筛分法）测定。化学药散剂通过七号筛（中药通过六号筛）的粉末重量，应不得少于 95%。

3. 水分 中药散剂照水分测定法（通则 0832）测定，除另有规定外，不得过 9.0%。

4. 干燥失重 化学药和生物制品散剂，除另有规定外，取供试品，照干燥失重测定法（通则 0831）测定，在 105℃干燥至恒重，减失重量不得过 2.0%。

5. 装量差异 单剂量包装的散剂，照下述方法检查，应符合规定。

检查法 除另有规定外，取供试品 10 袋（瓶），分别精密称定每袋（瓶）内容物

注：本教材所引用的通则均指《中国药典》2020 年版相关内容。

的重量，求出内容物的装量与平均装量。每袋（瓶）装量与平均装量相比较［凡有标示装量的散剂，每袋（瓶）装量应与标示装量相比较］，按表5－2中的规定，超出装量差异限度的散剂不能多于2袋（瓶），并不得有1袋（瓶）超出装量差异限度的1倍。

表5－2　单剂量包装散剂装量差异限度

平均装量或标示装量	装量差异限度（中药、化学药）	装量差异限度（生物制品）
0.1或0.1以下	±15%	±15%
0.1以上至0.5g	±10%	±10%
0.5以上至1.5g	±8%	±7.5%
1.5以上至6.0g	±7%	±5%
6.0g以上	±5%	±3%

凡规定检查含量均匀度的化学药和生物制品散剂，一般不再进行装量差异的检查。

6. 装量　除另有规定外，多剂量包装的散剂，照最低装量检查法（通则0942）检查，应符合规定。

7. 无菌　除另有规定外，用于烧伤［除程度较轻的烧伤（Ⅰ°或浅Ⅱ°外）］、严重创伤或临床必须无菌的局部用散剂，照无菌检查法（通则1101）检查，应符合规定。

8. 微生物限度　除另有规定外，照非无菌产品微生物限度检查：微生物计数法（通则1105）和控制菌检查法（通则1106）及非无菌药物微生物限度标准（通则1107）检查，应符合规定。凡规定进行杂菌检查的生物制品散剂，可不进行微生物限度检查。

实训五　散剂综合实训与考核

一、实训目的

1. 能制备散剂及会进行质量检查。
2. 掌握倍散的制备方法和等量递增法的操作。

二、实训原理

1. 制备工艺流程　物料准备→粉碎→过筛→混合→分剂量→质检→包装。

2. 制备要点　混合操作是制备散剂的关键。目前常用的混合方法有研磨混合法、搅拌混合法和过筛混合法。若药物比例相差悬殊，应采用等量递增法混合；若各组分的密度相差悬殊，应将密度小的组分先加入研磨器内，再加入密度大的组分进行混合；若组分的色泽相差悬殊，一般先将色深的组分放入研磨器中，再加入色浅的组分进行混合。

三、实训器材

1. 药品 硫酸阿托品、乳糖、胭脂红、甘草、氧化锌、薄荷脑、樟脑、薄荷油、硼酸、滑石粉、水杨酸、升华硫、淀粉等。

2. 器材 乳钵、天平、六号筛（100 目）、七号筛（120 目）、包药纸等。

四、实训操作

（一）硫酸阿托品散的制备

【处方】				
	硫酸阿托品	0.1g	胭脂红乳糖（1%）	适量
	乳糖	适量	共制成	100g

【制法】先研磨乳糖使乳钵内壁饱和后倾出，将硫酸阿托品与等容积的胭脂红乳糖置乳钵中研合均匀，再按等量递加法逐渐加入所需量的乳糖，充分研合制成 10 倍散；再继续按等量递加法逐渐加入所需量的乳糖，充分研合制成 100 倍散；再继续按等量递加法逐渐加入所需量的乳糖，充分研合制成色泽均匀的千倍散。用重量法进行分包装，每包 0.5g，相当硫酸阿托品 0.5mg。

【质量检查】外观均匀度、粒度、装量差异、干燥失重等检查。

【注意事项】

1. 硫酸阿托品为毒剧药，因剂量小，为了便于称取、服用、分装等，故需添加适量稀释剂制成倍散。为保证混合的均匀性，故加胭脂红染色。

2. 为防止乳钵对药物的吸附，研磨时应选用玻璃乳钵并先加少量乳糖研磨使之饱和乳钵。

3. 处方中的胭脂红乳糖作为着色剂。1% 胭脂红乳糖的配制方法为：取胭脂红 1g 置研钵中，加 90% 乙醇 15ml 研磨使溶解，加少量乳糖吸收并研匀，再按等量递增法研磨至全部乳糖加完并颜色均匀为止，在 60℃ 干燥，过六号筛，即得 1% 胭脂红乳糖。

（二）痱子粉（含低共熔成分散剂）的制备 微课

【处方】				
	薄荷脑	0.15g	水杨酸	0.25g
	硼酸	2.1g	升华硫	1.0g
	氧化锌	1.5g	淀粉	2.5g
	樟脑	0.15g	薄荷油	0.15ml
	滑石粉	加至 25.0g		

【制法】将处方中的水杨酸、硼酸、升华硫、氧化锌、淀粉、滑石粉称量后，取少量滑石粉将乳钵内壁饱和，再将上述药品按一定顺序置于乳钵内混合研细，过七号筛备用；取樟脑、薄荷脑混合研磨至全部液化，并与薄荷油混匀；将共熔混合物与混合细粉按等量递增法研磨混匀，过七号筛，即得。

【质量检查】外观均匀度、粒度、装量差异、水分等检查。

【注意事项】

1. 处方中薄荷脑、樟脑研磨混合时会产生共熔现象。因共熔后，药理作用几乎无变化，故先将其共熔，再用处方中其他组分吸收混匀。故研磨时应让其全部液化后，再与薄荷油混合。

2. 由于水杨酸与硼酸均为结晶性物料，颗粒较大，研细后，再与升华硫、氧化锌、淀粉研磨混合，再与滑石粉按等量递增法研磨均匀。

3. 痱子粉为外用散剂，应为最细粉，过七号筛。

五、实训考核

具体考核项目如表 5－3 所示。

表 5－3　制备散剂综合实训考核表

项目	考核要求	分值	得分
职业素养	规范着装，责任心强，爱护仪器设备	20	
规范操作	符合工艺规程，有序操作，注重时效	50	
实训记录	字迹清晰，书写整齐，内容完整	10	
实训结论	结果准确、完整	10	
实训清理	器材归位，场地清洁	10	
合计		100	

目标检测

一、单项选择题

1. 以下关于散剂的特点错误的是（　　）

A. 比表面积大，奏效快　　B. 制法简单

C. 质量稳定，刺激性小　　D. 易于分剂量

2. 下列哪一条不符合散剂制法的一般规律（　　）

A. 各组分比例量差异大者，采用等量递增法

B. 各组分密度差异大的，先加轻者，后加重者

C. 剂量小的毒剧药，应先制成倍散

D. 含低共熔成分，应避免共熔

3. 散剂的制备过程为（　　）

A. 粉碎→过筛→混合→分剂量→质量检查→包装

B. 粉碎→混合→过筛→分剂量→质量检查→包装

C. 粉碎→混合→分剂量→质量检查→包装

D. 粉碎→过筛→分剂量→质量检查→包装

4.《中国药典》中关于筛号的叙述，哪一个是正确的（　　）

A. 筛号是以每一英寸长度上的筛目表示

B. 一号筛孔最大，九号筛孔最小

C. 最大筛孔为十号筛

D. 二号筛相当于工业 200 目筛

5. 我国工业筛常用目表示，目系指（　　）

A. 每厘米长度内所含筛孔的数目

B. 每平方厘米面积内所含筛孔的数目

C. 每英寸长度内所含筛孔的数目

D. 每平方英寸面积内所含筛孔的数目

6. 当处方中各组分的比例量相差悬殊时，混合时宜用（　　）

A. 过筛混合　　B. 湿法混合　　C. 等量递增法　　D. 直接搅拌法

7. 散剂贮存的关键为（　　）

A. 防潮　　B. 防热　　C. 防冷　　D. 防虫

8. 比重不同的药物制备散剂时，采用（　　）的混合方法最佳

A. 等量递增法　　B. 多次过筛

C. 将轻者加在重者之上　　D. 将重者加在轻者之上

二、多项选选题

1. 散剂必须进行（　　）质量检查

A. 外观均匀度　　B. 粒度

C. 干燥失重　　D. 装量差异

2. 关于散剂的特点，正确的是（　　）

A. 是常用口服固体制剂中起效最快的剂型

B. 制法简便

C. 剂量可随症增减

D. 若给药剂量大则不易服用

三、填空题

1. 制剂中常用的粉碎方法有＿＿＿＿＿＿、＿＿＿＿＿＿、＿＿＿＿＿＿、＿＿＿＿＿＿、＿＿＿＿＿＿等。

2. 筛的目数越大，孔径越＿＿。

3. 目前常用的混合方法有＿＿＿＿、＿＿＿＿＿、＿＿＿＿＿＿。

4. 制剂中常用的分剂量的方法有＿＿＿＿、＿＿＿＿＿、＿＿＿＿＿＿。

四、简答题

1. 何谓散剂？它有哪些特点？

2. 制备散剂有哪些工艺步骤？
3. 粉碎的目的有哪些？
4. 简述混合的基本原则。

（张云坤）

书网融合……

微课

划重点

自测题

项目六 制备颗粒剂

PPT

学习目标

知识要求

1. **掌握** 颗粒剂的制备工艺；颗粒剂的分类；制粒的方法。
2. **熟悉** 颗粒剂的概念和特点；干燥的方法。
3. **了解** 颗粒剂的质量检查。

能力要求

学会颗粒剂制备的操作技术。

岗位情景模拟

情景描述 如果你在某制药企业从事制剂生产工作，有一批含挥发性成分的颗粒湿法制粒后需要干燥。

讨论 1. 这批颗粒应该采用什么方法干燥？

2. 在干燥的过程中应该注意什么？

任务一 认识颗粒剂

一、颗粒剂的定义

颗粒剂系指原料药物与适宜的辅料混合制成具有一定粒度的干燥颗粒状制剂，如图 6－1 所示。颗粒剂是一种常见的固体制剂，其品种多、应用广泛。

图 6－1 颗粒剂

请你想一想

同学们，大家应该都见过颗粒剂吧？那你知道颗粒剂有哪些种类吗？它又是怎么制备的呢？

二、颗粒剂的特点

1. 体积小，服用方便，直接加水冲服。

2. 味甜适口，尤适合小儿用药。根据需要可加入适宜的矫味剂和芳香剂，可以掩盖某些药物的苦味和不良气味。

3. 吸收快，起效迅速。直接加水或酒后能迅速分散，起效迅速。

4. 通过颗粒包衣，使颗粒具有防潮性、缓释性或肠溶性等，改变药物的释放速度和药物的吸收位置。

5. 性质稳定，运输、携带、贮存方便。

6. 生产工艺成熟，容易实现机械化生产，成本更低。

三、颗粒剂的分类

根据颗粒剂在水中的溶解情况可分类为可溶颗粒（通称为颗粒）、混悬颗粒、泡腾颗粒、肠溶颗粒。根据释放特性不同还包括缓释颗粒等。

可溶性颗粒剂　绝大多数为水溶性颗粒剂，如感冒退热颗粒、阿莫西林颗粒等。另外，中药颗粒剂还有酒溶性颗粒剂，服用前加入一定量的白酒溶解成药酒饮用，如养血愈风酒颗粒、木瓜酒颗粒等。

混悬颗粒　系指难溶性原料药物与适宜辅料混合制成的颗粒剂。临用前加水或其他适宜液体振摇即可分散成混悬液。

泡腾颗粒　系指含有碳酸氢钠和有机酸，遇水可放出大量气体而呈泡腾状的颗粒剂。

肠溶颗粒　系指采用肠溶材料包裹颗粒或其他适宜方法制成的颗粒剂。肠溶颗粒耐胃酸而在肠液中释放活性成分或控制药物在肠道内定位释放，可防止药物在胃内分解失效，避免对胃的刺激。

缓释颗粒　系指在规定的释放介质中缓慢地非恒速释放药物的颗粒剂。

四、颗粒剂的质量要求

颗粒剂在生产与贮藏期间，应符合下列规定。

1. 原料药物与辅料应均匀混合。含药量小或含毒剧药物的颗粒剂，应根据原料药物的性质采用适宜方法使其分散均匀。

2. 除另有规定外，中药饮片应按各品种项下规定的方法进行提取、纯化、浓缩成规定的清膏，采用适宜的方法干燥并制成细粉，加适量辅料或饮片细粉，混匀并制成颗粒；也可将清膏加适量辅料或饮片细粉，混匀并制成颗粒。

3. 凡属挥发性原料药物或遇热不稳定的药物在制备过程中应控制适宜的温度条件，凡遇光不稳定的原料药物应遮光操作。

4. 颗粒剂通常采用干法制粒、湿法制粒等方法制备。干法制粒可避免引入水分，尤其适合对湿热不稳定药物的颗粒剂的制备。

5. 根据需要颗粒剂可加入适宜的辅料，如稀释剂、黏合剂、分散剂、着色剂以及矫味剂等。

6. 除另有规定外，挥发油应均匀喷入干燥颗粒中，密闭至规定时间或用包合等技术处理后加入。

7. 为了防潮、掩盖原料药物的不良气味，也可对颗粒剂进行包衣。必要时，包衣颗粒应检查残留溶剂。

8. 颗粒应干燥、大小均匀、色泽一致，无吸潮、软化、结块、潮解等现象。

9. 颗粒剂的微生物限度应符合要求。

10. 根据原料药物和制剂的特性，除来源于动、植物多组分且难以建立测定方法的颗粒剂外，溶出度、释放度、含量均匀度等应符合要求。

11. 除另有规定外，颗粒剂应密封，置干燥处贮存，防止受潮。生物制品原液、半成品和成品的生产及质量控制应符合相关品种要求。

任务二　掌握制备颗粒剂的技术

一、颗粒剂的生产工艺流程

颗粒剂的生产工艺流程如图 6－2 所示。

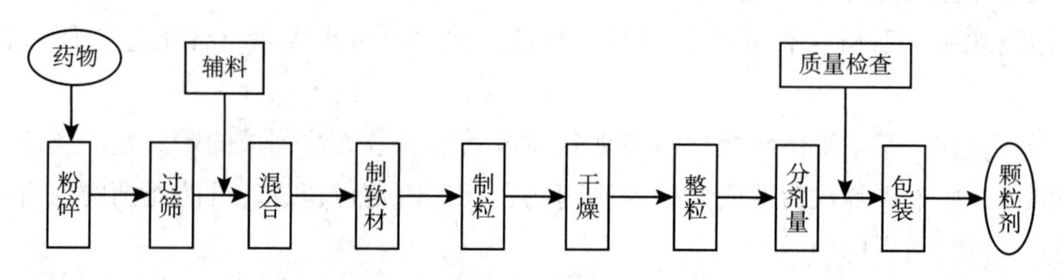

图 6－2　颗粒剂的生产工艺流程图

你知道吗

同学们，看看上面的工艺流程图，是不是觉得颗粒剂比散剂的制备要复杂呢？我们为什么要大费周章把药物制成颗粒呢？直接粉碎成散剂不是更简便吗？

这是因为粉体药料的流动性差，使其在分剂量时不容易实现机械化生产。而制成颗粒可以改变药物的流动性，使分剂量准确而快速。制成颗粒还可以使处方中密度不同的原辅料黏结固定，避免因震动而分层，导致含量不均匀。制成颗粒还可以防止生产中的粉尘飞散与被吸附，减少药物损耗，改善生产环境。如果是生产片剂，制成颗粒压片比粉末直接压片更容易，还能减少松片和裂片。

化学药颗粒剂的制备，通常将药物适当粉碎过筛后，与辅料混合后制成颗粒，干燥后再整粒。中药颗粒剂的制备，则需要对饮片进行处理后再加适宜的辅料制粒（干燥粉碎后制粒或浸出后用提取物制粒），之后再进行干燥和整粒的工序。微课1

二、制粒技术

制粒技术常应用在颗粒剂、片剂、胶囊剂的生产过程中。通常的制粒方法有干法制粒、湿法制粒。干法制粒可避免引入水分，尤其适合对湿热不稳定的药物。湿法制粒是应用最广泛的制粒方法，包括挤出制粒、高速搅拌制粒、流化床制粒、喷雾干燥制粒等。

1. 挤出制粒　是指将药物加入适量的辅料制成软材后，通过强制挤压的方式使其通过一定孔径的筛网或孔板而成为颗粒的方法。如果药物是固体粉末，可以添加适当的黏合剂制成软材；如果药物提取后制成清膏，应当添加适当的吸收剂制成软材。软材应当“轻握成团，轻压则散”。少量颗粒的制备可以直接挤压通过筛网制粒，大生产多采用摇摆式制粒机，如图6－3所示。微课2

图6－3　摇摆式制粒机

2. 高速搅拌制粒　又称快速搅拌制粒。快速搅拌制粒机主要由盛料容器、搅拌桨、制粒刀和电控制系统组成。分卧式和立式两种形式，其工作原理和实际效果基本相同。如图6－4所示。操作时，把物料加入盛料容器中，开动搅拌电动机，搅拌桨先把干粉混合1～2分钟。待物料混匀后通过黏合剂入口加入黏合剂，再继续搅拌4～5分钟制成软材。然后开启快速制粒电动机，制粒切割刀将软材切割成颗粒状。由于容器内的物料快速地翻动和转动，使得每一部分的物料在短时间内都能经过制粒刀部位而被切成大小均匀的颗粒。

3. 流化床制粒　系指利用热气流使制粒粉料在流化室内呈悬浮流化态，再喷入黏合剂液体，使粉末聚集成颗粒的方法。此法将混合、制粒、干燥操作在同一设备内完成，故又称“一步制粒”或“沸腾制粒”（图6－5）。所制得的颗粒均匀、多孔、圆整、流动性好。适用于对湿热敏感的药物制粒。

4. 喷雾干燥制粒　喷雾干燥制粒机工作原理如图6－6所示。将液态物料直接与压缩空气经雾化器的喷嘴，形成大小适宜的液滴喷入干燥室中，雾滴在热气流中迅速蒸发干燥得到近于球形的细小粉粒。用喷雾干燥制粒机制出的颗粒大小均匀，具有良好的溶解性、流动性和可压性。其颗粒直径与药液的浓度、加料速度、喷头喷出雾滴的直径等因素有关。干燥速度与进、出口温度及空气流中药液的浓度等因素有关。喷雾干燥制粒方法适用于热敏性物料的制粒。液体物料被分散成小液滴，在数秒钟内即被干燥，也可以避免产品因受热时间较长而分解变质。

图6-4 高速搅拌制粒机

图6-5 流化床制粒机

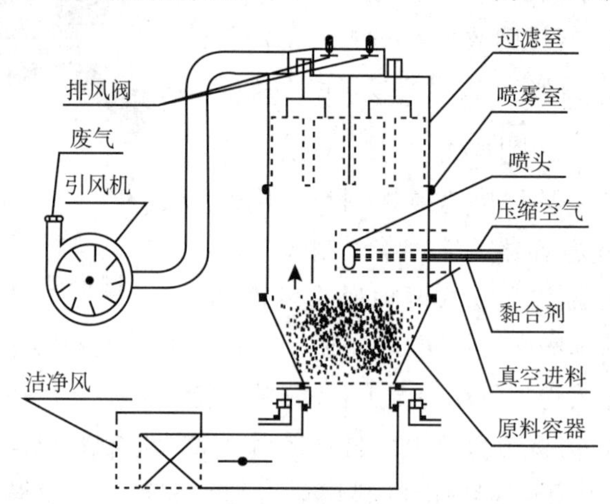

图6-6 喷雾干燥制粒机工作原理图

图6-7 干法制粒机工作示意图

5. 干法制粒 干法制粒可分为滚压法和重压法两种。

滚压法制粒 系将药物与辅料混匀后，通过转速相同的两个滚动圆筒的间隙压成适宜的薄片，再碾碎、整粒的制粒方法，如图6-7所示。

重压法制粒 又称压片法制粒。是将药物与辅料混合均匀后，用较大压力的压片机压制成直径为20mm左右的大片，然后再粉碎成适宜大小的颗粒。本法设备操作简单，但生产效率较低，冲模等因压力较大致使机械的损耗率也较大。

三、干燥技术

（一）了解干燥

干燥是通过气化作用除去湿物料中水分或其他溶剂而获得干燥物品的操作过程。对固体物料而言，干燥时水分从物料内部借扩散作用到达表面，并从表面受热气化而被除去。干燥操作广泛用于中药药剂生产中，如新鲜药材的除水，原辅料的除湿以及水丸、片剂、颗粒剂生产都会涉及干燥操作技术。

（二）影响干燥的因素

1. 物料的性质　包括物料本身的结构、形状和大小、水分的结合方式等，是决定干燥速率的主要因素。一般说来，颗粒状物料比粉末状干燥快；结晶性物料和有组织细胞的药材比浸出液浓缩后的膏状物料干燥快。

2. 温度　温度越高，干燥介质与湿物料间温度差越大，分子运动速度加快，干燥速度越快。但过高的干燥温度会致不耐热药物成分破坏，所以应根据物料的性质，在不破坏药物成分的前提下提高温度。

3. 空气的湿度与流速　干燥介质的相对湿度愈低，流速愈快，则湿度差愈大，愈利于干燥。因此，在静态干燥（如在烘箱、烘房干燥）时，为避免相对湿度饱和而停止蒸发，常采用吸湿剂（如变色硅胶）以吸出空气中的蒸汽，或利用排风扇、鼓风装置加大空气流动速度，及时将蒸汽带走。在更新气流时，为使干燥介质的相对湿度降低，应对补充的空气进行预热。

4. 暴露面　被干燥物暴露面的大小直接影响到干燥的效率。静态干燥的暴露面小，干燥效率差，如烘箱干燥、烘房干燥。干燥过程中可将物料体积改小，铺层宜薄且均匀，并及时翻动。动态干燥时物料跳动或悬浮于气流中，快速增大被干燥物料的暴露面积，如沸腾干燥、喷雾干燥等，可加快干燥速度。

5. 压力　压力越大，干燥速度越慢，因此减压可加快干燥的速度，如减压干燥。

（三）常用干燥方法和设备

在制剂生产中，被干燥物料有固体，也有液体，既可能是颗粒状、粉末状，也可能是丸状、片状，有的物料耐热，有的物料容易挥发，情况各不相同，因此，在选择干燥方法时，需要根据被干燥物料的形态和性质，采用不同的干燥方法和设备。以下重点介绍制剂生产中最常用的几种干燥方法和设备。

1. 烘干法　系指将湿物料摊放在烘盘内，利用热的干燥气流使湿物料水分气化进行干燥的一种方法。常用干燥设备有烘箱、烘房等。适用于小批量、多品种的制剂生产。

（1）烘箱　又称为干燥箱，适用于少量药物的干燥或干热灭菌。由于为间歇式操作，在向设备装料时热量损失较大，若无鼓风装置，则上下层温差较大，操作时应注意调换烘盘位置，并适时翻动物料。

（2）烘房　干燥原理与烘箱基本一致，供大量生产时用。

2. 减压干燥 减压干燥又称真空干燥。系指在负压条件下进行干燥的一种方法。该法的特点是温度低、干燥速度快；干燥后的产品呈疏松海绵状，易粉碎；密闭操作，避免了污染或氧化变质；挥发性液体可以回收利用。适合于热敏性或高温下易氧化物料的干燥。但生产能力小、间歇操作、劳动强度大。

3. 喷雾干燥 喷雾干燥是流化技术应用于液体物料干燥的一种较好方法。它是直接将液体物料喷雾成细小雾滴，于干燥器内与一定流速的洁净热气流进行热交换，使水分迅速气化，从而获得粉末或颗粒的方法。由于雾滴的总表面积非常大，因此传热迅速，水分蒸发极快，几秒内即可完成雾滴的干燥，产品质量与溶解度俱佳；干燥后的成品粉末极细，无需再进行粉碎；且生产过程密闭，有利于 GMP 管理。喷雾干燥特别适用于热敏性物料的干燥。但设备复杂、不易清洗、耗能高，因此更适用于单一品种的干燥。

4. 沸腾干燥 沸腾丁燥又称流化床干燥，是利用热空气流使湿颗粒悬浮，呈流态化，如"沸腾状"，热空气在湿颗粒间通过，在动态条件下进行热交换，带走水汽而达到干燥的一种方法。适用于湿粒性物料如片剂、颗粒剂、水丸的干燥。沸腾干燥的气流阻力较小，物料磨损较轻，热利用率较高；干燥速度快，一般湿颗粒流化干燥时间为 20 分钟左右；产品质量好，制品干湿度均匀，无杂质带入；干燥时不需翻料，且能自动出料，节省劳动力；适用于大规模生产。但热能消耗大，清扫设备较麻烦，不适于有色物料的干燥。

5. 冷冻干燥 冷冻干燥是将被干燥液体物料预先冷冻成固体，在低温减压条件下将水分直接升华除去的干燥方法，又称升华干燥。它的特点是物料在高度真空及低温条件下干燥，可避免成分因高热而分解变质，故适用于极不耐热物品的干燥，如血浆、血清、抗生素等生物制品，天花粉针和淀粉止血海绵等。干燥制品多孔疏松、易溶解；含水量低，一般为 1% ~3%，利于药品长期贮存。但冷冻干燥需要高度真空与低温，设备特殊，能耗大，成本高。

6. 红外线干燥 红外线干燥是红外线辐射器所产生的电磁波被湿物料吸收后，直接转变为热能，使物料中水分气化而干燥的一种方法。该法干燥速度快，适用于热敏性药物的干燥，特别适宜于熔点低、吸湿性强的物料。另外物料受热均匀，产品外观好，质量高。

7. 微波干燥 微波干燥是将物料置于高频交变电场内，从物料内部均匀加热，迅速干燥的一种方法。微波干燥穿透力强，物料受热均匀，加热效率高；干燥时间短，速度快；产品质量好；还有杀虫和灭菌的作用。但设备投资和运行成本高。

四、颗粒剂制备的操作要点

药物经粉碎、筛分、混合后，与适量辅料混匀，再经过制软材、制粒、干燥、整粒、分包装、贮存操作，即制得颗粒剂。其制备操作要点如下。

1. 制软材 制软材是湿法制粒的关键技术，选择适宜的黏合剂和适宜用量对制备软材非常重要。将药物与适当的稀释剂（如淀粉、蔗糖等）混匀，或与适宜的黏合剂（如糖浆等）充分混匀，制成软材，以“轻握成团，轻压即散”为宜。流化床制粒、喷雾干燥制粒、干法制粒等则无需制备软材。

2. 制湿颗粒 常采用挤出制粒法、高速搅拌制粒法制得湿颗粒。除此以外，也可采用流化床制粒、喷雾干燥制粒直接完成混合、制粒、干燥。

3. 颗粒的干燥 上述湿颗粒必须及时采用适宜的方法加以干燥除去水分，防止结块或受压变形。温度一般控制在60～80℃。颗粒剂的干燥失重一般不得超过2%。

4. 整粒 在干燥过程中，某些颗粒可能发生粘连、挤压变形，甚至结块。因此，要对干燥后的颗粒给予适当的整理，以使结块、粘连的颗粒分开（图6－8），获得具有一定粒度的均匀颗粒，这就是整粒的过程。整粒操作是将干颗粒用一号药筛除去黏结成块的颗粒，将筛过的颗粒再用五号药筛除去过细颗粒，以使颗粒均匀。

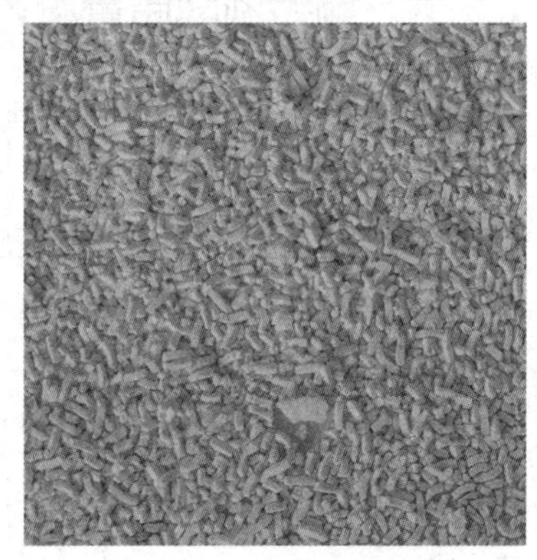

图6－8 待整粒的颗粒

5. 分剂量与包装、贮存 分剂量是将制得的颗粒进行含量检查与粒度测定等后，按剂量装入适宜包装袋中的操作过程。通常采用的包装材料是铝塑复合膜。利用自动颗粒分装机进行分剂量、包装。

颗粒剂一般应贮存在干燥阴凉处，防止颗粒吸潮变软、结块、滋生微生物等。

任务三 了解颗粒剂的质量控制和检查

一、颗粒剂的质量控制

1. 颗粒剂生产所需的原辅料应在有效期内，并已经检验合格后放行。包装材料、中间产品、待包装产品等均需经检验合格。

2. 配料时应按照规程进行配料，核对物料后，精确称量或计量，并做好标识。

3. 每一工序生产前应当进行检查，确保设备和工作场所没有上批遗留的产品、文件或与本批产品无关的物料，设备处于已清洁及待用状态，做好检查记录，避免混淆或差错。物料名称、代码、批号、标志等确认无误且符合要求。

4. 生产时应检查环境参数确保满足生产要求。粉碎、筛分和混合操作应防止粉尘产生和扩散。每一工序操作时严格按照生产操作规程进行。结束时应清场。每一环节均应做好生产记录和抽检记录。

5. 制软材和制湿颗粒是颗粒剂生产时的关键工序。应注意软材混合均匀度和干湿程度，正确选择筛网孔径。

6. 干燥时注意干燥的温度和速度，静态干燥需适时翻动物料并调整烘盘的上下位置。干颗粒的含水量应抽样检查，控制在2%以内。

7. 整粒时注意环境的温湿度、筛网孔径。整粒结束应抽检颗粒的含量、粒度、溶化性及干燥失重。检测合格放行后方可进入下一工序。

8. 分剂量和包装环节应随时检查颗粒的装量差异或装量，及时调整设备状态。

9. 包装完毕产品进入待验区，经规范抽样全检合格后方可放行。检验人员还应做好抽检样品的留样。

二、颗粒剂的质量检查

除另有规定外，颗粒剂应进行以下相应的质量检查。

1. 粒度 除另有规定外，照粒度和粒度分布测定法（通则0982第二法双筛分法）测定，不能通过一号筛和能通五号筛的总和不得超过15%。

2. 水分 中药颗粒剂照水分测定法（通则0832）测定，除另有规定外，水分不得超过8.0%。

3. 干燥失重 除另有规定外，化学药品和生物制品颗粒剂照干燥失重测定法（通则0831）测定，于105℃干燥（含糖颗粒应在80℃减压干燥）至恒重，减失重量不得超过2.0%。

4. 溶化性 除另有规定外，颗粒剂照下述方法检查，溶化性应符合规定。

可溶颗粒检查法 取供试品10g（中药单剂量包装取1袋），加热水200ml，搅拌5分钟，立即观察，可溶性颗粒应全部溶化或轻微浑浊。

泡腾颗粒检查法 取供试品3袋，将内容物分别转移至盛有200ml水的烧杯中，水温为15～25℃，应迅速产生气体而呈泡腾状，5分钟内颗粒均应完全分散或溶解在水中。

颗粒剂按上述方法检查，均不得有异物，中药颗粒还不得有焦屑。

混悬颗粒以及已规定检查溶出度或释放度的颗粒剂，可不进行溶化性检查。

5. 装量差异 单剂量包装的颗粒剂按下述方法检查，应符合规定。

检查法 取供试品10袋（瓶），除去包装，分别精密称定每袋（瓶）内容物的重量，求出每袋（瓶）内容物的装量与平均装量。每袋（瓶）装量与平均装量相比较[凡无含量测定的颗粒剂或有标示装量的颗粒剂，每袋（瓶）装量应与标示装量比较]，超出装量差异限度的颗粒剂不得多于2袋（瓶），并不得有1袋（瓶）超出装量差异限度1倍。装量差异限度的规定见表6－1。

表6－1 单剂量包装颗粒剂装量差异限度

平均装量或标示装量	装量差异限度
1.0g或1.0g以下	±10%
1.0g以上至1.5g	±8%
1.5g以上至6.0g	±7%
6.0g以上	±5%

凡规定检查含量均匀度的颗粒剂，一般不再进行装量差异检查。

6. 装量　多剂量包装的颗粒剂，照最低装量检查法（通则 0942）检查，应符合规定。

7. 微生物限度　以动物、植物、矿物质来源的非单体成分制成的颗粒剂，生物制品颗粒剂，照非无菌产品微生物限度检查：微生物计数法（通则 1105）和控制菌检查法（通则 1106）及非无菌药品微生物限度标准（通则 1107）检查，应符合规定。

实训六　颗粒剂综合实训及考核

维生素 C 颗粒剂的制备

一、实训目的

通过药物组成简单的颗粒剂的制备，掌握挤出制粒法制颗粒时软材的质量控制方法及湿颗粒的制备方法，掌握颗粒剂的工艺流程。

二、实验原理

完成颗粒剂制备的完整环节的实际操作，对颗粒剂的产品进行质量检查和评价，全面掌握颗粒剂的生产和质量检查。

三、实训器材

1. 药品　维生素 C、糊精、糖粉、酒石酸、乙醇等。

2. 器材　普通天平（或电子秤）、研钵、药筛（100 目）、尼龙筛（16 目）、酒精计、比重计、塑料袋、分析天平、检验记录单与实验报告纸。

四、实训操作

分组，每组 2～3 人，完成实训内容。

【处方】	维生素 C	10.0g	糊精	100.0g
	糖粉	90.0g	酒石酸	1.0g
	50% 乙醇	适量	共制成	100 包

【制法】

1. 将维生素 C、糊精、糖粉分别过 100 目筛，按等体积递增配研法将维生素 C 与辅料混匀。

2. 将酒石酸溶于 50% 乙醇（体积份数）中，一次加入上述混合物中，混匀，制软材，过 16 目尼龙筛制粒。

3. 将上述颗粒置 60℃以下干燥，取出整粒，再用塑料袋包装，每袋 2g，含维生素 C 100mg。

【质量检查】

1. 粒度　取维生素 C 颗粒剂 5 袋，按质量检查方法检查，应符合规定。

2. 溶化性　取维生素 C 颗粒剂 10 袋，按溶化性检查法检查，应符合规定。

3. 装量差异　取维生素 C 颗粒剂 10 袋，按装量差异检查法检查，应符合规定。

【注意事项】①维生素 C 用量较小，故混合时采用等量递增法，以保证混合均匀；②维生素 C 易氧化分解变色，制粒时间应尽量缩短，并用稀乙醇作湿润剂制粒，较低温度下干燥，并应避免与金属器皿接触，加入酒石酸（或枸橼酸）作为金属离子螯合剂。

【思考题】维生素 C 的氧化分解受哪些因素的影响？制备颗粒剂时应注意哪些问题？

五、实训考核

具体考核项目如表 6－2 所示。

表 6－2　维生素 C 颗粒剂的制备实训考核表

项目	考核要求	分值	得分
原辅料的称量	操作规范，称量准确	10	
原辅料的过筛与混合	操作正确规范	10	
制软材与制湿粒	颗粒大小均匀，色泽一致	20	
整粒和干燥	操作规范，判断准确	10	
包装	称量准确，包装严密规整	10	
记录和清场	记录清晰完整，器材归位，场地清洁	10	
颗粒剂的质量检查	方法熟练，操作规范，结果合理	15	
实验报告	书写规范，讨论有针对性，完整	15	
合计		100	

复方板蓝根颗粒的制备

一、实训目的

通过中药颗粒剂的制备，掌握不同原料制备颗粒剂的区别。

二、实验原理

完成中药颗粒剂的制备，掌握不同原料的颗粒剂，在制备过程中制软材、制湿粒、干燥、整粒等生产环节的区别。

三、实训器材

1. 药品　板蓝根与大青叶浸膏、蔗糖粉。

2. 器材　盛药盆、电子秤、药筛（14目）、实验报告纸。

四、实训操作

分组，每组2~3人，完成实训内容。

【处方】板蓝根和大青叶稠膏　30g　蔗糖粉　135g
纯化水　适量

【制法】

1. 稠膏加入蔗糖粉，混匀，制成均匀的软材。
2. 挤压通过筛网制粒，干燥，整粒。

【质量检查】

1. 粒度　取复方板蓝根颗粒5袋，按质量检查方法检查，应符合规定。

2. 溶化性　取复方板蓝根颗粒1袋，按质量检查方法检查，应符合规定。

3. 装量差异　取复方板蓝根颗粒10袋，按质量检查方法检查，应符合规定。

【规格】每袋装15g（相当原生药15g）

【思考题】中药浸膏制粒和维生素C制粒有何不同？两次实训所得的颗粒外观性状有什么区别吗？

备注：板蓝根与大青叶浸膏系指，板蓝根60g与大青叶90g加水煎煮2次，第一次加水900ml，煎煮1小时，滤过，滤液放置备用；药渣加水600ml，继续煎煮1小时，滤过，合并两次滤液，浓缩至适量。浓缩液加3倍量乙醇，搅匀，静置24小时。取上清液，挥去乙醇，浓缩至稠膏约30g。

五、实训考核

具体考核项目如表6-3所示。

表6-3　复方板蓝根颗粒的制备实训考核表

项目	考核要求	分值	得分
原辅料的称量	操作规范，称量准确	10	
制软材与制湿粒	颗粒大小均匀，色泽一致	25	
整粒和干燥	操作规范，判断准确	10	
包装	称量准确，包装严密规整	10	
记录和清场	记录清晰完整，器材归位，场地清洁	10	
颗粒剂的质量检查	方法熟练，操作规范，结果合理	20	
实验报告	书写规范，讨论有针对性，完整	15	
合计		100	

目标检测

一、填空题

1. 颗粒剂根据在水中的溶解情况可分为____________、____________、__________、__________等。
2. 泡腾性颗粒剂的泡腾物料为______________和______________。

二、单项选择题

1. 颗粒剂生产的工艺流程为（　　）
   A. 原辅料→粉碎、过筛、混合→制软材→制粒→干燥→整粒→质量检查→分剂量→包装
   B. 原辅料→粉碎、过筛、混合→制软材→干燥→制粒→整粒→质量检查→分剂量→包装
   C. 原辅料→粉碎、过筛、混合→制软材→制粒→整粒→干燥→质量检查→分剂量→包装
   D. 原辅料→粉碎、过筛、混合→干燥→制软材→制粒→整粒→质量检查→分剂量→包装
2. 颗粒剂对粒度的要求正确的是（　　）
   A. 不能通过1号筛和能通过4号筛的颗粒和粉末总和不得超过8%
   B. 不能通过1号筛和能通过5号筛的颗粒和粉末总和不得超过15%
   C. 不能通过1号筛和能通过4号筛的颗粒和粉末总和不得超过9%
   D. 不能通过1号筛和能通过4号筛的颗粒和粉末总和不得超过6%
3. 对颗粒剂软材质量判断的经验（软材标准）是（　　）
   A. 硬度适中，轻捏成型　　B. 手捏成团，轻按即散
   C. 要有足够的水分　　D. 要控制水分在12%以下
4. 下列关于颗粒剂的特点叙述正确的是（　　）
   A. 服用剂量较大　　B. 吸收、起效较快
   C. 产品质量不太稳定　　D. 与散剂比较，不易吸湿结块
5. 挤出制粒的关键工艺是（　　）
   A. 整粒　　B. 制软材
   C. 控制制粒的温度　　D. 搅拌的速度
6. 下列干燥设备中利用热气流达到干燥目的的是（　　）
   A. 鼓式薄膜干燥器　　B. 微波干燥器
   C. 远红外干燥器　　D. 喷雾干燥器

7. 下列属于用升华原理干燥的有（　　）

A. 真空干燥　　B. 冷冻干燥　　C. 喷雾干燥　　D. 沸腾干燥

8. 喷雾干燥与沸腾干燥的最大区别是（　　）

A. 喷雾干燥是流化技术　　B. 适用于料液的干燥

C. 干燥产物可为颗粒状　　D. 适用于连续化批量生产

9. 下列有关影响干燥速率因素的陈述，正确的是（　　）

A. 温度越高，干燥速度越快　　B. 湿度越大，干燥速度越快

C. 面积越小，干燥速度越快　　D. 压力越大，干燥速度越快

10. 下列关于喷雾干燥的陈述，错误的是（　　）

A. 适于固体物料的干燥　　B. 瞬间干燥，适于热敏性物质

C. 制品溶解性好　　D. 制品是松脆颗粒或粉末

三、配伍选择题

［1～4］

A. 可溶颗粒　　B. 混悬颗粒　　C. 泡腾颗粒　　D. 肠溶颗粒

1. 由酸性颗粒和碱性颗粒混合制成，遇水产生二氧化碳气体的是（　　）
2. 制颗粒时有不溶性药物细粉加入的是（　　）
3. 在肠道定位释放药物的是（　　）
4. 加白酒溶解后服用的是（　　）

四、判断题

1. 干燥可除去物料中非结合水和部分结合水。（　　）
2. 一般干燥温度应控制在60～80℃。（　　）
3. 化学药颗粒剂也要进行水分检查。（　　）
4. 泡腾颗粒剂在制备过程中应防潮。（　　）
5. 喷雾干燥是流化技术用于湿粒状物料干燥的良好方法。（　　）

五、简答题

1. 何谓颗粒剂？它有哪些特点？
2. 制备颗粒剂有哪些工艺步骤？
3. 影响干燥的因素有哪些？

（郭常文）

书网融合……

微课1　　微课2　　划重点　　自测题

项目七 制备胶囊剂

PPT

学习目标

知识要求

1. 掌握 硬胶囊剂、软胶囊剂的制法。
2. 熟悉 硬胶囊剂、软胶囊剂的含义、特点和质量检查。
3. 了解 肠溶胶囊剂。

能力要求

能够掌握胶囊剂的制备操作技能；具有质量检查的能力。

岗位情景模拟

情景描述 某药厂生产的维生素AD胶丸，处方如下。

【处方】				
	维生素A	3000单位	维生素D	300单位
	明胶	100份	甘油	55～56份
	鱼肝油	适量	纯化水	120份

【制法】 将维生素A、维生素D溶于鱼肝油中，调整浓度使每丸含维生素A为标示量的90.0%～120.0%，含维生素D为标示量的85.0%以上；另取明胶、甘油、纯化水制成胶浆，70～80℃保温1～2小时，消泡、过滤。以液状石蜡为冷却液，用滴制法制备，收集冷凝的胶丸，用纱布拭去黏附的冷却液，室温下冷风吹4小时，然后在25～35℃下烘4小时，再经石油醚洗涤两次（每次3～5分钟），除去胶丸外层液状石蜡，用95%乙醇洗涤，最后经30～35℃ 2小时烘干，筛选，质检，包装即得。

讨论 1. 哪些药物适合做成软胶囊？处方中甘油起什么作用？

2. 滴制法制备软胶囊过程中应注意什么？

任务一 认识胶囊剂

一、胶囊剂的定义

胶囊剂系指原料药物或与适宜辅料充填于空心胶囊或密封于软质囊材中制成的固体制剂，见图7－1。主要供口服用。

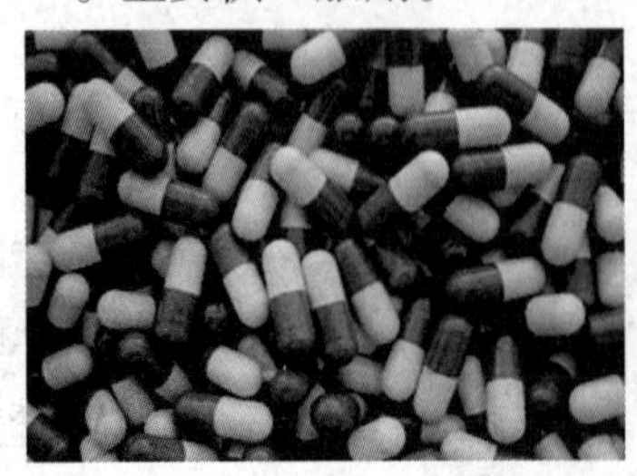

图7－1 胶囊剂

你知道吗

明代出现了胶囊剂的雏形，人们将药物用食物包裹后服用，类似于现代胶囊剂的应用。1834 年法国的 Mothes 和 Dublane 最早在橄榄形明胶胶壳中填充药物，然后用一滴浓的温热明胶溶液进行封闭从而发明了软胶囊。1848 年英国的 Murdock 发明了两节套入式胶囊，从而出现了硬胶囊。随着机械工业兴起，特别是自动胶囊填充机等先进设备的问世，胶囊剂取得了较大的发展，其产量、产值仅次于片剂和注射剂而位居第三，已成为世界上应用最广泛的口服剂型之一。

二、胶囊剂的分类

胶囊剂可分为硬胶囊和软胶囊。根据释放特性不同，还有缓释胶囊、控释胶囊和肠溶胶囊。

1. 硬胶囊（通称为胶囊） 系指采用适宜的制剂技术，将原料药物或加适宜辅料制成的均匀粉末、颗粒、小片、小丸、半固体或液体等，充填于空心胶囊中的胶囊剂。

2. 软胶囊 系指将一定量的液体原料药物直接密封，或将固体原料药物溶解或分散在适宜的辅料中制备成溶液、混悬液、乳状液或半固体，密封于软质囊材中的胶囊剂。

3. 缓释胶囊 系指在规定的释放介质中缓慢地非恒速释放药物的胶囊剂。

4. 控释胶囊 系指在规定的释放介质中缓慢地恒速释放药物的胶囊剂。

5. 肠溶胶囊 系指用肠溶材料包衣的颗粒或小丸充填于胶囊而制成的硬胶囊，或用适宜的肠溶材料制备而得的硬胶囊或软胶囊。

三、胶囊剂的特点

胶囊剂一般供口服使用，具有以下特点。

1. 可掩盖药物的不良臭味，提高药物稳定性 因药物包裹于胶囊中，对具苦味、臭味的药物有遮盖作用；对光敏感或遇湿热不稳定的药物有保护和稳定作用。

2. 药物吸收快，生物利用度高 胶囊剂不需要像片剂、丸剂那样在制备时需添加黏合剂和施加压力，所以在胃肠液中分散快、吸收好、生物利用度高。如口服吲哚美辛胶囊后血中达高峰浓度较同等剂量的片剂早 1 小时。

3. 可弥补其他固体剂型的不足 含油量高或液态的药物难以制成片、丸剂时，可制成软胶囊剂。

4. 可延缓药物的释放和实现定位释放 将药物制成颗粒后，用不同释放速度的高分子材料包衣（或制成微囊），再按需要的比例混匀，装入空心胶囊中，可制成缓释、控释、肠溶等多种类型胶囊剂。

5. 胶囊囊壳可以印字，也可以选择不同颜色、形状，有利于识别且外表美观。

四、胶囊剂的适用范围

由于胶囊剂的囊材成分主要是明胶，具有脆性和水溶性，因此以下情况不宜制成胶囊剂。

1. 药物的水溶液或稀乙醇溶液。这类药物能使胶囊壁溶化。

2. 吸湿性很强的药物。药物吸湿会导致胶囊壁干燥脆裂，但若采取相应措施，如加入少量惰性油与吸湿性药物混匀后，可延缓或预防囊壁变脆，也可能制成胶囊剂。

3. 易风化性药物。风化的药物失去的水分可使胶囊壁软化。

4. 易溶性药物如氯化物、溴化物、碘化物等，以及小剂量的刺激性药物。这类药物在胃中溶解后，局部浓度过高而刺激胃黏膜。

5. 酸碱性较强的药物。酸性液体能使明胶水解，引起渗漏；碱性液体能使明胶鞣质化而影响溶解性。

五、胶囊剂的质量要求

胶囊剂在生产与贮藏期间，应符合下列有关规定。

1. 胶囊剂的内容物不论是原料药物还是辅料，均不应造成囊壳的变质。

2. 小剂量原料药物应用适宜的稀释剂稀释，并混合均匀。

3. 硬胶囊可根据下列制剂技术制备成不同形式内容物填充于空心胶囊中。

（1）将原料药物加适宜的辅料如稀释剂、助流剂、崩解剂等制成均匀的粉末、颗粒或小片填充。

（2）将普通小丸、速释小丸、缓释小丸、控释小丸或肠溶小丸单独填充或混合填充，必要时加入适量空白小丸做填充剂。

（3）将原料药物粉末直接填充。

（4）将原料药物制成包合物、固体分散体、微囊或微球填充。

（5）溶液、混悬液、乳状液等也可采用特制灌囊机填充于空心胶囊中，必要时密封。

4. 胶囊剂应整洁，不得有黏结、变形、渗漏或囊壳破裂等现象，并应无异臭。

5. 胶囊剂的微生物限度应符合要求。

6. 根据原料药物和制剂的特性，除来源于动、植物多组分且难以建立测定方法的胶囊剂外，溶出度、释放度、含量均匀度等应符合要求。必要时，内容物包衣的胶囊剂应检查残留溶剂。

7. 除另有规定外，胶囊剂应密封贮存，其存放环境温度不高于30℃，湿度应适宜，防止受潮、发霉、变质。生物制品原液、半成品和成品的生产及质量控制应符合相关品种要求。

请你想一想

胶囊剂为什么能够广泛应用？与之前学过的固体剂型——片剂、颗粒剂等有什么区别？

任务二　掌握制备硬胶囊剂的技术

一、硬胶囊剂的生产工艺流程

硬胶囊剂的生产工艺流程如图 7－2 所示。

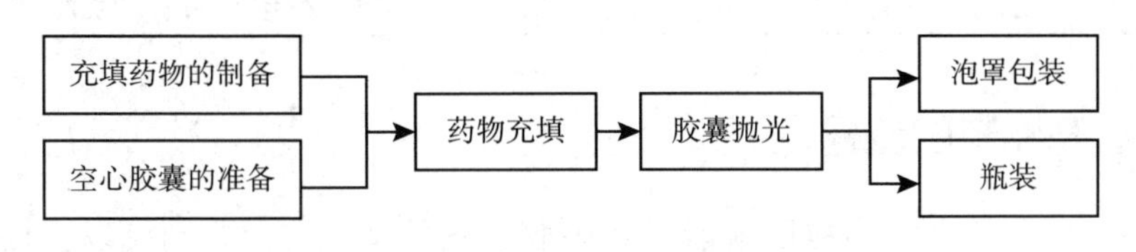

图 7－2　硬胶囊剂的生产工艺流程图

二、空心胶囊的准备

1. 空心胶囊的组成　明胶是空心胶囊的主要成囊材料，是由骨、皮水解而制得的。以骨骼为原料制得的骨明胶，质地坚硬，性脆且透明度差；以猪皮为原料制得的皮明胶，富有可塑性，透明度好。为兼顾囊壳的强度和塑性，采用骨、皮混合胶较为理想。另外，还有其他材料的胶囊，如淀粉胶囊、甲基纤维素胶囊、羟丙甲纤维素胶囊等，但均未广泛使用。

生产胶囊除以明胶为主要原料以外，常加入适量附加剂。如为了增加空心胶囊的坚韧性与可塑性，可加入甘油、山梨醇、CMC－Na、HPC 等增塑剂；为减小流动性、增加胶冻力，可加入琼脂等增稠剂；对光敏感药物，可加二氧化钛（2%～3%）等遮光剂；为美观和便于识别，可加食用色素；为防止霉变，可加尼泊金等防腐剂。以上组分并不是任一种空心胶囊都必须具备，而应根据具体情况加以选择。

2. 空心胶囊的性状　空心胶囊呈圆筒状，分上下配套的两节，即囊体和囊帽，两者可套合和锁合，是质硬且有弹性的空囊。囊体应光洁、色泽均匀、切口平整、无变形、无异臭、无沙眼。帽和体套合紧密。不同批次空心胶囊不能混装，易出现色差。

明胶空心胶囊的品种有透明（两节均不含遮光剂）、不透明（两节均含遮光剂）及半透明（仅一节含遮光剂）三种。空心胶囊常见的颜色有红、黄、蓝、绿、紫红等，也有上下两节不同颜色的胶囊。

3. 空心胶囊的制备　空心胶囊一般由专门的工厂生产，目前普遍采用的方法是将模杆浸入明胶溶液形成囊壳。大致可分为溶胶、蘸胶、干燥、脱模、截割、整理及灭菌等七个工序，主要由自动化生产线来完成。

4. 空心胶囊的规格与选择　空心胶囊共分 8 个型号，分别是 000、00、0、1、2、3、4、5 号，其号数越大，容积越小，常用的型号是 0～5 号。

由于硬胶囊的药物填充多用容积分剂量，而药物因为密度、晶型、粒度以及剂量不同，所占的容积也各不相同，故应按药物剂量所占容积来选用适宜大小的空心胶囊。常用各号空心胶囊的容积与几种药物的填充重量如表 7－1 所示。

表 7-1 空心胶囊的容积与几种药物的填充重量

空心胶囊号数	近似容积/ml	硫酸奎宁/g	碳酸氢钠/g	乙酰水杨酸/g
0	0.75	0.33	0.68	0.55
1	0.55	0.23	0.55	0.33
2	0.40	0.20	0.40	0.25
3	0.30	0.12	0.33	0.20
4	0.25	0.10	0.25	0.15
5	0.15	0.07	0.12	0.10

三、填充物料的制备

如药物通过粉碎至适当粒度就能满足硬胶囊剂的填充要求，则可以直接填充。但更多的情况是在药物中添加适量的辅料制成混合物料后，才能满足生产或治疗的要求。添加辅料可采用与药物混合的方法，也可以采用与药物一起制粒、制片或制丸等方法，然后再进行充填。

常用辅料有稀释剂、助流剂、崩解剂等。稀释剂有淀粉、微晶纤维素、蔗糖、乳糖、氧化镁等；助流剂有硬脂酸镁、硬脂酸、滑石粉等。选用辅料的原则是不与药物和空心胶囊发生物理、化学变化；与药物混合后，所得物料应有适当的流动性，能顺利地装入空心胶囊，同时要有一定的分散性，遇水后不会黏结成团而影响药物的溶出。

1. 药物为粉末时 当主药剂量小于所选用胶囊充填量的一半时，常须加入稀释剂如淀粉类、PVP 等。例如氟哌酸胶囊一粒内含主药仅 0.1g，为增加其重量可用淀粉 0.1g 作稀释剂。当主药为粉末或针状结晶、引湿性药物时，流动性差给填充操作带来困难，常加入润滑剂如微粉硅胶或滑石粉等，以改善其流动性；如遇主药质轻，比容小时，常采用 1% ~2% PVP 乙醇溶液制粒，以便于填充。

2. 药物为颗粒时 许多胶囊剂是将药物制成颗粒、小丸后装填入胶囊壳的，在制备时需加入适宜的黏合剂、润湿剂及崩解剂。以浸膏为原料的中药颗粒剂，引湿性强，富含黏液质及多糖类物质，可加入无水乳糖、微晶纤维素、预胶化淀粉等辅料以改善引湿性。

3. 药物为液体或半固体时 硬胶囊剂亦可充填液体或半固体药物，往空心胶囊内充填液体药物，需要解决液体从囊帽和囊体接合处的泄漏问题，一般采用增加充填物黏度的方法，即可加入增稠剂如硅酸衍生物等使液体变为非流动性软材，然后采用特制的灌囊机填充。

四、药物的填充

1. 小量制备 一般小量制备时，可用手工填充药物。将药物平铺在适当的平面上，厚度为囊体的 1/4 ~1/3，然后戴指套持囊体，口朝下插进药粉层，使粉末嵌入胶囊内，如此压装数次至胶囊被填满，称量，如重量合适即可将囊帽套上。在填充过程中所施压力均匀，并随时校准使重量准确。在填充毒剧药物时，可按剂量一一称取后，再装入胶囊中。

2. 大量生产 大量生产时，一般采用胶囊自动填充机（图 7-3 和图 7-4）。将药物与辅料混合均匀，然后放入进料器用填充器进行填充。要求此混合物料应具有适宜的流动性，并在输送和填充过程中不分层。

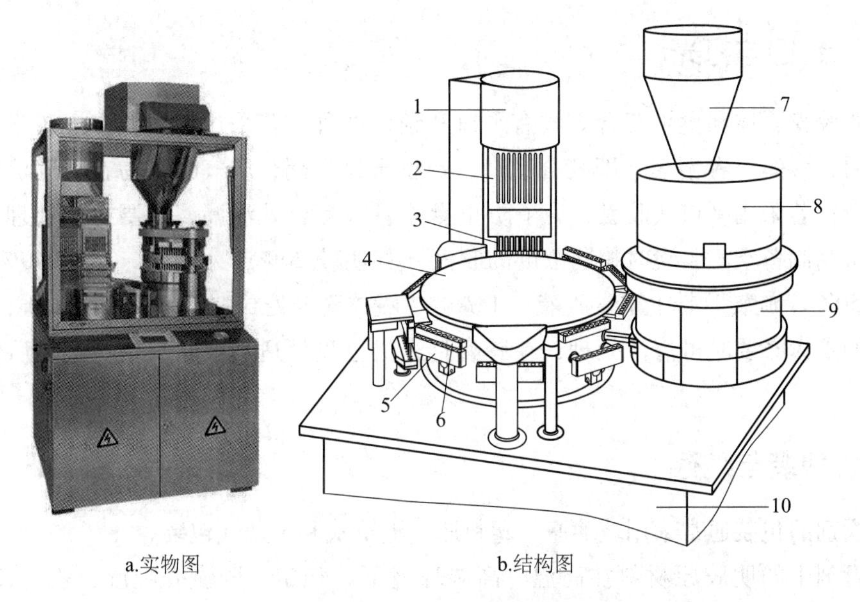

a.实物图　　b.结构图

图 7-3　全自动硬胶囊机

1. 胶囊壳斗；2. 胶囊壳顺向器；3. 推杆；4. 转台；5. 下囊壳板；6. 上囊壳板；7. 药料斗；8. 计量转筒；9. 填装转盘；10. 电机传动机构箱体

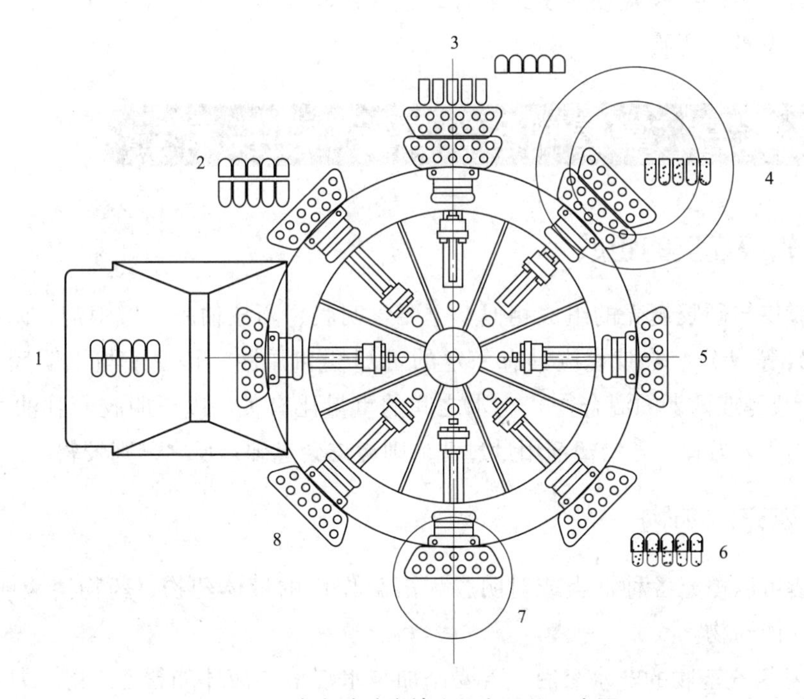

图 7-4　全自动胶囊填充机各工位示意图

1. 胶囊壳同向排列；2. 帽体分开；3. 露出胶囊体口；4. 填充药物；5. 剔除废囊；6. 盖帽；7. 成品移出；8. 清洁工位

填充过程常由胶囊的供给、胶囊的整理、囊帽与囊体的分离、未分离胶囊剔除、胶囊体中填充药料、帽体重新套合、出胶囊等单元操作组成。

五、封口与打光

空心胶囊囊体和囊帽套合方式有平口和锁口两种。若采用锁口型空心胶囊，因药物填充后，囊体、囊帽套上即咬合锁口，药物不易泄漏，空气也不易在缝间流通，故不需封口；若采用平口式胶囊，为了防止囊体囊帽套合处泄漏，需要封口处理。封口的材料常用制备空心胶囊时相同浓度的胶液（如明胶20%、水40%、乙醇40%），保持胶液50℃，旋转时带上定量胶液，于囊帽、囊体套合处封上一条胶液，烘干，即得。封口后的胶囊必要时可清洁处理，在胶囊打光机里喷洒适量液状石蜡，滚搓后使胶囊光亮。

六、包装与贮存

胶囊剂的包装通常采用玻璃瓶、塑料瓶、泡罩式和窄条式包装。

胶囊剂中的明胶原材料在高温、高湿环境下不稳定，胶囊壳吸湿、软化、发黏、膨胀，甚至熔化或溶化，并有利于微生物的生长；胶囊剂长期贮存时，其崩解时限会明显延长，溶出度也会有很大变化。当环境过于干燥时，胶囊易失去水分而变脆。因此，除另有规定外，胶囊剂应密封贮存，其存放环境温度不高于30℃，湿度应适宜，防止受潮、发霉、变质。

任务三　掌握制备软胶囊剂的技术

一、软胶囊皮的组成

软胶囊皮与硬胶囊壳的组成相似，主要含明胶、阿拉伯胶、增塑剂、防腐剂、遮光剂和色素等成分。软胶囊应具有一定的可塑性和弹性，其硬度与干明胶、增塑剂（甘油、山梨醇或两者的混合物）与水之间的重量比有关。以干明胶：甘油：水 =1：(0.4 ~0.6)：1 为宜。若增塑剂用量过低，则囊皮会过硬；反之，则较软。

二、填充的药物

软胶囊可以填充各种油类或对明胶无溶解作用的液体药物、药物溶液或混悬液，也可填充固体药物。

1. 多数填充药物的非水溶液　若要添加与水混溶的液体如聚乙二醇、甘油、丙二醇时，应注意其吸水性，因囊皮本身含有的水可能迅速转到药物中去，使胶皮的弹性降低。

2. 填充混悬液　混悬液的分散介质常用植物油或 PEG 400，混悬液中还应含有助悬剂。对于油状基质，通常使用的助悬剂是 10% ~30% 的油蜡混合物，其组成为：氢化大豆油 1 份、黄蜡 1 份、熔点 33 ~38℃的短链植物油 4 份。对于非油状基质，则常用 1% ~15% 的 PEG 4000 或 PEG 6000。有时可加入抗氧剂、表面活性剂来提高软胶囊剂的稳定性与生物利用度。

3. 填充固体药物　药物粉末至少应过 80 目筛。

4. 不宜填充软胶囊的药物　填充 O/W 型乳剂时可使乳剂失水破坏；填充药物溶液含水分超过 50%，或含低分子量的水溶性或挥发性的有机化合物如乙醇、丙酮、酸、胺以及酯等，均能使软胶囊软化或溶解；醛类可使明胶变性，因此均不能制成软胶囊剂。在填充液体药物时，pH 应控制在 4.5 ~7.5 之间，否则软胶囊剂在贮藏期间可因明胶的酸水解而泄漏，或引起明胶的碱性变性而影响软胶囊剂的溶解性。

三、软胶囊形状与大小的选择

软胶囊的形状有球形（亦称胶丸）、椭圆形、水滴形、圆柱形等多种，见图 7 –5。目前软胶囊剂多为固体药物粉末混悬在油性或非油性（如 PEG 400 等）液体介质中包制而成。填充的药物一般为一个剂量。为便于成型，软胶囊容积要求尽可能小，但填充的药物应达到治疗量。混悬液制成软胶囊时，所需软胶囊的大小，可用基质吸附率来决定。根据基质吸附率，称取基质与固体药物，混合匀化，测定其堆密度，便可决定制备一定剂量的混悬液所需模具的大小。

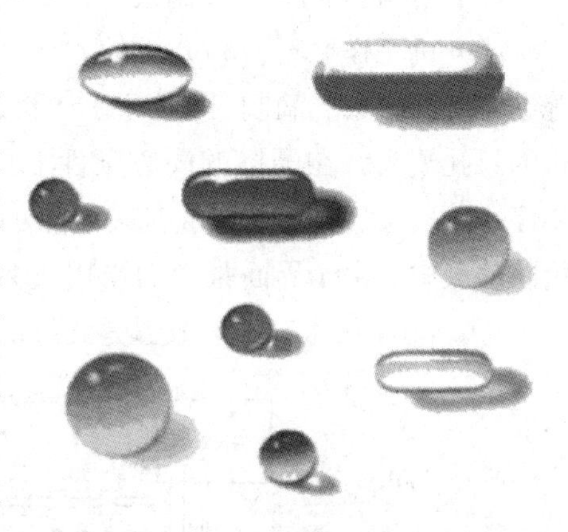

图 7 –5　软胶囊示意图

你知道吗

基质吸附率：是指将 1g 固体药物制成填充胶囊的混悬液时所需液体基质的克数。即：基质吸附率 = 基质重/固体药物重。基质吸附率可通过测定混悬液的比重而得到。将药液压磨或匀浆制成混悬液后，用真空脱气，测定混悬液的比重，所测混悬液比重的倒数即该混悬液的基质吸附率。

影响固体药物基质吸附率的因素有：固体的颗粒大小、形状、物理状态（纤维状、无定形、结晶状）、密度、含湿量以及亲油性和亲水性等。

四、软胶囊剂的生产工艺流程

软胶囊剂的制备方法可分为滴制法和压制法两种。生产软胶囊时，成型与填充药物是同时进行的。

1. 滴制法　滴制法的生产工艺流程如图 7 –6 所示。

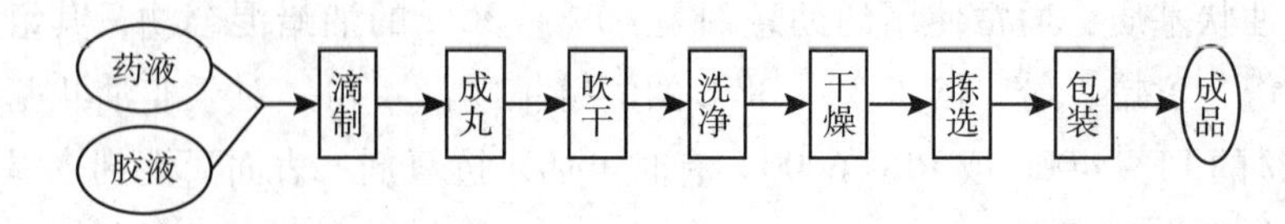

图 7-6　滴制法的生产工艺流程图

（1）胶液的准备　取明胶量 1.2 倍的水及胶水总量 25% ~30%（夏季可少加）的甘油，加热至 70~80℃，混匀，加入明胶搅拌，熔融，保温 1~2 小时，静置待泡沫上浮后，保温过滤，待用（滴丸所用基质除水溶性明胶外，还有非水溶性基质如硬脂酸等）。

（2）药液的提取或炼制　如鱼肝油由鲨鱼肝经提取炼制而得；牡荆油是新鲜牡荆叶用水蒸气蒸馏法提取而成的挥发油。

（3）胶丸的制备　滴制法制备软胶囊一般选用滴丸机生产。

滴丸机工作原理：滴丸机的主要结构由贮液槽、定量控制器、双孔喷头、冷却器等主要部分组成。滴制时，胶液与油状药物分别由三柱泵定量控制器压出，通过滴丸机的双孔喷头，在严格的同心条件下按不同的速度滴出，先喷出胶液，再喷出药液，待停止喷药液后再停止喷胶液。定量的胶液包裹着定量的药液滴入不相混溶的液状石蜡冷却液中，由于界面张力的作用成为球形，并逐渐凝固成胶丸。滴丸机工作原理见图 7-7。用本法生产的软胶囊是无缝的，所以又称无缝胶丸。

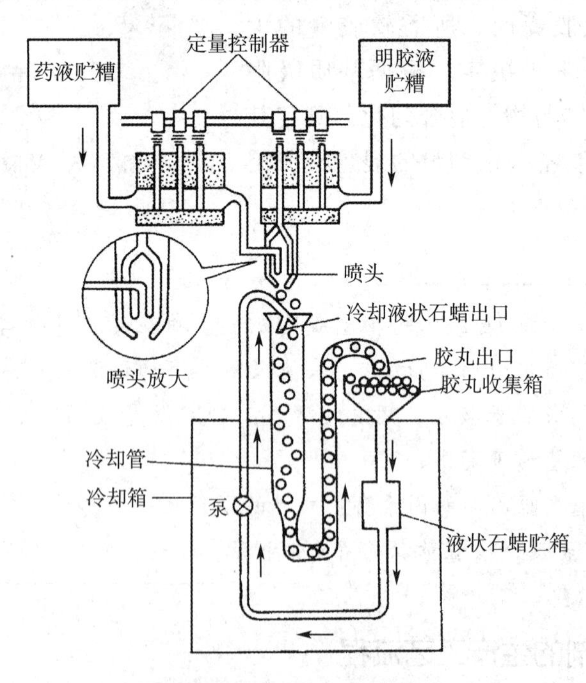

图 7-7　滴丸机工作原理图

将制得的胶丸先用纱布拭去附着的液状石蜡，20~30℃室温条件下鼓风干燥，再经石油醚洗涤两次，95% 乙醇洗涤一次后于 30~35℃烘干，直至水分达到 12% ~15% 为止。

影响滴制法制胶丸的因素：①胶皮处方组分比例。以明胶∶甘油∶水 =1∶(0.4 ~ 0.6)∶1 为宜，否则胶丸壁会过软或过硬。②胶液的黏度。一般要求黏度为 3 ~ 5E°，即用 Engler 黏度计在 25℃时测黏度，使 200ml 胶液流过的时间与 200ml 水流过的时间之比为 3 ~ 5。③药液、胶液及冷却液三者的密度。要保证胶丸在液状石蜡中有一定的沉降速度，又有足够时间冷却成形。以鱼肝油胶丸为例，三者密度以液状石蜡 0.86g/ml，药液 0.9g/ml，胶液 1.12g/ml 为宜。④温度。胶液和药液应保持在 60℃，喷头处应为75 ~ 80℃，冷却液应为 13 ~ 17℃。

2. 压制法　压制法是将胶液制成厚薄均匀的胶片，再将药液置于两个胶片之间，用钢板模或旋转模压制成软胶囊的一种方法。用压制法生产的软胶囊称为有缝软胶囊。常采用自动旋转轧囊机生产软胶囊，其工作原理如图 7 - 8 所示。

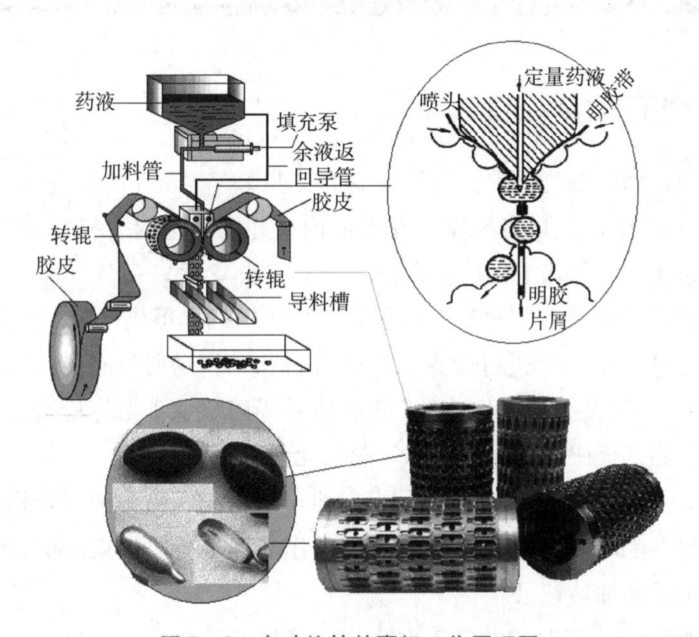

图 7 - 8　自动旋转轧囊机工作原理图

预先制备好的胶液，由涂胶机箱、鼓轮制出的两条胶带连续不断地向相反方向移动，在接近旋转模之前逐渐接近，一部分经加压结合，此时药液从填充泵经导管由楔形注入器定量注入两胶带之间。由于旋转模不停地转动，胶带与药液被压入模槽中，模孔凸缘使胶带全部轧压结合，并将药液包裹成胶丸，剩余的胶带即自动切割分离。胶带在接触模孔的一面需涂润滑油，成型胶丸用石油醚洗涤胶丸，再置于 21 ~ 24℃，相对湿度 40% 条件下干燥。旋转压囊机通过更换模具可制成大小形状各异的密封软胶囊。

任务四　了解肠溶胶囊

有些有辛臭味、刺激性，或遇酸不稳定的药物，或需在肠内溶解吸收发挥疗效，而又选用胶囊剂型的药物，可制成在胃内不溶而到肠内始能崩解、溶化的肠溶胶囊。肠溶胶囊可以是硬胶囊，也可以是软胶囊，采用适宜的肠溶材料制备成肠溶空心胶囊再填装药物，也可以用肠溶材料将颗粒或小丸包衣后填充入空心胶囊而制成。

肠溶空心胶囊也有透明、半透明和不透明三个品种。一般用明胶（或海藻酸钠）先制成空心胶囊，其再涂上肠溶材料如邻苯二甲酸醋酸纤维素（CAP）、虫胶等，也可把溶解好的肠溶性高分子材料直接加入明胶液中，然后加工成肠溶性空心胶囊。如用PVP作底衣，再用CAP、蜂蜡等进行外层包衣，可以改善CAP包衣后“脱壳”的缺点。国内已有胶囊厂生产可在不同部位溶解的肠溶空心胶囊，其质量稳定，应用较多。

任务五　熟悉胶囊剂的质量控制和检查

一、胶囊剂的质量控制

胶囊剂在生产和贮藏过程中，应符合以下要求。

1. 胶囊剂生产所需的原辅料应在有效期内，并已经检验合格后放行。包装材料、中间产品、待包装产品等均需经检验合格。

2. 配料时应按照操作规程进行，核对物料后，精确称量或计量，并做好标识。

3. 每一工序生产前应当进行检查，确保设备和工作场所没有上批遗留的产品、文件或与本批产品无关的物料，设备处于已清洁及待用状态，做好检查记录，避免混淆或差错。物料名称、代码、批号、标志等确认无误且符合要求。

4. 生产时应检查环境参数确保满足生产要求。粉碎、筛分和混合操作应防止粉尘产生和扩散。每一工序操作时严格按照生产操作规程进行。结束时应清场。每一环节均应做好生产记录和抽检记录。

5. 填充是胶囊剂生产时的关键工序。应注意填充物混合均匀度和干湿程度，保证良好的流动性，并随时检查装量差异，及时调整设备状态。

6. 包装完毕产品进入待验区，经规范抽样全检合格后方可放行。检验人员还应做好抽检样品的留样。

二、胶囊剂的质量检查

1. 外观　胶囊剂应整洁，不得有黏结、变形、渗漏或囊壳破裂等现象，并应无异臭。

2. 水分　中药硬胶囊剂应进行水分检查。

取供试品内容物，照水分测定法（通则0832）测定。除另有规定外，不得过9.0%。

硬胶囊内容物为液体或半固体者不检查水分。

3. 装量差异　照下述方法检查，应符合规定。 e 微课

检查法　除另有规定外，取供试品20粒（中药取10粒），分别精密称定重量，倾出内容物（不得损失囊壳），硬胶囊囊壳用小刷或其他适宜的用具拭净；软胶囊或内容物为半固体或液体的硬胶囊囊壳用乙醚等易挥发性溶剂洗净，置通风处使溶剂挥尽，再分别精密称定囊壳重量，求出每粒内容物的装量与平均装量。每粒装量与平均装量相比较（有标示装量的胶囊剂，每粒装量应与标示装量比较），超出装量差异限度（表7-2）的不得多于2粒，并不得有1粒超出限度的1倍。

凡规定检查含量均匀度的胶囊剂，一般不再进行装量差异的检查。

表7-2　胶囊剂装量差异限度

平均装量或标示装量	装量差异限度
0.30g以下	±10%
0.30g及0.30g以上	±7.5%（中药±10%）

4. 崩解时限

检查法　软胶囊或硬胶囊，除另有规定外，取供试品6粒，按片剂的装置与方法（化药胶囊如漂浮于液面，可加挡板；中药胶囊加挡板）进行检查。硬胶囊应在30分钟内全部崩解；软胶囊应在1小时内全部崩解，以明胶为基质的软胶囊可改在人工胃液中进行检查。如有1粒不能完全崩解，应另取6粒复试，均应符合规定。

肠溶胶囊，除另有规定外，取供试品6粒，先在盐酸溶液（9→1000）中不加挡板检查2小时，每粒的囊壳均不得有裂缝或崩解现象；再将吊篮取出，用少量水洗涤后，每管加挡板在人工肠液中进行检查，1小时内应全部崩解。如有1粒不能完全崩解，应另取6粒复试，均应符合规定。

凡规定检查溶出度或释放度的胶囊剂，一般不再进行崩解时限检查。

5. 微生物限度　以动物、植物、矿物质来源的非单体成分制成的胶囊剂、生物制品胶囊剂，照非无菌产品微生物限度检查：微生物计数法（通则1105）和控制菌检查（通则1106）及非无菌药品微生物限度标准（通则1107）检查，应符合规定。规定检查杂菌的生物制品胶囊剂，可不进行微生物限度检查。

> **请你想一想**
>
> 中药胶囊剂普遍存在载药量有限导致服用粒数多、填充内容物易吸潮黏结的问题。学完胶囊剂这个项目，你有什么好的解决方法吗？

实训七　制备胶囊剂综合实训及考核

一、实训目的

1. 掌握硬胶囊的制备过程及小量填充硬胶囊剂的方法。
2. 能进行硬胶囊剂的装量差异、崩解时限检查。

二、实训原理

1. 胶囊的填充 胶囊的填充方法有手工填充和机械填充。其填充车间应保持温度18～26℃，相对湿度45%～65%。小量试制可用胶囊填充板或手工填充药物，填充好的胶囊用洁净的纱布包起，轻轻搓滚，使胶囊光亮。大量生产可用全自动胶囊填充机填充药物，填充好的胶囊使用胶囊抛光机清除吸附在胶囊外壁上的细粉，使胶囊光洁。

2. 质量检查 填充好的胶囊进行含量测定、装量差异、崩解时限、水分、微生物限度等项目的检查。

三、实训器材

1. 药品 淀粉或适宜的药物粉末。

2. 器材 天平、手工胶囊填充板（图7－9）、1号空心胶囊。

图7－9 手工胶囊填充板

四、实训操作

1. 手工填充法操作 将药物粉末置于白纸或洁净的玻璃上，用药匙铺平并压紧，厚度约为胶囊体高度的1/4或1/3。手持胶囊体，口垂直向下插入药物粉末，使药粉压入胶囊内，同法操作数次，至胶囊被填满，使其达到规定的重量后，套上胶囊帽。

填充过程中所施压力应均匀，还应随时称重，以使每粒胶囊的装量准确。为使填充好的胶囊外观美、光、亮，可用喷有少许液状石蜡的洁净纱布轻轻滚搓，擦去胶囊外面黏附的药粉。

2. 使用胶囊填充板填充硬胶囊 将导向板放置于帽板或体板上，使定位销定位于定位孔中，放上适量胶囊，来回倾斜轻轻筛动，待胶囊基本落满后，倒出多余胶囊，将适量所需填充的药粉倒在装满胶囊的体板上，用刮粉板来回刮动，然后刮净多余药粉，将中间板扣在装满胶囊的帽板上，然后再将扣在一起的帽板和中间板反过来扣在体板上，对准位置轻轻地边摆动边下压使胶囊成预锁合状态，再将整套板翻面用力下压，使体板与帽板压实使胶囊锁合成合格长度的胶囊剂，倒入容器中即可。

3. 胶囊剂的装量差异检查 按胶囊剂的装量差异检查方法检查，应符合规定。

4. 胶囊剂的崩解时限检查 按胶囊剂的崩解时限检查方法检查，应符合规定。

五、实训考核

具体考核项目如表7－3所示。

表 7－3　胶囊剂的制备综合实训考核表

项目	考核要求	分值	得分
职业素养	规范着装，责任心强，爱护仪器设备	20	
规范操作	符合工艺规程，有序操作，注重时效	50	
实训记录	字迹清晰，书写整齐，内容完整	10	
实训结论	结果准确、完整	10	
实训清理	器材归位，场地清洁	10	
合计		100	

目标检测

一、填空题

1. 胶囊剂的类型主要有____________、____________、______________等。
2. 硬胶囊剂的崩解时限为__________，软胶囊剂的崩解时限为__________。
3. 空心胶囊的主要原料是________________。
4. 软胶囊又称为________，制备的方法有____________和____________。
5. 硬胶囊壳共有______种规格，其中容积最大的是______号，最小的是______号。

二、单项选择题

1. 下列有关胶囊剂的叙述哪种是错误的（　　）
   A. 胶囊剂的生物利用度较片剂高
   B. 无吸湿性药物可制成胶囊剂
   C. 软胶囊剂可通过滴制法和压制法制备
   D. 胶囊剂的最佳贮藏条件是温度不超过 35℃，相对湿度不超过 75℃
2. 下列哪种情况宜制成胶囊剂（　　）
   A. 风化性药物　　B. 吸湿性药物
   C. 药物水溶液或稀乙醇溶液　　D. 具苦味或臭味的药物
3. 当胶囊剂囊心物的平均装量为 0.38g 时，其装量差异限度为（　　）
   A. ±5%　　B. ±7.5%　　C. ±8%　　D. ±10%
4. 原料药物装硬胶囊时，易风化药物易使胶囊（　　）
   A. 变硬　　B. 变色　　C. 变脆　　D. 软化
5. （　　）药物不宜制胶囊
   A. 药物水溶液　　B. 难溶性　　C. 贵重　　D. 小剂量
6. 已检查溶出度的胶囊剂，不必再检查（　　）
   A. 硬度　　B. 脆碎度　　C. 崩解时限　　D. 重量差异

7. 软胶囊的胶皮处方，较适宜的重量比是增塑剂：明胶：水为（　　）

A.（0.4～0.6）：1：1　　B. 1：（0.4～0.6）：1

C. 1：1：1　　D. 0.5：1：1

8. 下列（　　）可作为软胶囊的囊心物

A. 药物的水溶液　　B. 药物的水混悬液

C. 乳状液（O/W型）　　D. 药物的油溶液

9.（　　）不是胶囊剂的质量评价项目

A. 崩解时限　　B. 溶出度　　C. 装量差异　　D. 硬度

10. 制备肠溶胶囊时，用甲醛处理的目的是（　　）

A. 增加弹性　　B. 增加稳定性

C. 杀灭微生物　　D. 改变其溶解性

三、配伍选择题

[1～5] A. 增塑剂　　B. 增稠剂　　C. 防腐剂　　D. 避光剂　　E. 着色剂

1. 甘油可用作（　　）
2. 二氧化钛可用作（　　）
3. 琼脂可用作（　　）
4. 胭脂红可用作（　　）
5. 尼泊金酯类可用作（　　）

[6～10] A. 散剂　　B. 胶囊剂　　C. 二者均是　　D. 二者均不是

6. 无需崩解成颗粒，吸收在固体剂型中最快的是（　　）
7. 有多种给药途径的是（　　）
8. 可制成肠溶制剂的是（　　）
9. 质量检查中有水分要求的是（　　）
10. 在制备过程中需用加压设备的是（　　）

四、多项选择题

1. 应制成肠溶胶囊的药物是（　　）

A. 遇酸不稳定的药物　　B. 有刺激性的药物

C. 遇碱不稳定的药物　　D. 需在肠道发挥疗效的药物

2. 软胶囊的胶皮处方由（　　）组成

A. 明胶　　B. 甘油　　C. 水　　D. 乙醇

3. 胶囊剂按形态特点分为（　　）

A. 硬胶囊　　B. 软胶囊　　C. 肠溶胶囊　　D. 胃溶胶囊

4. 下列（　　）不宜制成胶囊剂

A. 药物的水溶液或稀乙醇溶液　　B. 易溶性和刺激性强的药物

C. 易风化或易潮解的药物　　D. 酸性或碱性液体

5. 软胶囊可用（ ）制备
   A. 滴制法 B. 压制法 C. 熔融法 D. 乳化法
6. 关于胶囊剂崩解时限要求正确的是（ ）
   A. 硬胶囊应在30分钟内崩解 B. 硬胶囊应在60分钟内崩解
   C. 软胶囊应在60分钟内崩解 D. 软胶囊应在30分钟内崩解
7. 易潮解的药物可使胶囊壳（ ）
   A. 变软 B. 易破裂 C. 干燥变脆 D. 相互粘连
8. 下列关于软胶囊剂的叙述，正确的是（ ）
   A. 软胶囊又名“胶丸”
   B. 可以采用滴制法制备有缝胶囊
   C. 可以采用滴制法制备无缝胶囊
   D. 一般明胶、增塑剂、水的比例为1.0∶(0.4~0.6)∶1.0

五、判断题

1. 易风化的药物制成胶囊剂易使胶囊壳变脆。（ ）
2. 胶囊剂都不需要检查溶出度。（ ）
3. 硬胶囊的囊心物只能是颗粒或粉末。（ ）
4. 空心胶囊规格中，0号胶囊较2号胶囊小。（ ）
5. 空心胶囊有多种规格，常用为0~5号，号数越大，容积越小。（ ）
6. 胶囊剂做了溶出度检查就不用作崩解检查。（ ）
7. 甘油是空心胶囊壳的主要材料。（ ）
8. 胶丸只能用压制法制备。（ ）
9. 液体药物不能做成胶囊剂。（ ）
10. 硬胶囊的崩解时限为30分钟。（ ）

六、简答题

1. 胶囊剂有何特点？
2. 不宜制成胶囊剂的情况有哪些？
3. 简述硬胶囊剂制备的工艺流程。

（张云坤）

书网融合……

微课

划重点

自测题

项目八 制备片剂

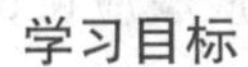

学习目标

知识要求

1. **掌握** 片剂常用辅料及特性，湿法制粒压片法；浸出、蒸馏、蒸发的定义。
2. **熟悉** 片剂分类及特点；压片过程及其影响因素；糖衣片与薄膜衣片的包衣工艺及材料；浸出、蒸馏、蒸发的方法与设备。
3. **了解** 干法制粒压片法及粉末直接压片法；片剂的质量检查；浸出过程及影响因素。

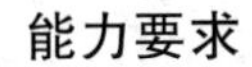

能力要求

1. 熟练掌握湿法制粒压片技术。
2. 学会压片机、崩解仪、溶出度仪等仪器设备的操作；浸出、蒸馏、蒸发设备的使用。
3. 能够进行处方分析；简单分析压片过程中出现的问题并提出解决办法。

岗位情景模拟

情境描述 某药厂准备生产复方阿司匹林片，处方如下。

【处方】				
	阿司匹林	2.68kg	对乙酰氨基酚	1.36kg
	咖啡因	334g	淀粉	2.66kg
	淀粉浆（10%～15%）	适量	滑石粉	250g
	轻质液状石蜡	25g	酒石酸	27g
	制成	10000片		

假如您是制剂工，请思考该怎么生产。

讨论 1. 你能否确定处方中各成分所起的作用？

2. 你如何用这些物料来制备复方阿司匹林片？

任务一 认识片剂

PPT

一、片剂的定义

片剂系指原料药物或与适宜的辅料制成的圆形或异形的片状固体制剂。大多数片剂都是圆形的，也有一些异形的，比如椭圆形、三角形、菱形、瓜子形等。常见片剂形状如图8－1所示。

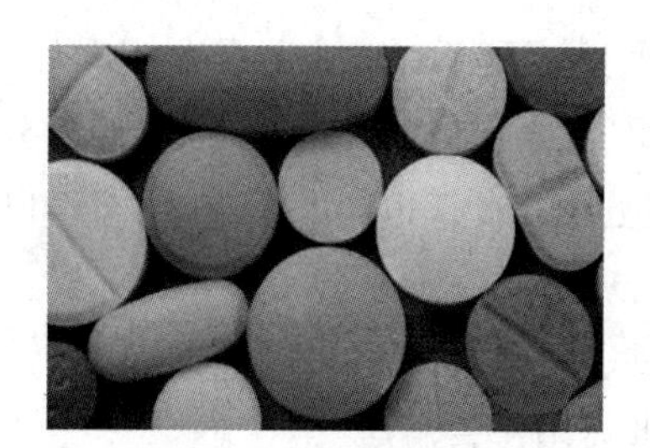

图8-1　片剂形状

请你想一想

同学们知道片剂吗？请想一下片剂是什么形状的？你见过哪些种类的片剂？同时考虑一下，片剂有什么特点呢？

你知道吗

片剂的发展

片剂始创于19世纪40年代，随着科技的进步，伴随着机械工业的发展，新技术、新设备、新工艺已经广泛应用于片剂生产，推动了片剂品种的多样化，提高了片剂的质量，实现了连续化规模生产。许多传统中药剂型也改制成片剂应用。尤其近几十年来，对片剂成型理论、崩解溶出机制以及各种新型辅料的不断研究，使片剂的生产技术和加工设备得到了很大的发展。

二、片剂的特点

片剂是应用非常广泛的剂型，其特点也十分突出。

1. 优点

（1）剂量准确。以片数为剂量单位，服用方便。

（2）性质稳定。受外界因素如空气、水分、光线等影响较小。

（3）成本低，生产机械化，自动化程度高，产量大。

（4）种类多，可以制成不同类型的各种片剂，满足临床需要。如：分散片（速效），缓释片（长效）。

（5）运输、携带、使用方便。

2. 缺点

（1）幼儿、老年患者和昏迷患者不易吞服。

（2）含挥发性成分的片剂久贮时含量下降。

（3）制备工序较其他固体制剂多，技术难度高。

三、片剂的分类

片剂按其给药途径主要分为口服片、口腔用片、外用片。

1. 口服片

（1）口服普通片　系指口服后，经胃肠道吸收发挥全身作用的片剂。一般不包衣的普通压制片均属于此类，又称素片。

（2）咀嚼片　系指于口腔中咀嚼后吞服的片剂。一般选择甘露醇、山梨醇、蔗糖等水溶性辅料做填充剂和黏合剂。咀嚼片的硬度应适宜。如维生素C咀嚼片。

（3）分散片　系指在水中能迅速崩解并均匀分散的片剂。如阿奇霉素分散片。分散片中的原料药物应是难溶性的。可加水分散后口服，也可将分散片含于口中吮服或吞服。

（4）可溶片　系指临用前能溶解于水的非包衣或薄膜包衣片剂。可溶片应溶解于水中，溶液可呈轻微乳光。可供内服，也可供外用、含漱等。

（5）泡腾片　系指含有碳酸氢钠和有机酸，遇水可产生气体而呈泡腾状的片剂。泡腾片不得直接吞服。其原料药物应是易溶性的，加水产生气泡后能迅速溶解。常用的有机酸有枸橼酸、酒石酸、富马酸等。常见的如维生素C泡腾片。

（6）缓释片　系指在规定的释放介质中缓慢地非恒速释放药物的片剂。具有服用次数少、作用时间长、不良反应少等特点。常见的品种有二甲双胍缓释片等。

（7）控释片　系指在规定的释放介质中缓慢地恒速释放药物的片剂。如硝苯地平控释片。除说明书标注可掰开服用外，缓释片和控释片均应整片吞服。

（8）肠溶片　系指用肠溶性包衣材料进行包衣的片剂，如阿司匹林肠溶片。

（9）口崩片　系指在口腔内不需要用水即能迅速崩解或溶解的片剂。一般适合于小剂量原料药物，常用于吞咽困难或不配合服药的患者，如利培酮口崩片。

2. 口腔用片

（1）舌下片　系指置于舌下能迅速溶化，药物经舌下黏膜吸收发挥全身作用的片剂。舌下片中的原料药物应易于直接吸收。由于舌下给药可避免肝脏的首过作用，因此舌下片主要适用于急症的治疗，如硝酸甘油片。

（2）含片　系指含于口腔中缓慢溶化产生局部或全身作用的片剂。常用于口腔及咽喉疾病的治疗，如西地碘含片等。

（3）口腔贴片　系指粘贴于口腔，经黏膜吸收后起局部或全身作用的片剂。

此外，片剂还包括外用片，常见的有阴道片、阴道泡腾片等。

任务二　掌握制备片剂的技术

PPT

一、浸出、蒸馏、蒸发

（一）浸出

1. 浸出的定义　浸出是指采用适宜的溶剂和方法将药材中有效成分从药材组织迁移出来的过程。

2. 浸出的溶剂　溶剂的选择影响有效成分浸出的速度和程度。优良的溶剂应最大程度地浸出有效成分，最低限度地浸出无效成分和有害物质，不与有效成分发生化学变化，不影响其稳定性和药效，比热小，安全无毒，价廉易得。目前常用的浸出溶剂是水和乙醇。

（1）水　水极性大，溶解范围广，广泛用于药材中生物碱盐类、苷类、有机酸盐、蛋白质、糖、多糖类的提取。但用水提取可浸出大量无效成分及杂质，后期处理困难。

（2）乙醇　不同浓度的乙醇有选择溶解性，一般90%以上乙醇用于挥发油、有机酸、树脂等的提取，70%乙醇可提取生物碱、苷类等，50%乙醇可提取蒽醌类、苦味质等。生产时应根据有效成分的性质选择不同浓度的乙醇。

3. 浸出过程及影响因素

（1）浸出过程　包括浸润、溶解、扩散、置换等。①浸润：指溶剂与药材充分接触润湿，并进入药材组织，使药材膨胀的过程。②溶解：指药材组织内的有效成分溶解在溶剂中的过程。③扩散：指有效成分从高浓度溶液向低浓度溶液中扩散的过程。④置换：指用溶剂置换浸出液的过程。

（2）浸出的影响因素　①溶剂的选择：选择浸出溶剂应对需提取的成分有很好的溶解性。②药材的粉碎度：药材的适宜粉碎，可有助于浸出。但不宜粉碎得过细，以免杂质溶出过多，导致分离困难。③温度：适当提高提取时温度，可有助于成分的浸出完全。④时间：浸出时间会影响到浸出效果。⑤浓度差：增加浓度差，可促进扩散而有利于浸出。⑥置换频率。⑦药材与溶剂的相对运动。

4. 常用浸出方法与设备

（1）煎煮法　是将饮片加水煮沸以提取有效成分的浸出方法。适用于饮片中有效成分能溶于水，且对湿、热均较稳定的情况。煎煮法是提取饮片有效成分的最常用方法之一。煎煮时水的用量、煎煮时间、煎煮次数、药材粒度等均会影响提取效果。

煎煮法提取工艺流程如图8－2所示。

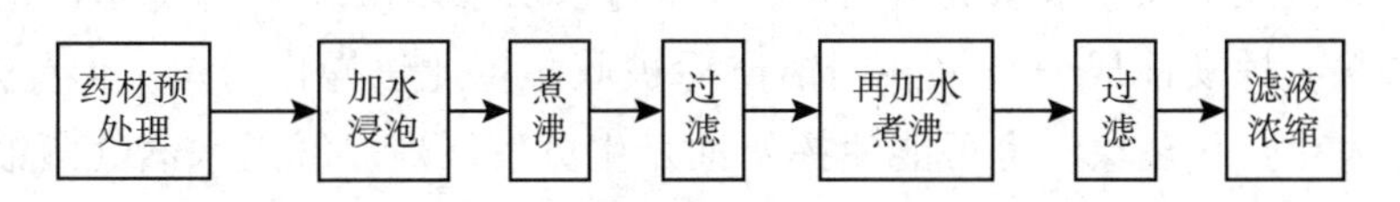

图8－2　煎煮法提取工艺流程图

目前煎煮法最常用的提取设备是多功能提取器。

（2）浸渍法　是指在常温或温热条件下将饮片用定量的适宜溶剂浸泡以提取有效成分的浸出方法。适用于有效成分遇热易破坏的饮片；具黏性及无组织结构的饮片，如安息香、没药；新鲜及易于膨胀的饮片，如大蒜、鲜橙皮。浸渍法简单易行，但溶剂用量大，利用率低，有效成分浸出不完全，故不适用于贵细饮片、毒性饮片及高浓度制剂。

浸渍法提取工艺流程如图8－3所示。

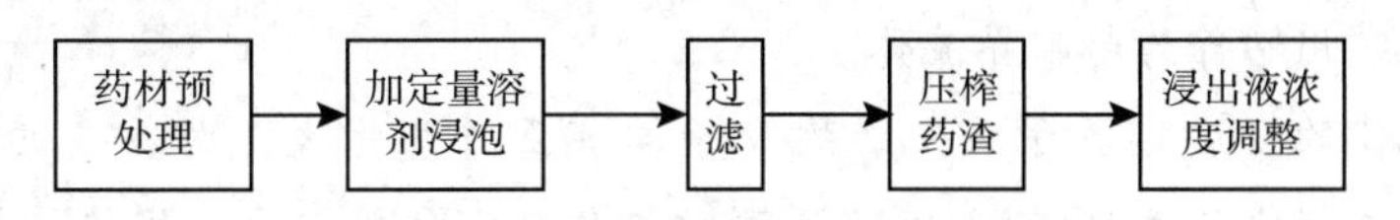

图8－3　浸渍法提取工艺流程图

工业上常用的浸渍器有不锈钢罐、搪瓷罐、陶瓷罐等。

（3）渗漉法　将饮片粉末装入渗漉筒内，从药粉上不断添加溶剂使其渗过药粉，在流动过程中浸出有效成分的方法。所得浸出液称渗漉液。本法适用于高浓度浸出制剂的制备，亦可用于饮片中有效成分含量较低时充分提取，以及常用于贵重饮片、毒性饮片、有效成分遇热易破坏的饮片提取。但对新鲜及易膨胀的饮片、无组织结构的饮片不宜应用。

渗漉法提取工艺流程如图 8 –4 所示。

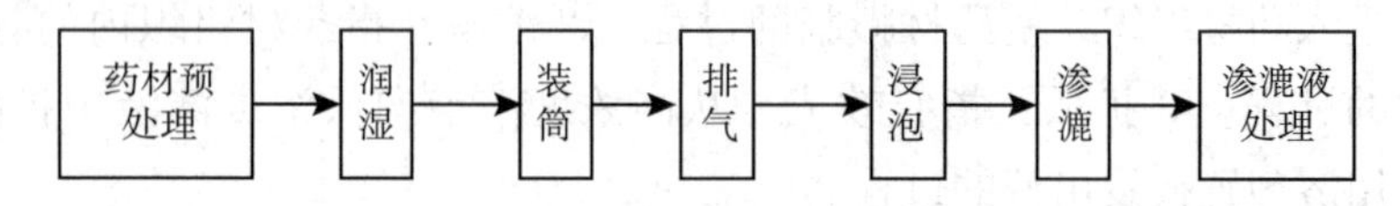

图 8 –4　渗漉法提取工艺流程图

渗漉法使用的设备为呈圆柱形或圆锥形渗漉筒，有搪瓷、陶瓷、不锈钢等材质。

（4）回流法　采用乙醇等挥发性溶剂提取饮片时，溶剂受热挥发，经冷凝器冷凝而流回浸出器中，如此循环以提取有效成分的提取方法。回流法浸出效果好，溶剂用量少，利用率高，适用于有效成分对热稳定的饮片的提取。

常用提取设备有多功能提取罐、索氏提取器等。

（5）水蒸气蒸馏法　指含挥发性成分的饮片和水一起蒸馏，挥发性成分随水蒸气一并馏出，经冷却后分离出挥发性成分的浸出方法。适用于具有挥发性、与水不发生反应，又难溶或不溶于水的有效成分的提取、分离，如陈皮油、八角茴香油的提取。

按照加热方式不同，水蒸气蒸馏法分为：①共水蒸馏法。饮片加水浸泡一定时间后，直接加热，挥发性成分与水共同馏出后被收集。此法操作简单，但受热温度高，中药可能会发生焦化现象，也可能使挥发油发生分解反应。②通水蒸气蒸馏法。饮片加水浸泡一定时间后，通入水蒸气作为热源，使挥发油随导入的蒸汽一起馏出，因饮片没有与加热器直接接触，可避免焦化现象。③水上蒸馏法。在水浴上进行蒸馏的方式，因加热温和，饮片与挥发性成分不受破坏。

常用设备有多功能提取罐、挥发油提取罐等。

你知道吗

超临界流体提取法

指采用处于临界温度和临界压力以上的流体，在一定设备与条件下提取药物有效成分的方法。由于二氧化碳性质稳定、具有较低的临界压力和临界温度，安全性高，不留残渣，故常用它作为超临界流体。

超临界流体的密度接近于液体，故分子间相互作用增大，对物质的溶解度增大；黏度接近于气体（渗透力增强），扩散系数比液体大 100 倍以上，故传质快，因此提取速度快、效率高，极适用于热敏性、易氧化成分的提取。

（二）蒸馏

1. 蒸馏的定义　蒸馏是指将液体沸腾产生的蒸气经冷凝管冷却凝结成液体的一种蒸发、冷凝的过程。它是分离混合液体的操作技术。

蒸馏除了用于制备蒸馏水、制药用水之外，在制剂生产中还广泛用于浸出液的浓缩、溶剂的回收以及挥发油的提取等多个方面，是生产中常用的基本单元操作。

2. 蒸馏的方法与设备

（1）常压蒸馏　系指在常压下将溶液加热，变成蒸气，然后经冷凝器冷却后收集蒸馏液的蒸馏方法。如蒸馏水的制取。此法虽然易于操作，但由于受热面积小，液体表面压力大，表面分子必须获得较高温度才能气化，因此效率低。

常压蒸馏操作注意事项：①检查有无漏气现象；②装量不宜超过容器容积的2/3；③切忌边加热边添加液体；④蒸馏前加入止爆剂，止爆剂不能重复使用；⑤溶剂为有机溶剂时严禁明火加热，冷凝要充分；⑥回收的溶剂一般只用于同一品种的制剂生产。

（2）减压蒸馏　减压蒸馏系指减低压力使液体在较低温度即蒸馏的方法。其原理是降低液面压力，液体的沸点相应降低，真空度越高，沸点降低的程度越高，同时也改善了温度差，使热导良好。此法在制剂中常用，如有机溶媒（乙醇等）的回收及药液的浓缩等。

（3）精馏　精馏（图8－5）是多次简单蒸馏的组合，是制药、化工、炼油生产过程中的一个重要的环节，其目的是将混合物中各组分分离出来，达到规定的纯度。精馏过程的实质就是迫使混合物的气、液两相在塔体中作逆向流动，利用混合液中各组分具有不同的挥发度，在相互接触的过程中，液相中的挥发组分（轻组分）转入气相，而难挥发组分（重组分）则逐渐进入液相，从而实现液体混合物的分离。一般精馏装置由精馏塔、再沸器、冷凝器、回流罐等设备组成。

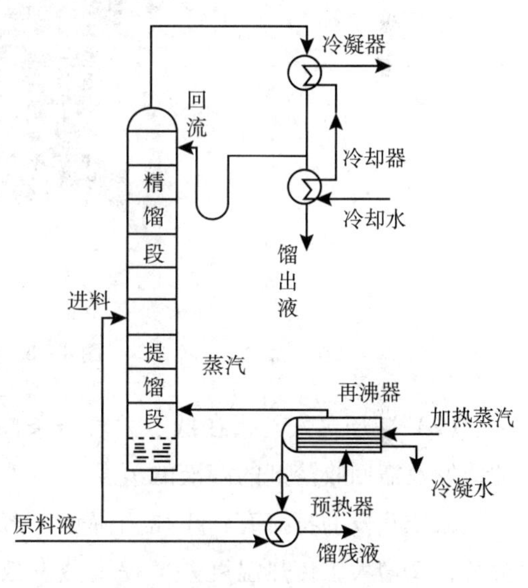

图8－5　精馏操作流程示意图

（三）蒸发

1. 蒸发的定义　蒸发是指用加热的方法，使溶液中部分溶剂气化除去，以提高溶液浓度的操作。由于溶液中的溶质通常是不挥发的，所以蒸发是一种挥发性溶剂与不挥发性溶质分离的过程。

> **请你想一想**
>
> 同学们，蒸发和蒸馏都是将液体加热、沸腾后再进行后续处理的操作，请大家比较一下，二者有什么区别呢？

2. 蒸发方式　蒸发方式分为自然蒸发和沸腾蒸

发两种。在沸点温度下进行的蒸发称为沸腾蒸发，在低于沸点温度下进行的蒸发称自然蒸发。自然蒸发温度低，蒸发速度慢；沸腾蒸发温度高，蒸发速度快。

3. 蒸发的影响因素 ①蒸发液体的温度；②蒸发面积；③液面蒸气浓度；④液体表面的压力；⑤搅拌的影响。

4. 蒸发的方法与设备

（1）常压蒸发 是指液体在一个标准大气压下蒸发浓缩的方法。常采用倾倒式夹层锅（图8-6），耗时较长，易导致某些成分破坏。适合于对热较稳定的药液的蒸发。

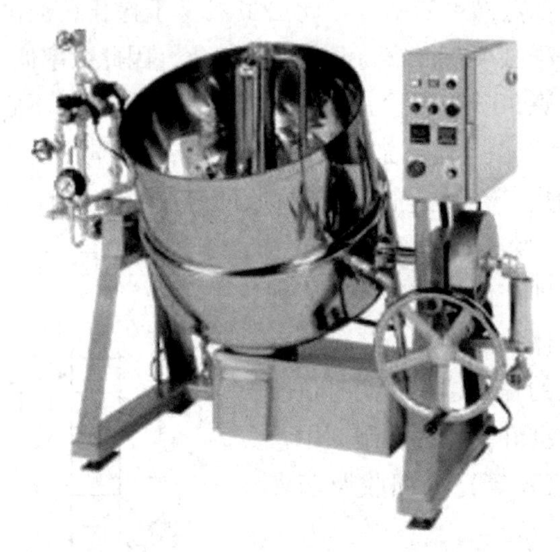

图8-6 倾倒式夹层锅

（2）减压蒸发 指在低于大气压条件下蒸发浓缩的方法。常用于含热敏成分药液的蒸发及需回收溶剂的溶液的蒸发。

减压蒸发的特点有：①压力降低，溶液的沸点降低，能防止或减少热敏性物质的分解；②增大了传热温度差，提高蒸发效率；③能不断地排除溶剂蒸气，有利于蒸发顺利进行；④沸点降低，一般减压蒸发温度要求在40~60℃，可利用低压蒸气或废气作加热源；⑤密闭容器可回收乙醇等溶剂。

常用设备有：①减压蒸馏器（图8-7）。在减压及较低温度下使药液得到蒸发，同时可将乙醇等溶剂回收。②真空蒸发罐。用水流喷射泵抽气减压，适于水提液的蒸发。③管式蒸发器。加热室由管件构成，药液通过有蒸气加热的管壁而被蒸发。

（3）薄膜蒸发 是指药液在快速流经加热面时，形成薄膜并且因剧烈沸腾产生大量泡沫，增加蒸发面积，能显著提高蒸发效率的蒸发方法。

薄膜蒸发的特点有：①蒸发速度快，受热时间短；②不受液体静压和过热影响，成分不易被破坏；③可在常压或减压下进行连续操作；④溶剂可回收再利用。

常用设备有：①升膜式蒸发器。适用于蒸发量较大，有热敏性、黏度适中和易产生泡沫的料液，不适用于高黏度、有结晶析出或易结垢的料液。②降膜式蒸发器。适

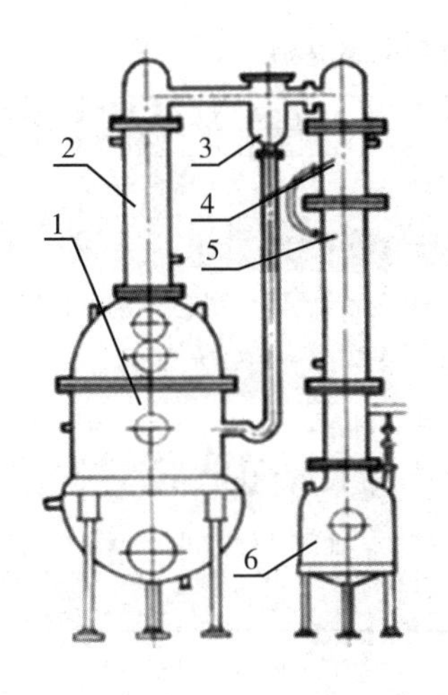

图 8-7　减压蒸馏器

1. 浓缩罐；2. 第一冷凝器；3. 气液分离器；4. 第二冷凝器；5. 冷却器；6. 受液槽

用于蒸发浓度高、黏度大的药液，由于降膜式没有液体静压强作用，沸腾传热系数与温度差无关，即使在较低传热温度差下，传热系数也较大，对热敏性药液的蒸发更有益。③刮板式薄膜蒸发器。适于高黏度、易结垢、热敏性药液的蒸发，目前药厂较为常用。④离心式薄膜蒸发器。通过离心使药液分布成 0.05～1mm 的薄膜，再通过锥形盘加热面被蒸发。适于高热敏性物料蒸发。

（4）多效蒸发　是指将前效所产生的二次蒸气引入到另一串联的后效蒸发器中作为加热蒸气的蒸发方法。多效蒸发一般需要抽真空，且真空度逐级升高，蒸发温度逐级降低。

二、片剂的处方组成

片剂是由药物和辅料两部分组成的。药物是发挥治疗作用的有效成分，又称为主药。辅料是片剂中除主药以外的所有附加物料的总称，亦称赋形剂。辅料不发挥治疗作用，主要起到填充、黏合、崩解和润滑等作用。

片剂的辅料必须具备较高的化学稳定性，不与主药发生任何物理化学反应，对人体无毒、无害、无不良反应，不影响主药的疗效和含量测定，加入的辅料都应符合药用标准。辅料对片剂的质量和药效有时可产生很大的影响，因此必须熟悉各种辅料的特点，根据主药理化性质和生物学性质，结合具体生产工艺，选用适当的辅料。

（一）稀释剂与吸收剂

统称为填充剂。稀释剂用来增加片剂的重量或体积，以利于片剂成型或分剂量；当片剂中含有油性组分时，需加入吸收剂，使物料保持“干燥”状态，以利压片。常用的填充剂见表 8-1。

表 8-1 片剂常用的填充剂

辅料名称	特性
淀粉	可压性差，常与糊精、蔗糖等合用
可压性淀粉	具可压性、流动性，可用于粉末直接压片
糊精	黏性较强，可作干燥黏合剂。易干扰药物含量测定。使用过量易致颗粒过硬
糖粉	黏性强、易吸潮结块，不单独使用
甘露醇	具凉爽、甜味感，常用于咀嚼片、口含片
乳糖	可压性、流动性好，可用于粉末直接压片，适用于引湿性药物
微晶纤维素	可压性好，有较强的结合力，硬度、崩解性好，可用于粉末直接压片
无机钙盐	可作稀释剂和挥发油吸收剂

（二）润湿剂与黏合剂

润湿剂与黏合剂具有使固体粉末黏结成型的作用。润湿剂本身没有黏性，但能润湿物料并诱发其自身黏性。黏合剂本身具有黏性，能使物料黏结成颗粒。黏合剂可以用其溶液，也可以用其细粉，当以细粉状态发挥黏合作用时，称为干燥黏合剂。常用的润湿剂与黏合剂见表 8-2。

表 8-2 片剂常用的润湿剂与黏合剂

辅料名称	特性
水	适于耐热、遇水不易水解的药物
乙醇	常用浓度 30%~70%，适于黏性较强、遇水分解、受热易变质、片面产生麻点或花斑、崩解时间超限的药物
淀粉浆	一般浓度为 8%~15%，常用浓度为 10%，适于对湿热较为稳定且本身又不太松散的药物
糊精	黏性较强，主要作为干燥黏合剂，常与淀粉浆合用作黏合剂
糖粉与糖浆	糖浆常用浓度为 50%~70%，均适于中药纤维性很强或质地疏松或弹性较大的药物
胶浆类	具有强黏合性，适于可压性差的松散性药物或作为硬度要求大的口含片的黏合剂
纤维素衍生物类	有羧甲基纤维素钠（CMC-Na）、微晶纤维素（MCC）、羟丙基纤维素（HPC）等，微晶纤维素可用于粉末直接压片
高分子聚合物类	聚维酮（PVP）常用浓度 3%~15%；聚乙二醇 4000 具良好的水溶性，可做粉末直接压片的干燥黏合剂

你知道吗

淀粉浆的制备方法

淀粉浆的制法有煮浆法和冲浆法二种。煮浆法系将淀粉加全量冷水搅匀，置夹层容器内加热搅拌使糊化而成；冲浆法系取淀粉加少量冷水（1∶1.5）混悬后，冲入一定量沸水（或蒸汽加热），并不断搅拌糊化而成。前者淀粉粒糊化完全，黏性较后者强。一般浓度为 8%~15%，以 10% 最常用。

（三）崩解剂

崩解剂是指促使药片在胃肠道中吸水膨胀而迅速碎裂成细小颗粒或粉末的辅料。崩解剂的作用是消除或瓦解因黏合剂或制片时因高压而产生的结合力，以利于片剂中药物的溶出。因此，为使片剂迅速发挥药效，除了缓（控）释片、口含片、咀嚼片、舌下片、植入片等有特殊要求的片剂外，一般均需加入崩解剂。

1. 常用崩解剂　片剂常用的崩解剂见表8－3。

表8－3　片剂常用的崩解剂

辅料名称	特性
干燥淀粉	在100～105℃先行活化，使含水量在8%以下。适用于不溶性或微溶性药物的片剂，用量应为干颗粒重的5%～20%
羧甲基淀粉钠（CMS－Na）	吸水后体积可膨胀200～300倍，适用于可溶性和不溶性药物
低取代羟丙基纤维素（L－HPC）	优良的快速崩解剂，吸水膨胀度达500%～700%，用量一般为2%～5%。具黏结和崩解双重作用
泡腾崩解剂	遇水产生二氧化碳气体而使片剂崩解，常用碳酸氢钠与酒石酸或枸橼酸，常用于泡腾片

2. 崩解剂的崩解原理　片剂崩解剂的崩解原理主要有毛细管作用、吸水膨胀作用、产气作用等。

3. 崩解剂的加入方法

（1）内加法　将崩解剂与处方中的原辅料混合在一起制成颗粒。此法崩解作用起自颗粒内部，一经崩解便成粉粒，有利药物成分溶出，崩解作用较弱。

（2）外加法　将崩解剂与已干燥的颗粒混合后压片。此法崩解作用起自颗粒之间，崩解迅速，但不易崩解成粉粒，溶出稍差。

（3）内外加法　将崩解剂分成两份，将50%～75%的崩解剂按内加法加入，剩余25%～50%按外加法加入。当片剂遇水时首先崩解成颗粒，颗粒继续崩解成细粉，药物成分溶出迅速，是较为理想的方法，崩解效果好。

（四）润滑剂

润滑剂是指为了改善压片物料的流动性而加入的辅料。润滑剂的作用有：助流、抗黏附和润滑。片剂常用的润滑剂见表8－4。

表8－4　片剂常用的润滑剂

辅料名称	特性
硬脂酸镁	疏水性，水不溶性，润滑性强，抗黏附性好，助流性差；用量一般为0.25%～1%
滑石粉	亲水性，水不溶性，助流性、抗黏着性良好，润滑性差；用量一般为0.1%～3%
微粉硅胶	流动性和可压性好，常用于粉末直接压片；用量一般为0.15%～3%

（五）其他辅料

根据依从性需要，在含片、口腔贴片、咀嚼片、分散片、泡腾片、口崩片等片剂中可加入矫味剂、芳香剂和着色剂等。

1. 着色剂 可使片剂美观且易于识别。着色剂一般为药用或食用色素，如苋菜红、柠檬黄、胭脂红等，用量一般不超过0.05%。

2. 矫味剂和芳香剂 加入矫味剂可改善片剂的口感，口含片和咀嚼片中常添加芳香剂和甜味剂，以缓和或消除药物不适味道，使患者乐于服用。常用的甜味剂有单糖浆、蜂蜜等。

三、片剂的生产工艺流程

片剂是将粉状或颗粒状物料经压缩后形成的一种剂型。按制备工艺不同分为：制粒压片法和直接压片法。制粒压片法又分为湿法制粒压片法和干法制粒压片法，其中湿法制粒压片法应用较为广泛。直接压片法又分为粉末直接压片法和结晶直接压片法。

（一）湿法制粒压片法

湿法制粒压片法是先加入润湿剂或黏合剂将药物粉粒制成一定形状和大小的颗粒，再压制成片剂的方法。适用于不能直接压片，对湿、热稳定的药物。

制粒的目的：①改善物料的流动性、可压性，避免出现片重差异超限、松片、含量不均匀等现象；②减少粉末吸附和容存的空气，避免松片、裂片等现象；③避免粉末分层而产生含量不均；④减少粉末飞扬。

湿法制粒压片法工艺流程如图8-8所示。

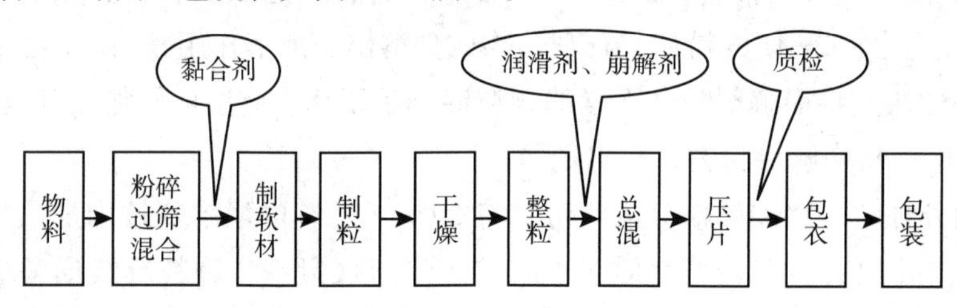

图8-8 湿法制粒压片法工艺流程图

1. 原辅料的准备和处理 主药和辅料在投料前需要进行质量检查、鉴别和含量测定，合格的物料经过干燥、粉碎、过筛，然后按照处方规定量称取投料。

2. 湿法制粒 系指物料加入润湿剂或黏合剂进行制粒的方法，是目前医药企业应用最广泛的方法。常用的方法有挤出制粒、高速搅拌制粒、流化床制粒、喷雾干燥制粒等。详见项目六制备颗粒剂。

3. 湿颗粒的干燥 流化床制粒和喷雾干燥制粒可直接制得干燥颗粒，挤出制粒、高速搅拌制粒等制成的湿颗粒需要及时干燥。

（1）干燥条件 湿颗粒制成后，应立即干燥，以免受压变形或结块，干燥温度根据药物性质而定。一般以50～60℃为宜，对湿热稳定的药物可适当放宽到70～80℃，甚至更高。干燥时温度应逐渐升高，以免颗粒表面形成硬壳而影响内部水分的蒸发，造成颗粒外干内湿。为了使颗粒受热均匀，颗粒厚度不宜超过2.5cm，并在湿颗粒基本干燥时翻动。

（2）干燥方法与设备 片剂颗粒干燥设备以空气干燥多见，大生产常用厢式干燥器，如烘箱、烘房，湿颗粒放置在烘盘内的绢布上，分层摆放在小车上推入。

（3）颗粒的质量要求 ①主药含量应符合要求。②干颗粒的含水量：化学药物常控制在1%～3%，中药控制在3%～5%。③干颗粒的松紧度以手用力一捻能碎成细粉者为宜。④干颗粒的细粉含量：应控制在20%～40%，根据生产实践认为片重在0.3g以上时，细粉量可控制在20%左右；片重在0.1～0.3g时，细粉量在30%左右。

4. 整粒与总混

（1）整粒 在干燥过程中，有些湿颗粒可能发生粘连甚至结块，需过筛整粒。整粒的目的是使粘连或结块的颗粒分散开，以得到大小均匀、适合压片的颗粒。干颗粒的整粒一般用摇摆式颗粒机，一些坚硬的大块物料可用旋转式制粒机。

（2）总混 ①加入润滑剂与崩解剂：一般将润滑剂过100目以上筛，外加崩解剂预先干燥过筛，然后加入到整粒后的干颗粒中，置混合筒内进行“总混”。②加入挥发油及挥发性药物：处方中含挥发油或挥发性药物，一般均在颗粒干燥后加入，以免挥发损失。挥发油可加在润滑剂与颗粒混合后筛出的部分细粒中，或直接用80目筛从干颗粒筛出适量的细粉吸收挥发油后，再与全部干颗粒总混。若挥发性的药物为固体（薄荷脑、樟脑等）时可用适量乙醇溶解，或与其他成分混合研磨共熔后喷入干颗粒中混合均匀，密闭数小时，使挥发性药物在颗粒中渗透均匀。③加入剂量小或对湿热不稳定的药物：有些情况下，先制成不含药物的空白干颗粒或将稳定的药物与辅料制颗粒，然后将剂量小或对湿热不稳定的主药加入到整粒后的上述干颗粒中总混。

5. 压片 总混后测定主药含量，计算片重，然后压片。

（1）片重计算 按主药含量计算片重，药物制成干颗粒需经过一系列操作，主辅料必将有一定损失，故压片前应对总混后干颗粒中主药的实际含量进行测定。按照下列公式计算片重。

$$\text{片重}=\frac{\text{每片含主药量（标示量）}}{\text{总混合后颗粒中主药的百分含量（实测值）}}$$

例 某片剂每片含主药量0.2g，测得颗粒中主药百分含量为80%，片重范围应为多少？

解：

$$\text{片重}=\frac{0.2}{80\%}=0.25\text{g}$$

因片重为0.25g < 0.30g，按照《中国药典》规定，片剂的重量差异限度为±7.5%，本品的片重范围应为0.2313～0.2687g。

（2）压片机 有单冲撞击式压片机和多冲旋转式压片机，其压片过程原理相同。

单冲压片机（图8-9）的构造 主要由转动轮、饲料器、调节装置、压缩部件四部分组成。①转动轮：是压片机的动力部分，一般可以手动和电动兼用。②饲料器：由加料斗和饲粉器构成，负责将颗粒填充到模孔中，并把被下冲从模孔中顶出的片剂推至收集器中。③压缩部件（图8－10）：由上冲、下冲、模圈构成，是直接实施压片的部分，并决定了片剂的大小、形状。压片时，由上冲单向加压，压力在1～5吨范围。④调节装置：由三个调节器构成，压力调节器连在上冲杆上，负责调节上冲下降的深度，下降越深，则撞击时上下冲间距离越近，压力越大，片子越硬。调节装置决定片剂的硬度。出片调节器连在下冲，负责调节下冲出片时的抬起高度，使之恰好与模圈的上缘相平，从而把压制成型的片剂顺利顶出模孔，被饲粉器推开。片重调节器连在下冲杆下段，负责调节下冲下降时的深度，从而调节模孔填充的容积来控制片重，下降越深，模孔内容积越大，片重愈大。

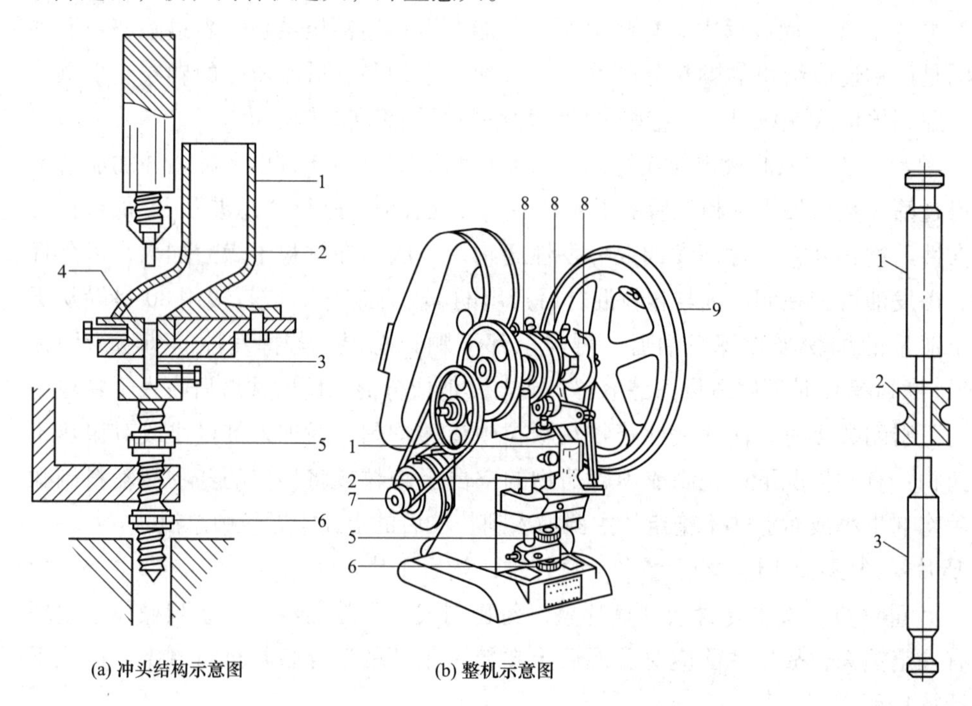

图8－9　单冲压片机

1. 加料斗；2. 上冲；3. 下冲；4. 模圈；5. 出片调节器；6. 片重调节器；7. 电动机；8. 偏心轮；9. 手柄

图8－10　单冲压片机压缩部件构造图

1. 上冲；2. 模圈；3. 下冲

单冲压片机的压片过程　分为填料、压片和出片三个步骤，如图8－11所示。①填料（Ⅰ）：上冲抬起，饲粉器移动到模孔之上，下冲下降到适宜深度（根据片重调节，使容纳的颗粒重恰好等于片重），饲粉器在模孔上摆动，颗粒填满模孔；②压片（Ⅱ）：饲粉器由模孔上移开，使模孔中的颗粒与模孔的上缘相平，上冲下降并将颗粒压缩成片，此时下冲不动；③出片（Ⅲ、Ⅳ）：上冲抬起，下冲随之上升到与模孔上缘相平，并将药片从模孔中推出，并由饲料器将模孔上药片推开；④填料（Ⅰ）：饲粉器再次移到模孔之上进行第二次填料，如此反复进行。

单冲压片机一般仅用于新产品的试制和医院制剂室小量生产。

多冲旋转式压片机是目前生产中应用较广泛的一种，主要由动力部分、转动部分、

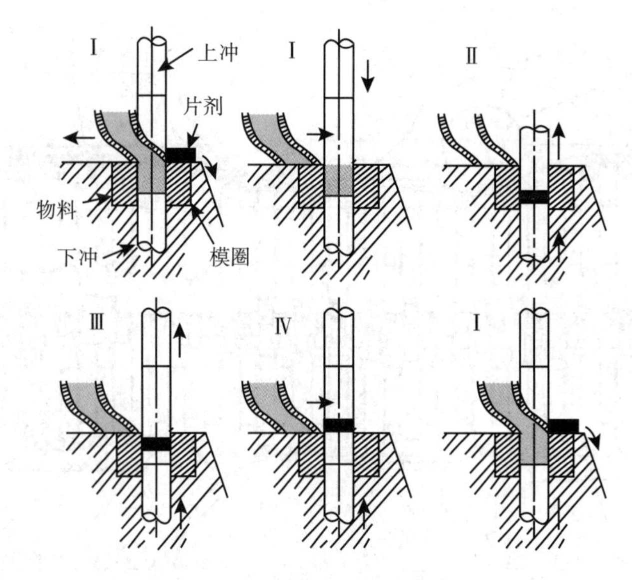

图 8－11　单冲压片机的压片过程

工作部分组成（图 8－12）。其工作部分有绕轴旋转的机台，机台分三层，上层装上冲转盘，中层装固定模圈的模盘，下层装下冲转盘；另有上下压力盘、片重调节器、压力调节器、加料斗、刮料器、出片调节器以及吸尘器和防护装置等。机台转动，则上冲与下冲随转盘沿着固定的轨道有规律的上、下运动。当上、下冲经过上、下压力盘时，被压力盘推动使上冲向下、下冲向上运动，并对模孔中的颗粒加压成片。颗粒由位置固定的饲粉器中不断地流入刮粉器中并由此流入模孔。压力调节器位于压力盘的下方，调节压缩时下冲升起的高度，上下冲间的距离越近，压力越大。片重调节器装于下冲轨道上，用于调节下冲升降以改变模孔的容积，控制片重。多冲旋转式压片机的压片过程与单冲压片机相同，亦可分为填料、压片和出片三个步骤，压片是靠上、下压轮对上下冲头的挤压成形（图 8－13）。多冲旋转式压片机加料方式合理，片重差异较小；由上、下两侧加压，压力分布均匀；生产效率高。 微课

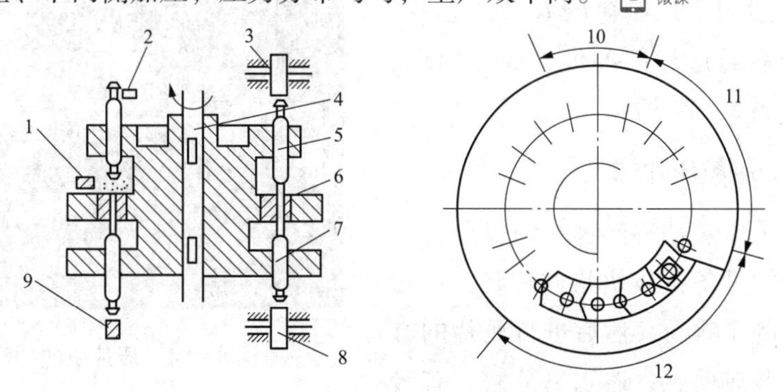

图 8－12　多冲旋转式压片机结构示意图

1. 加料器；2. 上冲导轨；3. 上压轮；4. 转盘；5. 上冲；6. 中模；7. 下冲；
8. 下压轮；9. 下冲导轨；10. 压片部分；11. 出片部分；12. 充填部分

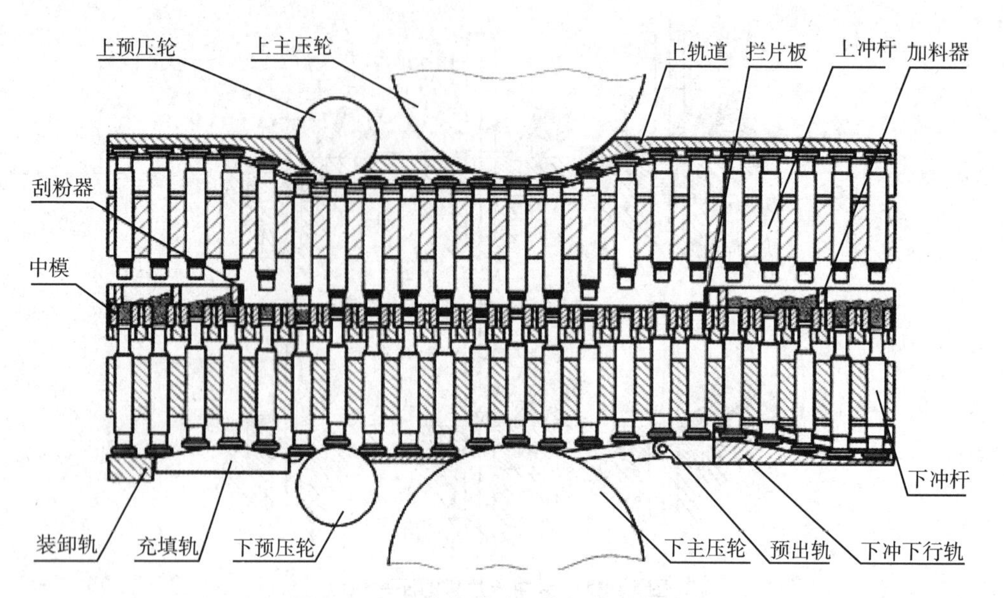

图 8－13　多冲旋转式压片机的压片过程

你知道吗

多冲旋转式压片机的分型

多冲旋转式压片机有多种型号，按冲数来分有 16 冲、19 冲、27 冲、33 冲、35 冲、55 冲和 75 冲等；按流程来分有单流程（上、下压轮各一个）和双流程（两套上、下压轮）之分。双流程压片机的饲粉器、刮粉器、片重调节器和压力调节器等各两套并安装于对称位置，机台中层旋转一周，每一副冲头可压制两片。双流程压片机的生产效率高，压片时其荷载分布好，压片机的工作状态更趋稳定。

压片机的冲和模是压片机的重要工作部件，一般均为圆形，端部具有不同的弧度，如深弧度的一般用于压制包糖衣片的芯片。此外，还有压制异形片的冲模，如三角形、椭圆形等，如图 8－14 所示。

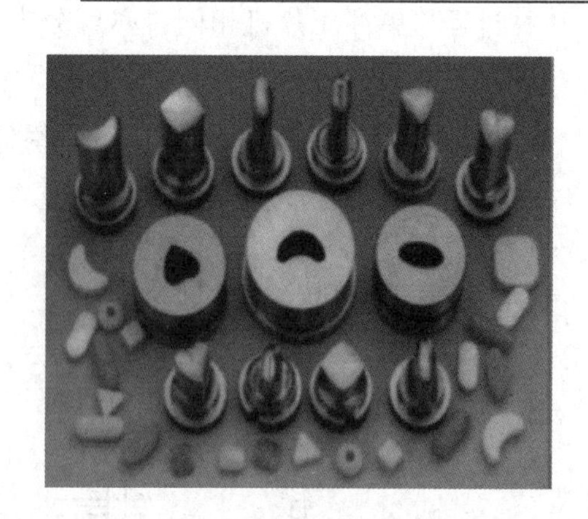

图 8－14　压片机的冲和模

（二）干法制粒压片法

干法制粒压片法是将药物和辅料混合均匀后，用适宜的设备压成块状或片状，再粉碎成适当大小的干颗粒，然后进行压片的方法。适用于对湿热敏感、遇水易分解、有吸湿性或流动性差不能采用直接压片法制备的药物。颗粒制备方法有滚压法和重压法。

干法制粒压片法工艺流程如图 8－15 所示。

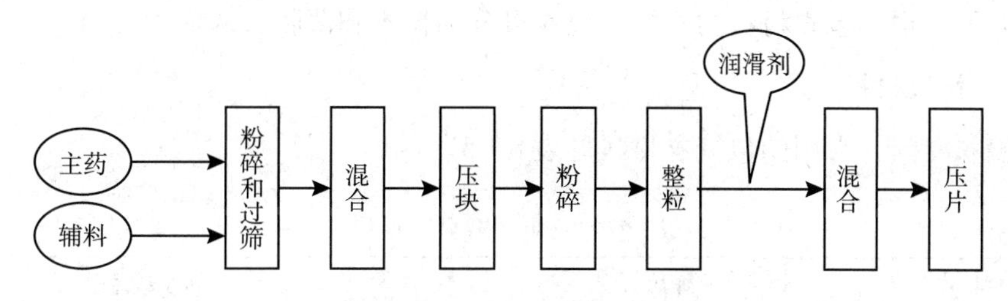

图 8 – 15　干法制粒压片法工艺流程图

（三）粉末直接压片法

药物粉末和辅料混合均匀后，不经制粒直接进行压片的方法称为粉末直接压片法。当药物对湿热不稳定，但本身具有良好的流动性和可压性，并且剂量较大时，适用于此法。同时，粉末直接压片法具有工序简便、设备简单、节能、省时的特点。

1. 粉末直接压片法工艺流程　如图 8 – 16 所示。

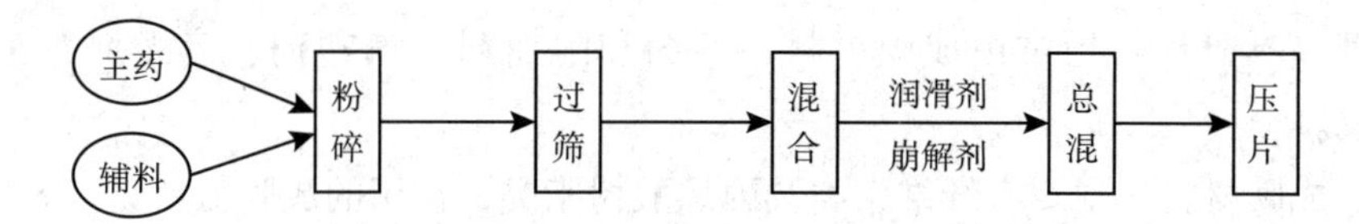

图 8 – 16　粉末直接压片法工艺流程图

2. 辅料　具有良好流动性和可压性的辅料适合于粉末直接压片。常用的有微粉硅胶、可压性淀粉、微晶纤维素、喷雾干燥乳糖、磷酸氢钙二水合物、甘露醇、山梨醇等。辅料与主药混合后，应能保持良好的流动性、可压性不变。

四、片剂的包衣

> **请你想一想**
>
> 请同学们归纳一下各种压片方法有什么样的特点？各适用于哪些药物？

片剂包衣是指在片剂表面包裹上适宜材料“衣层”的操作。被包衣的压制片称“片芯”，包衣的材料称“衣料”，包衣后的片剂称“包衣片”。

（一）片剂包衣的目的、类型

1. 目的

（1）掩盖药物的不良臭味。具有苦味、腥味的药物片剂可包糖衣，如盐酸小檗碱片。

（2）提高药物的稳定性。如多酶片、硫酸亚铁片和大多数中药片易吸潮、怕光、易氧化，包衣后可遮光、隔湿、隔绝空气。

（3）控制药物释放的部位和速度。如胃溶片、肠溶片、缓控释片等。

（4）防止药物配伍变化，把两种有配伍变化的药物隔离，可将一种置于片芯，另一种置于包衣层，或制成多层片。

（5）使片剂光洁美观，便于识别。

2. 类型 根据包衣材料的不同，包衣可分为糖衣和薄膜衣两种。

（二）包衣材料

1. 糖衣材料 常用的包糖衣材料见表8－5。

表8－5 常用的糖衣材料

包糖衣材料	作用	浓度或用量
糖浆	粉衣层与糖衣层	浓度为65%～75%（g/g）
有色糖浆	有色糖衣层，食用色素常用苋菜红、柠檬黄、胭脂红等	色素用量为0.03%左右，可单独或配合应用
胶浆	隔离层，增加衣层黏性、可塑性和牢固性，对片芯起保护作用	明胶浆浓度为10%～15%，阿拉伯胶浆浓度为35%
滑石粉	粉衣料，用前需过100目筛	可加入10%～20%的碳酸钙、碳酸镁
虫蜡	打光剂，加2%硅油增加片面光亮度	每万片用3～5g

2. 薄膜衣材料 通常由成膜材料、溶剂和附加剂（增塑剂、遮光剂、速度调节剂）组成。

（1）成膜材料 主要有纤维素类及丙烯酸树脂类，常用的成膜材料见表8－6。

表8－6 常用的成膜材料

分类	举例
胃溶性成膜材料	羟丙基甲基纤维素（HPMC）、聚乙二醇（PEG）、丙烯酸树脂Ⅳ号
肠溶性成膜材料	邻苯二甲酸醋酸纤维素（CAP），丙烯酸树脂Ⅱ号、Ⅲ号、羟丙甲纤维素邻苯二甲酸酯（HPMCP）
水不溶性成膜材料	乙基纤维素（EC）、醋酸纤维素

（2）溶剂 常用水、乙醇、甲醇、异丙醇、丙酮等，必要时可使用混合溶剂。

（3）增塑剂 系指能增加成膜材料可塑性的物质，可提高衣层柔韧性，增加抗撞击强度。常用的增塑剂见表8－7。

表8－7 常用的增塑剂

分类	举例
水溶性增塑剂	甘油、聚乙二醇、丙二醇
非水溶性增塑剂	蓖麻油、甘油三醋酸酯、乙酰化甘油酸酯、邻苯二甲酸酯、硅油

（4）其他 遮光剂常用二氧化钛；速度调节剂如蔗糖、氯化钠、HPMC、表面活性剂等，这些物质遇水后迅速溶解，使衣膜成为微孔薄膜。

（三）包衣方法

常用的包衣方法有滚转包衣法、流化包衣法和压制包衣法，生产中常用滚转包衣法和流化包衣法。

1. 滚转包衣法　滚转包衣法又称锅包衣法，是经典且广泛使用的包衣方法，可用于包糖衣和薄膜衣。

（1）普通滚转包衣法　采用倾斜式包衣机（图8－17），由包衣锅、动力部分、加热鼓风及吸尘装置三部分构成。包衣锅倾斜30°～45°，转动速度一般控制在20～40r/min，以使药片随着锅体转动上升到一定高度，然后做抛物线运动落下为度，使药片与包衣材料充分混匀，提高包衣效果。加热鼓风装置可加快包衣液溶剂的挥发。吸尘排风装置在锅的上方，用于加速水蒸气的排除和吸除粉尘。

（2）高效包衣法　采用高效包衣机（图8－18），是为改善传统的倾斜式包衣机干燥能力差的缺点开发的新型包衣设备，其干燥速度快，包衣效果好。

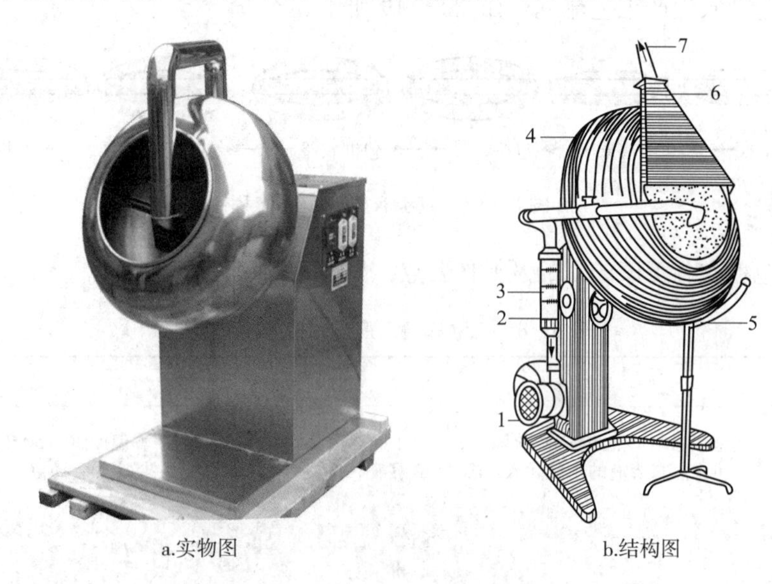

a.实物图　　　　b.结构图

图8－17　倾斜式包衣机

1. 鼓风机；2. 衣锅角度调节器；3. 点加热器；
4. 包衣锅；5. 辅助加热器；6. 吸粉罩；7. 接排风口

图8－18　高效包衣机

2. 流化包衣法 流化包衣与流化制粒原理基本相似，是将片芯置于流化床中，借急速上升气流的动力使片芯悬浮于包衣室呈上下翻动的流化（沸腾）状态，同时喷入雾化的包衣材料溶液或混悬液，使片芯表面黏附一层液体包衣材料，用热空气干燥，如此反复操作，直至达到规定要求。流化包衣与滚转包衣相比，具有干燥能力强、包衣速度快、装置密闭、安全卫生，自动化程度高等优点。

（四）包衣工艺流程

1. 包糖衣 糖衣片系指以糖浆为主要包衣材料制成的包衣片。糖衣有一定的防潮、隔绝空气的作用，可掩盖不良气味，改善外观并易于吞服。

（1）包糖衣生产工艺流程 如图8－19所示。

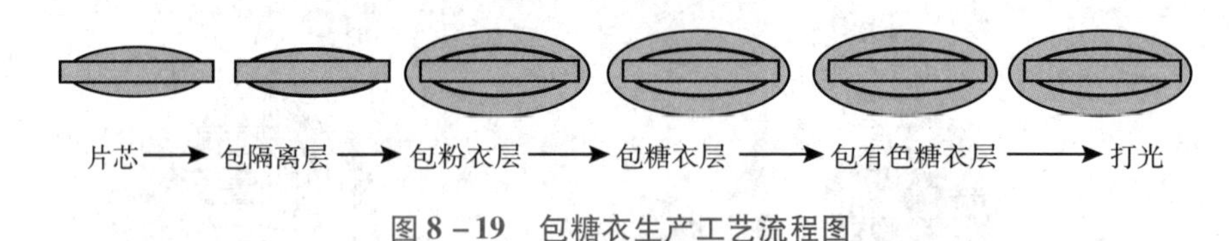

图8－19 包糖衣生产工艺流程图

（2）包糖衣各工序的目的及操作要点 如表8－8所示。

表8－8 包糖衣各工序的目的及操作要点

包衣工序	包衣目的	包衣材料	操作要点
隔离层	将片芯与其他包衣材料隔开，防止包衣溶液的水分渗入片芯	玉米朊、虫胶、CAP的乙醇溶液、胶浆	干燥温度30～50℃，包3～5层，层层干燥，防爆防火
粉衣层	消除片剂棱角	85%（g/ml）单糖浆、滑石粉	干燥温度40～55℃，包15～18层，层层干燥
糖衣层	使衣层牢固、片面光滑平整	85%（g/ml）单糖浆	干燥温度<40℃，包10～15层，层层干燥
有色糖衣层	上色，增加美观，便于识别	85%（g/ml）单糖浆、食用色素	干燥温度<37℃，包8～15层，有色糖浆少量多次加入，由浅至深
打光	使药片光洁美观、防潮	川蜡、2%硅油	室温进行，再干燥12小时以上

2. 包薄膜衣 薄膜衣片是指在片芯之外包一层高分子聚合物衣料，形成薄膜，故名薄膜衣片。与糖衣相比较，薄膜衣有以下优点：①操作简单、工序少，便于生产工艺的自动化。②利于制成胃溶、肠溶或缓释制剂。③片重仅增加2%～4%，节约包装材料等。④衣层薄，压在片芯上的标志包薄膜衣后依然清晰。包薄膜衣是一个连续操作的过程，可采用滚转包衣法和流化包衣法。

（1）包薄膜衣的工艺流程 如图8－20所示。

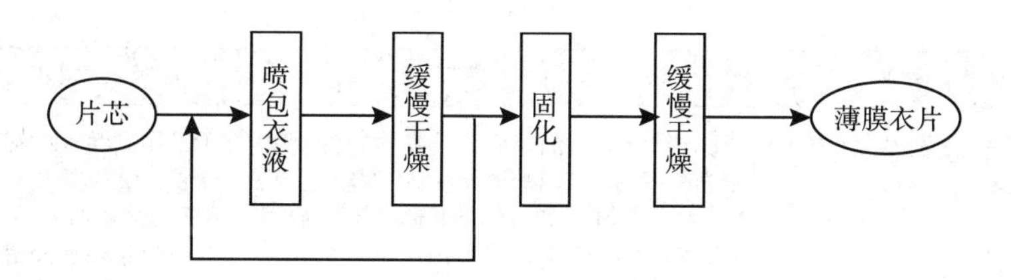

图 8－20　包薄膜衣的工艺流程图

（2）包薄膜衣各环节操作要点　如表 8－9 所示。

表 8－9　包薄膜衣的操作要点

包衣工序	操作要点	注意事项
准备	包衣锅内安装适当挡板，利于片芯的转动和翻转	
喷包衣液	片芯置于包衣锅内，以雾化形式喷入薄膜衣料溶液，使片芯均匀黏附一层	包衣液应适量，过少不能均匀润湿，过多可致衣层厚薄不匀
缓慢干燥	吹入温度＜40℃热风使溶剂蒸发干燥，重复以上操作，直至符合要求	干燥速度应适宜，过快会出现“皱皮”或“起泡”，过慢则现“粘连”“剥落”
固化	在室温或略高于室温的条件下，自然放置 6～8 小时	温度不宜高，时间不宜短
缓慢干燥	在 50℃以下干燥 12～24 小时，除尽有机溶剂	

（五）包衣设备

常用的包衣设备有倾斜式包衣机（图 8－17）、高效包衣机（图 8－18）、流化床包衣机。

任务三　了解片剂的质量控制和检查

PPT

一、片剂的质量控制

1. 压片过程中常见问题及解决方法　片剂质量的好坏受物料性质、设备、操作等因素的影响。要制备出质量符合要求的片剂，压片前物料必须具备以下条件：①流动性好，使流动、充填等顺利进行，可减小片重差异；②润滑性好：不粘冲，使压制的片剂外观完整、光洁；③压塑成形性好：不出现裂片、松片等现象。同时，在符合要求的生产环境下，正确地使用设备，也是至关重要的。如果生产条件不正确，压制出的片剂会出现很多问题，见表 8－10。

表 8－10　压片常见问题及解决办法

常见问题	定义	产生原因	解决方法
松片	指片剂硬度不够，稍加触动即散碎的现象	①含纤维性、油性药物过多；②颗粒松、细粉多，黏合剂选用不当或用量不足；③颗粒含水量少；④压力过小	①加入易塑形的辅料；②选用合适的黏合剂或加大黏合剂用量；③控制颗粒含水量；④增大压力

续表

常见问题	定义	产生原因	解决方法
裂片	指片剂发生裂开的现象	①含纤维性、油类成分、易脆碎的药物（如矿物质、动物角质）；②颗粒过粗、过细、细粉过多、黏合剂选择不当或用量不够；③疏水性润滑剂用量过多；④颗粒过分干燥或含结晶水的药物失去结晶水；⑤压力过大或车速过快；⑥上冲与模圈不吻合	①选用黏性大的辅料重新整粒或制粒；②重新整粒、选择黏性较强的黏合剂、适当增加用量；③更换亲水性润滑剂；④与含水分较多的颗粒掺和或喷入适量的乙醇密闭备用；⑤减压、降速；⑥更换冲模
粘冲	指片剂的表面被冲头粘去一薄层或一小部分，造成片面粗糙不平或有凹痕的现象	①药物易吸湿；②颗粒太潮或在潮湿环境中暴露过久；③润滑剂用量不够或混合不匀；④冲模表面粗糙、锈蚀；⑤冲头刻字太深或有棱角；⑥室内温度、湿度太大	①改善生产环境；②重新干燥至规定要求；③加强混匀；④擦拭冲头使之光滑；⑤调换冲头；⑥保持车间恒温、恒湿，保持干燥
片重差异超限	指片重差异超过了规定范围	①颗粒相差悬殊，细粉量太多；②颗粒流动性不好，填充不一致；③加料斗内的颗粒时多、时少；④下冲升降不灵活	①重新整粒；②可加入助流剂；③平衡两个加料器药量；④清洁冲模或更换冲模
崩解迟缓	指片剂的崩解时间超出了《中国药典》规定的崩解时限	①颗粒过粗；②颗粒过硬；③黏合剂黏性太强或用量太多；④崩解剂用量不足；⑤疏水性润滑剂用量太多；⑥压力过大，压出片子过于坚硬	①过20～40目筛整粒；②喷入高浓度乙醇；③选用适当黏合剂或减少用量；④崩解剂的用量增加；⑤改用亲水性润滑剂；⑥减小压力

2. 包衣过程中常见问题及解决方法 见表8-11。

表8-11 包衣常见问题及解决方法

问题	产生原因	解决办法
花斑	①有色糖浆用量过少或未混匀；②包衣时干燥温度过高，糖析出过快致片面粗糙不平；③衣层未干即打光；④中药片受潮变色	①采取多搅拌、少量多次的方法加厚衣层或加深颜色，并注意控制温度；②必要时先用适当溶剂洗去部分或全部片衣，干燥后重新包衣
脱壳	①片芯本身不干；②包衣未及时充分干燥，水分进入片芯；③衣层与片芯膨胀系数不同	①保证片芯干燥；②包衣时严格控制胶浆和糖浆用量以及滑石粉加入的速度；③注意层层干燥及干燥温度和程度
片面裂纹	①糖浆与滑石粉用量不当，尤其是粉衣层过渡到糖衣层过程中滑石粉用量减得太快；②温度太高干燥过快，析出糖结晶使片面留有裂纹；③酸性药物与滑石粉中的碳酸盐反应生成二氧化碳；④糖衣片过分干燥	①包衣时控制糖浆与滑石粉用量；②控制干燥温度和干燥程度；③使用不含碳酸盐的滑石粉；④注意贮藏温度
露边	①包衣物料用量不当，温度过高或吹风过早；②片芯形状不好，边缘太厚；③包衣锅角度太小，片子在锅内下降速度太快，碰撞滚动使棱角部分糖浆、滑石粉分布少	①调整糖浆用量以润湿片面为度，粉料以在片面均匀黏附一层为宜；②在片剂表面不见水分和产生光亮时再吹风，以免干燥过快；③调整包衣锅至最佳角度
糖浆不粘锅	①锅壁上蜡未除尽；②包衣锅角度太小	①洗净锅壁蜡粉，或锅上再涂一层热糖浆，撒一层滑石粉；②适当调试包衣锅角度

二、片剂的质量检查

《中国药典》2020年版四部制剂通则中除对片剂的外观作了一般规定外，对片剂的重量差异和崩解时限也作了具体规定，同时还规定对小剂量片剂进行含量均匀度检查，规定某些片剂做溶出度或释放度检查。

1. 外观性状　表面完整光洁，色泽均匀，有适宜的硬度和耐磨性。字迹清晰，无杂色斑点和异物，并在规定的有效期内保持不变。

2. 脆碎度　脆碎度是指片剂经过震荡、碰撞而引起的破碎程度。脆碎度测定是《中国药典》规定的检查非包衣片的脆碎情况及其物理强度的项目。测定片剂脆碎度的仪器是片剂脆碎度检查仪。

3. 重量差异　片重差异过大意味着每片中主药含量不一，导致患者服用剂量出现差异，对治疗可能产生不利影响，因此必须把各种片剂的重量差异控制在最小限度内。《中国药典》规定片剂重量差异限度应符合表8－12有关规定。

表8－12　片剂重量差异限度

平均重量	重量差异限度
0.30g以下	±7.5%
0.30g或0.30g以上	±5%

检查法：取供试品20片，精密称定总重量，求得平均片重后，再分别精密称定每片的重量，每片重量与平均片重相比较（无含量测定的片剂或有标示片重的中药片剂，每片重量应与标示片重比较），超过重量差异限度的不得多于2片，并不得有1片超出限度1倍。

糖衣片的片芯应检查重量差异并符合规定，包衣后不再检查重量差异。薄膜衣片应在包膜衣后检查重量差异并符合规定。凡规定检查含量均匀度的片剂，不必检查片重差异。

4. 崩解时限　崩解时限系指内服固体制剂在规定的条件下，在规定的介质中碎裂成细小颗粒或细粉所需要的时间。一般口服片剂均需做此项检查，凡规定溶出度、释放度的片剂，不再进行崩解时限检查。具体检查装置和方法见《中国药典》2020年版崩解时限检查法。片剂崩解时限规定见表8－13。

表8－13　片剂崩解时限规定

片剂种类	介质	崩解时限
普通压制片	水（37℃±1℃）	<15分钟
（半）浸膏片	水（37℃±1℃）	<60分钟
全粉末片	水（37℃±1℃）	<30分钟
糖衣片	水（37℃±1℃）	<60分钟
化药薄膜衣片	盐酸溶液（9→1000）	<30分钟
中药薄膜衣片	盐酸溶液（9→1000）	<60分钟
含片	水（37℃±1℃）	>10分钟
舌下片	水（37℃±1℃）	<5分钟
可溶片	水（15～25℃）	<3分钟

5. 溶出度 溶出度系指药物从片剂、胶囊剂或颗粒剂等普通制剂中在规定条件下溶出的速度和程度。溶出度一般用于控制或评定难溶性药物片剂的质量。检查方法有转篮法、桨法和小杯法三种，操作过程有所不同，但结果的判定方法相同。具体检查方法详见《中国药典》2020年版四部制剂通则。

6. 释放度 释放度系指药物从缓释制剂、控释制剂、肠溶制剂和透皮贴剂中，在规定溶剂下释放的速度和程度。具体检查方法见《中国药典》2020年版四部制剂通则。

7. 含量均匀度 含量均匀度系指小剂量或单剂量的固体制剂、半固体制剂和非均相液体制剂的每片（个）含量符合标示量的程度。凡检查含量均匀度的制剂，一般不再检查重（装）量差异。

8. 微生物限度 按照各品种项下规定的检查法检查，应符合规定。具体方法见《中国药典》2020年版四部制剂通则。

9. 鉴别和含量测定 按照各品种质量标准的要求及《中国药典》2020年版的规定，进行定性鉴别和含量测定。

此外阴道泡腾片需进行发泡量检查、分散片需进行分散均匀性的检查，均应符合规定。

实训八 片剂综合实训及考核

PPT

一、实训目的

通过压片机的使用练习，掌握压片过程中的操作要点。

二、实训原理

压片机主要由动力部件、压缩部件、填料部件、调节装置等组成。其压片原理是将颗粒填充到模圈中，靠上下压轮对冲头挤压而使片剂成型。单冲压片机与多冲旋转式压片机的压片过程就是填料、压片、出片循环压制的过程。

三、实训器材

ZP35B旋转式压片机。

四、实训操作

（一）生产前准备工作

1. 检查生产间是否有清场合格标识，压片机是否有“已清洁”标识，工具、仪器、容器等是否已清洁并干燥。

2. 对压片机状况进行检查，确认正常才能使用。

3. 根据生产指令填写领料单，领取压片颗粒，核对品名、数量等消息，确认无误后再进行操作。

（二）压片操作

1. 开机前准备

（1）检查压片间的温湿度、压力是否符合要求。

（2）检查设备各部位是否正常，各润滑点的润滑是否充足，压轮是否运转自如。

（3）检查电源是否能接通，检查冲模质量，是否有缺边、裂缝、变形及卷边情况。

（4）安装冲模

①安装中模：将转台圆周中模固定螺丝旋出部分，放平中模，用中模打棒由上孔穿入，用锤轻轻打入，将螺钉紧固。

②安装上冲：将上导轨盘缺口处嵌舌掀起，上冲插入模圈内，用大拇指和食指旋转冲杆，检验头部进入中模后转动是否灵活，全部装妥后，将嵌舌扳下。

③安装下冲：取下圆孔盖板，通过圆孔将下冲杆装好，检验方法如上冲杆，装妥后将圆孔盖好。

（5）安装月形加料器　月形加料器装于模圈转盘平面上，用螺钉固定。安装时应注意它与模圈转盘的松紧，太松易漏粉，太紧易与转盘产生摩擦。注意两个月形加料器的安装有方向性（底部有空隙让片剂通过的加料器装在左侧；底部无空隙的加料器装在右侧，片剂全部被导向至出片槽）。

（6）安装加料斗　加料斗高低会影响颗粒流速，安装时注意高度适宜，控制颗粒流出量与填充的速度相同为宜。

（7）检查机器零件安装是否妥当，机器上有无工具及其他物品，所有防护、保护装置是否安装好。

（8）用手转动手轮，使转台旋转 1 ~ 2 圈，观察上、下冲进入模圈孔及在导轨上的运行情况，应灵活，无碰撞现象。

2. 开机压片

（1）旋转电源主开关，给机器送电。启动吸尘机，按压片机“启动”开关，使空车运转 2 ~ 3 分钟后平稳正常方可投入生产。

（2）将少量空白淀粉颗粒加入料斗，调至低转速、低压力，启动机器使转台运转数圈，清洗冲头和冲模上黏附的油渍，将压片机上剩余物料清理干净。

（3）试压前，将片厚调节至较大位置，填充量调节至较小位置，将颗粒加入料斗内，点动 2 ~ 3 周，试压时先调节填充量，调至符合工艺要求的片重，然后调节片厚，使产品硬度符合工艺要求。

（4）启动设备正式压片，根据物料情况和冲模规格选择合适转速，并保持料斗颗粒存量一半以上。

（5）机器运转中必须关闭所有防护罩，不得用手触摸运转件。

（6）运行时，注意机器是否正常，不得开机离岗。

3. 压片结束

（1）压片完成后，将调速旋钮调至零。

（2）关闭吸尘器。

（3）关闭主电机电源、总电源、真空泵开关。

（三）质量检查

根据《中国药典》2020年版相关规定，分别对外观、脆碎度、片重差异、崩解时限等项目进行检查，需符合规定。

（四）填写记录

实训过程中要及时、准确、完整地填写好各项记录。

（五）清洁与清场

1. 完成压片等相关操作后，应当将机台内的粉粒清除干净。
2. 依次拆除上冲、下冲、中模，并用水擦拭干净，干燥后涂油保存。
3. 将取下的加料斗和栅式加料器擦拭干净。
4. 再用湿布擦拭压片机其他部位，干燥后盖上防护罩。
5. 清洁天花板、墙壁及地面。
6. 填写清场记录。

五、实训考核

具体考核项目如表8－14所示。

表8－14 制备片剂实训考核表

项目	考核要求	分值	得分
生产前准备工作	1. 检查生产环境及设备清场、清洁情况 2. 检查压片机的状况，确认处于正常状态 3. 按照生产指令领取物料，并核对信息，确保无误	15	
压片操作	1. 正确安装压片机主要部件并调试 2. 依据计算所得结果调节片重 3. 正确调节压力 4. 正确解决压片过程中出现的问题	40	
质量检查	1. 外观完整、光洁、色泽均匀 2. 硬度符合规定 3. 重量差异符合规定 4. 崩解时限符合规定	15	
填写记录	各项记录完整、准确	10	
生产结束后清场	1. 对生产设备、仪器进行清洁 2. 对生产环境进行清洁、清场 3. 填写清场记录	10	
问答考核	1. 压片时出现片重不合格，可能是什么原因造成的？ 2. 压片过程中出现粘冲应如何处理？ 3. 压片时细粉过多对片剂质量有何影响？	10	
合计		100	

目标检测

一、单项选择题

1. 片剂属于（　　）

A. 固体制剂　　B. 半固体制剂　　C. 液体制剂　　D. 膏状制剂

2. 下列片剂的特点叙述错误的是（　　）

A. 体积较小，其运输、贮存及携带、应用都比较方便

B. 片剂生产的机械化、自动化程度较高

C. 产品的性状稳定，剂量准确，但成本及售价都较高

D. 可以制成不同释药速度的片剂，满足临床医疗需要

3. 下列哪种片剂是以碳酸氢钠与枸橼酸为崩解剂的（　　）

A. 舌下片　　B. 分散片　　C. 缓释片　　D. 泡腾片

4. 下列哪种片剂可避免肝脏的首过作用（　　）

A. 泡腾片　　B. 分散片　　C. 舌下片　　D. 普通片

5. 下列不属于常用浸出方法的是（　　）

A. 煎煮法　　B. 渗漉法　　C. 浸渍法　　D. 半仿生提取法

6. 下列操作不属于水蒸气蒸馏浸出法的是（　　）

A. 通水蒸气蒸馏　B. 共水蒸馏　　C. 水上蒸馏　　D. 多效蒸发

7. 为增加片剂的体积和重量，应加入哪种附加剂（　　）

A. 填充剂　　B. 崩解剂　　C. 黏合剂　　D. 润滑剂

8. 羧甲基淀粉钠一般可作为片剂的（　　）

A. 稀释剂　　B. 润滑剂　　C. 黏合剂　　D. 崩解剂

9. 湿法制粒压片工艺的目的是改善主药的（　　）

A. 可压性和流动性　　B. 崩解性和溶出性

C. 润滑性和抗黏着性　　D. 稳定性和抗湿性

10. 湿法制粒工艺流程为（　　）

A. 原辅料—粉碎—混合—制软材—制粒—干燥—压片

B. 原辅料—粉碎—混合—制软材—制粒—干燥—整粒—压片

C. 原辅料—粉碎—混合—制软材—制粒—整粒—压片

D. 原辅料—混合—粉碎—制软材—制粒—整粒—干燥—压片

11. 在一步制粒机可完成的工序是（　　）

A. 粉碎—混合—制粒—干燥　　B. 混合—制粒—干燥

C. 过筛—制粒—混合—干燥　　D. 过筛—制粒—混合

12. 片剂硬度不够，运输时出现散碎的现象称为（　　）

A. 崩解迟缓　　B. 片重差异超限　　C. 粘冲　　D. 松片

13. 下列包糖衣工序正确的是（　　）

A. 粉衣层—隔离层—有色糖衣层—糖衣层—打光

B. 隔离层—粉衣层—糖衣层—有色糖衣层—打光

C. 粉衣层—隔离层—糖衣层—有色糖衣层—打光

D. 粉衣层—糖衣层—隔离层—有色糖衣层—打光

14. 哪种药物的片剂必须做溶出度检查（　　）

A. 难溶性　B. 吸湿性　C. 风化性　D. 刺激性

15. 脆碎度的检查适用于（　　）

A. 糖衣片　B. 肠溶衣片　C. 包衣片　D. 非包衣片

二、配伍选择题

[1~5]

A. 羧甲基淀粉钠　B. 硬脂酸镁　C. 乳糖　D. 羟丙甲纤维素溶液　E. 水

1. 黏合剂（　　）

2. 崩解剂（　　）

3. 润湿剂（　　）

4. 填充剂（　　）

5. 润滑剂（　　）

[6~8]

A. 糊精　B. 淀粉　C. 羧甲基淀粉钠　D. 滑石粉　E. 微晶纤维素

6. 可作填充剂、黏合剂、崩解剂的是（　　）

7. 粉末直接压片用作填充剂、黏合剂的是（　　）

8. 润滑剂是（　　）

[9~10]

A. 挤压过筛制粒法　B. 搅拌制粒法

C. 干法制粒法　D. 流化制粒法

E. 喷雾干燥制粒法

9. 液体物料的一步制粒应采用（　　）

10. 固体物料的一步制粒应采用（　　）

[11~15]

A. 湿法制粒压片　B. 干法制粒压片

C. 结晶直接压片　C. 粉末直接压片

E. 空白颗粒压片

11. 药物为立方结晶型，其可压性尚可适于（　　）

12. 药物较为稳定，遇湿热不起变化，但可压性和流动性较差适合于（　　）

13. 药物不稳定，遇湿热分解，其粉末流动性尚可适合于（　　）

14. 药物不稳定，遇湿热分解，可压性、流动性均不好，剂量较大适于（　　）

15. 液体状态易挥发的小剂量药物适合于（　　）

三、多项选择题

1. 片剂质量的要求是（　　）

A. 含量准确，符合重量差异的要求　B. 压制片性质稳定
C. 崩解时限或溶出度符合规定　D. 色泽均匀，完整光洁，硬度符合要求

2. 片剂的制粒压片法有（　　）

A. 湿法制粒压片　B. 一步制粒法压片
C. 全粉末直接压片　D. 喷雾制粒压片

3. 崩解剂的作用机制是（　　）

A. 吸水膨胀　B. 产气作用
C. 毛细管作用　D. 薄层绝缘作用

4. 某药物肝首过效应较大，其适宜的剂型有（　　）

A. 肠溶衣片　B. 舌下片剂
C. 直肠栓剂　D. 透皮吸收贴剂

5. 造成片重差异超限的原因是（　　）

A. 颗粒大小不匀　B. 加料斗中颗粒过多或过少
C. 下冲升降不灵活　D. 颗粒的流动性不好

四、简答题

1. 维生素 C 片的处方如下。

【处方】				
	维生素 C	250.0g	50%乙醇	适量
	淀粉	100.0g	硬脂酸镁	5.0g
	糊精	150.0g	酒石酸	5.0g
	制成	10000 片		

（1）分析处方中各成分的作用。

（2）写出湿法制粒压片法的工艺流程。

2. 某片剂中主药含量为 0.3g，测得颗粒中主药的百分含量为 50%，问每片所需的颗粒量为多少？应压片重上下限是多少？

（铁　民）

书网融合……

微课

划重点

自测题

项目九 制备丸剂

学习目标

知识要求

1. **掌握** 丸剂的类型、常用辅料及制备方法。
2. **熟悉** 丸剂的定义和特点。
3. **了解** 丸剂的质量要求及检查项目。

能力要求

学会丸剂制备的操作技术。

岗位情景模拟

情景描述 某制药企业准备试制牛黄解毒丸（大蜜丸），每丸重3g，处方如下。

【处方】					
人工牛黄	5g	雄黄	50g	石膏	200g
大黄	200g	冰片	25g	甘草	50g
黄芩	150g	桔梗	100g		

假如您是该企业丸剂生产车间技术员，该如何制备呢？

讨论 1. 以上八位原料药物该如何处理？

2. 大蜜丸是如何制备的呢？

PPT

任务一 认识丸剂

请你想一想

同学们，你见过丸剂吗？它长什么样子？你知道丸剂是怎么做的吗？

一、丸剂的定义

丸剂，俗称“丸药”，系指原料药物与适宜的辅料制成的球形或类球形固体制剂，如图9－1。丸剂是我国最古老的传统剂型之一，在治疗慢性疾病和营养调理方面应用广泛。随着制药技术的不断进步，丸剂中也出现了一些起效较快的剂型，如滴丸。

图9－1 丸剂示意图

二、丸剂的特点

丸剂虽然大多数起效较为缓慢，但其仍然应用广泛。其特点有以下几项。

1. 释药缓慢，作用缓和持久，毒副作用较轻。
2. 能较多地容纳半固体或液体药物。
3. 可通过包衣来掩盖药物的不良臭味，提高药物的稳定性。
4. 制法简便，所需设备较简单。
5. 服用量大，小儿吞服困难，生物利用度低。

三、丸剂的分类

按辅料及制法不同，丸剂一般可分为蜜丸、水丸、水蜜丸、糊丸、蜡丸、浓缩丸和微丸等类型。

1. 蜜丸 系指将饮片细粉以炼蜜为黏合剂制成的丸剂，根据其大小不同，可分为大蜜丸（每丸重0.5g及以上）和小蜜丸（每丸重0.5g以下）。一般适用于慢性疾病或调理气血的滋补药剂。

2. 水蜜丸 系指饮片细粉以炼蜜和水为黏合剂制成的丸剂。

3. 水丸 系指饮片细粉以水（或根据制法用黄酒、醋、稀药汁、糖液、含5%以下炼蜜的水溶液等）为黏合剂制成的丸剂。一般适用于清热、解表、消导等。

4. 糊丸 系指饮片细粉以米粉、米糊或面糊等为黏合剂所制成的中药丸剂。

5. 蜡丸 系指用饮片细粉以蜂蜡为黏合剂制成的丸剂。适用于毒剧药或刺激性较强的药物。

6. 浓缩丸 系指饮片或部分饮片提取液浓缩后，与适宜的辅料或其余饮片细粉，以水、炼蜜或炼蜜和水等为黏合剂制成的丸剂。根据所用黏合剂不同，分为浓缩水丸、浓缩蜜丸和浓缩水蜜丸。

7. 滴丸 系指原料药物与适宜的基质加热熔融混匀，滴入不相混溶、互不作用的冷凝介质中制成的球形或类球形制剂。

8. 糖丸 系指以适宜大小的糖粒或基丸为核心，用糖粉和其他辅料的混合物作为撒粉材料，选用适宜的黏合剂或润湿剂制丸，并将原料药物以适宜的方法分次包裹在糖丸中而制成的制剂。

此外，中药制剂还有直径小于2.5mm的微丸，例如六神丸。

你知道吗

丸剂的服用剂量有两种表示方法，即按丸服用和按重量服用。因此，丸剂的规格也有不同的表示方法。例如，保和丸（水丸）的规格为：每20丸重1g；乌鸡白凤丸（水丸）的规格为：每克12丸；六味地黄丸（水蜜薄膜衣丸）的规格为：6.3g/袋；消痔丸（大蜜丸）的规格为每丸重9g。

任务二　掌握制备丸剂的技术

PPT

一、丸剂的常用辅料

制备中药丸剂常用的辅料有黏合剂、润湿剂、吸收剂等。

1. 黏合剂

（1）蜂蜜　蜂蜜是蜜丸的重要辅料，不仅起着黏合剂的作用，且兼有滋补、润肺止咳、润肠通便、解毒、调味的功效。蜂蜜在使用前需加热炼制（称炼蜜）。根据炼制程度不同，炼蜜分为嫩蜜、中蜜、老蜜三种，见表9－1。

表9－1　炼蜜的种类

种类	炼蜜温度/℃	含水量/%	相对密度	用途
嫩蜜	105～115	18～20	约1.34	用于黏性较强的药物
中蜜	116～118	14～16	约1.37	用于黏性适中的药物
老蜜	119～122	10以下	约1.4	用于黏性较差的药物

你知道吗

蜂蜜的炼制方法

【制备】将蜂蜜置锅中，加适量清水，加热熔化后，过筛除去死蜂及浮沫，再入锅继续加热至沸腾，直到符合炼蜜标准。

【解析】1. 炼制程度　根据处方中药物性质、药粉含水量来掌握炼制时间、温度、炼蜜颜色、水分等。

2. 判断标准　①嫩蜜。颜色无明显变化，略带黏性。②中蜜。炼至均匀淡黄色有细气泡时，用手捻之有黏性，两手指分开无长白丝。③老蜜。炼至有较大红棕色气泡时，黏性强，用手捻之两手指分开出现长白丝，或滴于水中呈珠状。

制备蜜丸时，可根据品种、气候等具体情况选用。若选用不当，会造成蜜丸过软或过硬，甚至出现返砂、皱皮等现象。

（2）米糊或面糊　以米、糯米、小麦、神曲等细粉加水加热制成糊，或蒸熟成糊。

（3）蜂蜡　将蜂蜡熔化，待冷却致适宜温度后，按比例加入饮片细粉，混合均匀后塑制成丸。常将有毒或刺激性强的药物制成蜡丸，以保证用药安全和减少刺激性。但由于蜡丸生物利用度低，故目前少用。

（4）清膏或浸膏　含纤维较多或体积较大的饮片，可采用煎煮、水蒸气蒸馏、渗漉等方法，取煎液、漉液浓缩成清膏或浸膏兼作黏合剂。

（5）饴糖　主要成分是麦芽糖，味甜，有还原性和吸湿性，黏性中等。此外，单糖浆、甘油水（10%甘油、90%水）、阿拉伯胶浆等也可用作丸剂的黏合剂。

2. 润湿剂　饮片细粉本身有黏性时，仅需用润湿剂以诱导其黏性，使之黏结成丸，有的润湿剂还能促进某些有效成分的溶解，以提高疗效。常用的润湿剂有水、黄酒、醋、稀药汁以及糖液等。

（1）水　指蒸馏水或冷沸水，能润湿或溶解药粉中的黏液质、糖及胶类等而产生黏性。

（2）酒　一般指黄酒（含醇量为12%～15%），酒能润湿药粉中的树脂、油树脂等成分而增加黏性。若用水为润湿剂致黏性太强时，常以酒代之。

（3）醋　以米醋为主（含醋酸3%～5%），醋既能润湿药物产生黏性，而且还有助于碱性成分的溶解而提高疗效。

（4）稀药汁　处方中不易研碎的饮片可取其榨汁或煎汁，将汁稀释后应用于药粉而产生黏性，既是主药又是润湿剂。

（5）糖液　系指不同浓度的蔗糖水溶液。

3. 吸收剂　常用丸剂处方内的饮片粉末作为药汁或浸膏及挥发油类的吸收剂或小剂量药物的稀释剂。亦可用惰性无机物如氢氧化铝凝胶粉、碳酸钙、氧化镁、碳酸镁等作吸收剂。另外，淀粉、糊精、乳糖等也是较好的吸收剂。

二、丸剂的生产工艺流程

常用的制备方法有塑制法、泛制法和滴制法三种。

1. 塑制法　又称搓丸法，是最古老、最普遍使用的制备中药丸剂的方法，如蜜丸、糊丸、浓缩丸的制备。其基本工艺流程如图9－2所示。 微课

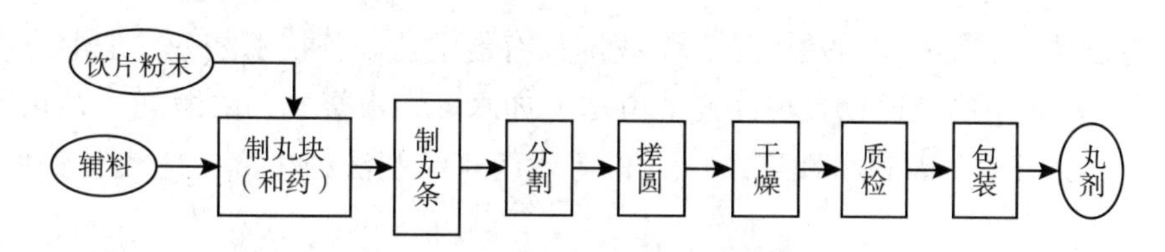

图9－2　塑制法的工艺流程图

（1）原辅料的准备　除另有规定外，饮片原料需经粉碎并通过五号或六号筛（80～100目筛）。所用的辅料主要是黏合剂，按适当方法加以处理，备用。

（2）制丸块　将混匀的饮片粉末（或加有辅料）放入捏合机中，加入黏合剂（如炼蜜）研和，制成不粘手、不粘器壁、不松散、湿度适宜的可塑性丸块。

（3）制丸条　用螺旋丸条机将丸块挤出成条。要求粗细均匀，表面光滑无裂缝，内面充实无空隙。

（4）分割和搓圆　手工制丸可用搓丸板切割并搓圆成型。大量生产时用轧丸机将丸条按丸重等量切割成“毛丸”并搓圆。工厂生产已采用螺旋输送式制丸机，这是一种联合制丸设备，采用光电讯号系统控制出条、切丸、搓圆等主要工序。

（5）干燥和整理　根据丸剂性质选择不同温度、不同方法进行干燥。一般丸剂

（如浓缩丸）可在80℃以下干燥；如含有芳香挥发性成分应在60℃以下干燥，蜜丸一般不干燥，直接用消毒蜡纸包装。

制成的丸剂往往大小不一，可用人工挑选整理，或用筛丸机、选丸机筛选，获得大小均匀的丸剂。

目前生产上广泛应用的有中药自动制丸机（图9－3）、全自动制丸机（图9－4）等。

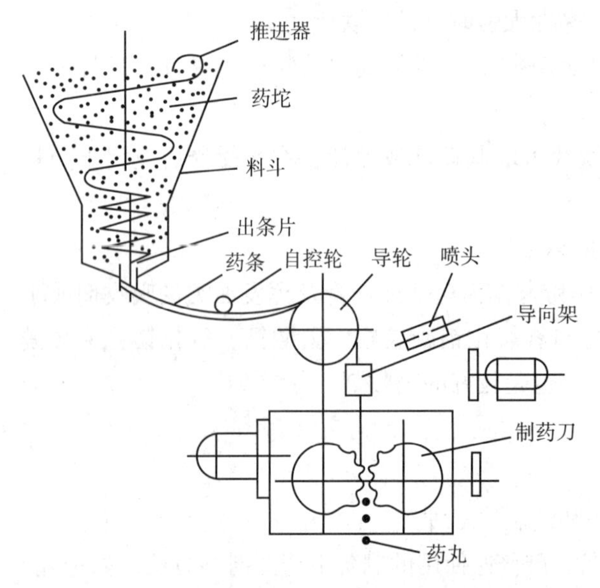

图9－3 中药自动制丸机工作原理图

图9－4 全自动制丸机

2. 泛制法 泛制法又称泛丸法，是我国独有的中药制备技术之一，是指饮片粉末加入润湿剂后逐渐制成适宜大小丸剂的方法，如水丸、水蜜丸、浓缩丸、微丸等的制备，生产时使用包衣锅和小丸连续成丸机等设备。泛制法的生产工艺流程如图9－5所示。

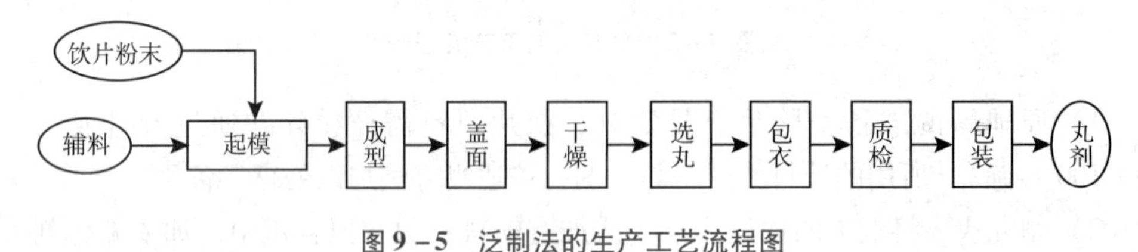

图9－5 泛制法的生产工艺流程图

（1）原料处理 按有关规定将原料粉碎成细粉，如果配方中一些原材料不易研成粉末，可提取制成稀药汁作赋形剂泛丸，既有利于保存其特性、提高疗效，也便泛丸操作。

（2）起模 系将部分药粉制成大小适宜丸模的操作过程。模子或称母子，利用水的润湿作用诱导出粉末的黏性，使粉末之间相互黏着成细小的颗粒，并在此基础上分次加水、加粉层层增大而成丸模（直径0.5～1mm的圆球形小颗粒），筛分。

（3）成型　系指将已经筛选出的均匀球形模子，逐渐加大至接近成品的操作。加大的方法和起模一样，即在丸模上反复加水润湿、上粉滚圆和筛选。

（4）盖面　系指将已经加大、筛选的均匀丸粒，再用适当材料继续操作至成品大小，或单纯用水湿润（习称清水盖面），并将粉末全部用完，使丸粒表面致密、光洁、色泽一致的操作。

（5）干燥　水丸含水量应控制在 9% 以内。水蜜丸、水丸或浓缩丸一般在 80℃ 以下干燥，含芳香挥发性成分或多量淀粉成分的丸剂（包括糊丸），干燥温度应在 60℃ 以下。若为不宜加温的丸粒，则应阴干或用其他适当的方法干燥。

请你想一想

同学们知道元宵的制备方法吗？

先将花生、芝麻等各种原料用动物油脂黏结成均匀的小球状（馅），然后放在铺有干糯米粉的容器内不断滚动，不时喷入清水再滚动，使其粘上越来越多的糯米粉，直至大小适中。

想一想，元宵的制法可以分为几个步骤？如果我们用类似方法来制备丸剂，即泛制法。

（6）选丸　泛丸过程中常出现丸粒大小不匀和畸形，除在泛制过程中及时过筛外，在丸粒干燥后必须进一步选丸，以保证丸粒圆整、大小均匀、剂量准确。

（7）包衣与打光　可在润湿的丸粒上（或加明胶溶液作黏合剂）撒上极细的药粉（如朱砂粉、滑石粉、雄黄粉、青黛等）或其他包衣材料（糖衣、薄膜衣、肠溶衣），使丸粒不断滚动，待全部细粉均匀黏附在丸面上，包衣完成后，撒入川蜡粉，继续转动 30 分钟即得。

机械泛丸时，可先将少量饮片细粉放入包衣锅内，启动包衣锅慢速转动，用喷雾器将水或其他润湿剂喷入，制成丸核；然后再喷水，再加药粉，使丸核逐渐增大，变成丸模，继而反复加水润湿和加药粉，丸模体积逐步增大，加水量与药粉量也随丸粒的增大而增加，直到制成药丸。筛选出合格丸粒，放在包衣锅内充分滚动，加少量水润湿（亦可加极细药粉与水或其他润湿剂的混合浆），继续滚动直至丸面光洁、色泽一致、形状圆整为止。

3. 滴制法

（1）基质与冷凝液　①基质。滴丸中除主药以外的赋形剂均称“基质”。滴制法成功的关键之一是选用合适的基质。其要求与主药不发生化学反应，不影响主药的疗效和检测，对人体无害，并要求熔点较低，在 60～100℃ 条件下能熔化成液体，遇冷又能立即凝成固体（在室温下仍保持固体状态），加入药物后仍能保持上述性质不变。常用基质有：a. 水溶性基质，如聚乙二醇类、甘油明胶、硬脂酸钠、泊洛沙姆等；b. 非水溶性基质，如硬脂酸、单硬脂酸甘油酯、虫蜡、蜂蜡、氢化植物油、十八醇等。②冷凝液。有水溶性和非水溶性两类。水溶性冷凝液：常用水或不同浓度的乙醇，适用于非水溶性基质的滴丸；非水溶性冷凝液：常用液状石蜡、二甲硅油、植物油、汽油或它们的混合物等，适用于水溶性基质的滴丸。

（2）生产工艺流程　滴丸剂的生产采用滴制法，目前滴制法不仅能制成球形丸剂，还能制成椭圆形、橄榄形等异形丸剂，其生产工艺流程如图9－6所示。

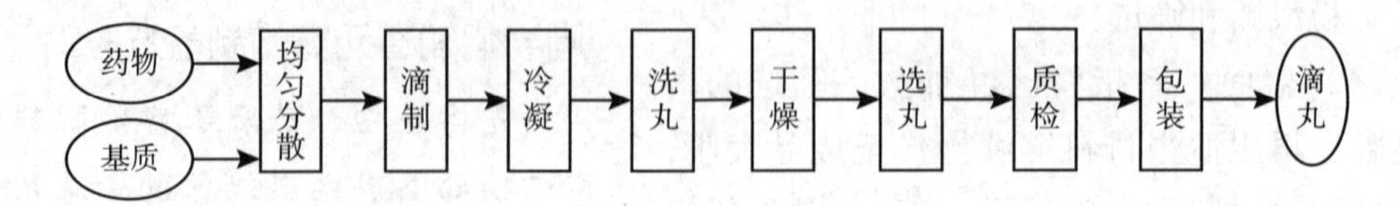

图9－6　滴制法的生产工艺流程图

（3）滴制设备　生产滴丸的设备主要是滴丸机。滴丸机主要部件有：滴管系统（滴头和定量控制器）、保温设备（带加热恒温装置的贮液槽）、控制冷凝液温度的设备（冷凝柱）及滴丸收集器等。

滴出方式有下沉式和上浮式，冷凝方式有静态冷凝和动态冷凝两种。型号规格多样，有单滴头、双滴头和多至20个滴头的，可根据情况选用，滴丸制备示意图见图9－7。

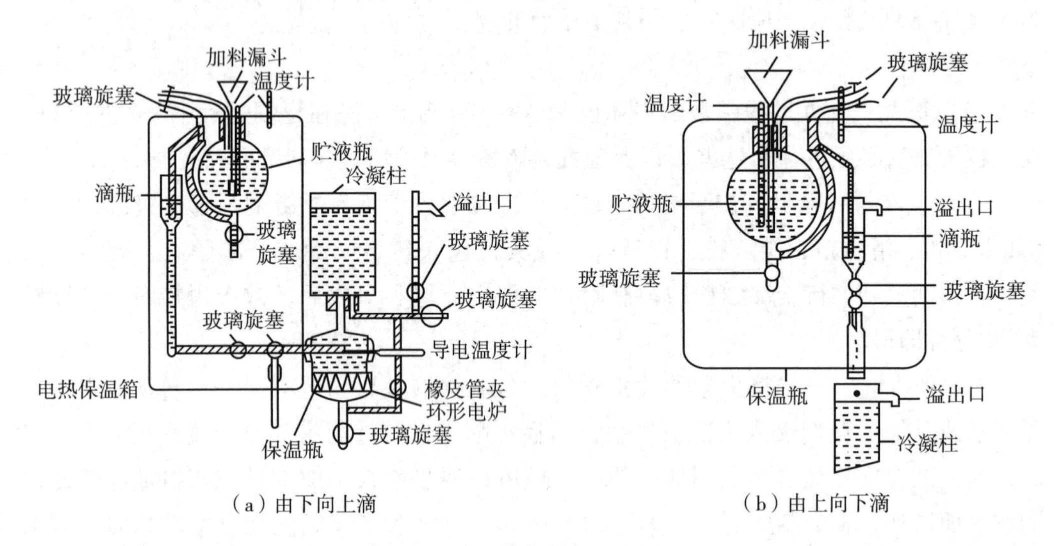

图9－7　滴丸制备示意图

（4）滴制方法　①将主药溶解、混悬或乳化在适宜的基质内制成药液；②将药液移入加料漏斗，80～90℃保温；③选择合适的冷凝液，加入滴丸机的冷凝柱中；④调整滴管阀门，将药液滴入冷凝液中冷凝成型，收集，即得滴丸。注意滴管口与冷凝液面的距离宜控制在5cm以下，使液滴在滴下与液面接触时不易跌散产生细粒而影响丸重；⑤取出丸粒，清除附着的冷凝液，剔除废次品。干燥、包装即得。

根据药物的性质与使用、贮藏的要求，在滴制成丸后亦可包糖衣或薄膜衣。

（5）滴丸圆整度的影响因素　①液滴在冷凝液中移动的速度。移动速度越快，受重力（或浮力）的影响越大，越容易成扁形。液滴与冷凝液的相对密度相差大或冷凝液的黏度小都能影响圆整度。②冷凝液上部的温度。液滴经空气到达冷凝液的液面时被碰成扁形，并带着空气进入到冷凝液，在下降时逐渐收缩成圆形，并逸出所带的空气。如冷凝液上部温度太低，液滴未收缩成圆形前就凝固了，致不圆整；气泡未逸出则产生空洞；或气泡虽已逸出却带出少量药液未能收缩致使滴丸带有“尾巴”。冷凝液上部的温度宜在40℃左右。③液滴的大小。液滴大小不同，比表面积不同，小丸比表面积大，成形力大，因此小丸的成形圆整度比大丸好，小丸在70mg左右圆整度优于大丸。另外，冷凝液的温度高低、药液与冷凝液间表面张力大小均会影响滴丸圆整度。

4. 包装与贮存 中药丸剂一般含较多的植物纤维、浸出物、蜂蜜或糖类，容易吸湿、长霉或滋生昆虫。所以包装和贮存时应密封、防潮、防霉、防虫蛀。

大、小蜜丸及浓缩丸通常先用消毒蜡纸包裹，装入蜡浸过的纸盒内，或包装后再浸蜡密封防潮。水丸、水蜜丸和糊丸通常可密闭贮存在干燥阴凉处，而大蜜丸则应密封贮存在干燥阴凉处。凡含有挥发性、芳香性物质的丸剂则一律应密封贮存。

任务三 了解丸剂的质量控制和检查

PPT

一、丸剂的质量控制

1. 饮片粉碎过程中，粒度应符合《中国药典》中细粉与最细粉的要求，且不掺杂其他杂质；对于有挥发性成分的饮片在粉碎时应有冷却措施，防止过热破坏有效成分。

蜜丸所用蜂蜜应检验合格经炼制后使用；浓缩丸所用饮片提取物应按制法规定，采用一定的方法提取浓缩制成；制备蜡丸所用的蜂蜡应符合《中国药典》规定。

2. 制丸成型过程中，应保证丸剂均匀圆整、无异形，不开裂，软硬适度，不粘连，色泽一致。蜜丸应细腻滋润，软硬适中，蜡丸表面应光滑无裂纹，丸内不得有蜡点和颗粒。

对丸重的控制应当符合重量差异限度的要求。

3. 湿丸干燥后应圆整均匀不开裂，干燥时间与温度应依品种而定。水蜜丸、水丸、浓缩丸等应在80℃以下干燥；含挥发性成分或淀粉较多的丸剂（包括糊丸）应在60℃以下干燥；不宜加热干燥的应采用其他适宜方法进行干燥。含水量控制是丸剂质量控制的关键内容，水分过高易变质，过干则难崩解。

4. 在抛光包衣工艺中，应依工艺选用喷浆的品种、用量，并控制抛光时间、温度及滚圆成型时间。

5. 丸型的筛选应当依据《中国药典》对已制成的丸粒进行筛选分离。要求：①均匀圆整，色泽一致；②无开裂、无异形、不粘连；③直径大小符合工艺规定；④圆丸，对丸粒进行滚动、打磨，除去黏附表面的粉末，使毛糙的表面光亮。

6. 丸剂应密封贮存，蜡丸应密封并置阴凉干燥处贮存。

二、丸剂的质量检查

1. 外观 外观圆整，大小、色泽均匀，无粘连现象。

2. 水分 除另有规定外，蜜丸和浓缩蜜丸中所含水分不得超过15.0%，水蜜丸与浓缩水蜜丸不得超过12.0%，水丸、糊丸、浓缩水丸不得超过9.0%。蜡丸不检查水分。

3. 重量差异 以10丸为1份（丸重1.5g及1.5g以上的以1丸为1份），取供试品10份，分别称定重量，再与每份标示重量相比较（无标示重量的丸剂，与平均重量比较），按表9-2的规定，超出重量差异限度的不得多于2份，并不得有1份超出限度一倍。

表9-2 丸剂重量差异限度

标示重量（或平均重量）	重量差异限度
0.05g及0.05g以下	±12%
0.05g以上至0.1g	±11%
0.1g以上至0.3g	±10%
0.3g以上至1.5g	±9%
1.5g以上至3g	±8%
3g以上至6g	±7%
6g以上至9g	±6%
9g以上	±5%

4. 装量差异 单剂量包装的丸剂，照下述方法检查，应符合规定。

检查法 取供试品10袋（瓶），分别称定每袋（瓶）内容物的重量，每袋（瓶）装量与标示装量相比较，按表9-3的规定，超出装量差异限度的不得多于2袋（瓶），并不得有1袋（瓶）超出限度一倍。

表9-3 丸剂装量差异限度

标示装量	装量差异限度
0.5g及0.5g以下	±12%
0.5g以上至1g	±11%
1g以上至2g	±10%
2g以上至3g	±8%
3g以上至6g	±6%
6g以上至9g	±5%
9g以上	±4%

5. 溶散时限 除另有规定外，取供试品6丸，选择适当孔径的吊篮，照崩解时限检查法检查。小蜜丸、水蜜丸、水丸应在1小时内全部溶散；浓缩丸和糊丸应在2小时内全部溶散；微丸的溶散时限，按所属丸剂类型判定；蜡丸照崩解时限检查法片剂项下的肠溶衣片检查法检查；大蜜丸不做溶散时限检查。

6. 微生物限度 照非无菌产品微生物限度检查法检查，应符合规定。 e 微课

实训九　丸剂综合实训及考核

PPT

一、实训目的

通过全自动制丸机的操作练习，掌握塑制法制备丸剂关键工序的操作要点。

二、实训原理

全自动制丸机主要由捏合、制丸条、轧丸和搓丸等部件构成，工作原理是：将药粉置于混合机中，加入适量的润湿剂或黏合剂混合均匀制成软材，即丸块。丸块通过制条机制成药条，药条通过顺条器进入有槽滚筒切割、搓圆成丸。

三、实训器材

YUJ－16A 全自动制丸机。

四、实训操作

（一）生产前准备工作

1. 检查生产间是否有清场合格标识，设备是否有“已清洁”标识，工具、仪器、容器等是否已清洁并干燥。

2. 对制丸机进行检查

（1）检查电源连接是否正确。

（2）检查润滑部位，是否有加注润滑油。

（3）检查机器各部件是否有松动或错位现象，若有加以校正使其坚固。

（4）检查酒精罐内是否有酒精。

（5）接通电源后，启动设备低速空转运行，观察是否正常。

当机器能正常运行，确保无任何问题时再进行下步操作。

3. 根据生产指令填写领料单，领取物料，核对品名、数量等消息，确认无误。

（二）制丸操作

1. 开机制丸

（1）接通主电源，电源指示灯亮，调节变频调速器，频率显示为零。

（2）启动搓丸按钮，指示灯亮。

（3）启动伺服机按钮，待指示灯亮，按顺时针方向缓慢转动速度调节旋钮，伺服机开始转动。

（4）启动制条机按钮，把调频开关扳向开。

（5）按顺时针方向转动调频旋钮至所需速度，制出药条。

（6）打开酒精罐阀门，把制丸刀润湿。

（7）先将一根药条，通过测速电机和减速控制器，进行速度确认调整。

（8）再将其余药条从减速控制器下面穿过，再放到送条轮上，通过顺条器进入有槽滚筒进行制丸。

（9）将制好的丸剂及时进行干燥。

2. 停机

（1）工作完毕，切断药条，关闭酒精罐阀门。

（2）先按反时针方向转动速度调节旋钮和调频旋钮至最低位置，并把调频开关扳向关。

（3）依次关闭制条机、搓丸机、伺服机。

（4）关闭电器箱主开关，电源指示灯熄灭。

（三）质量检查

根据2020年版《中国药典》规定，分别对外观、重量差异、崩解时限等项目进行检查，需符合规定。

（四）填写记录

实训过程中要及时、准确、完整地填写好各项记录。

（五）清洁与清场

1. 将搅拌器、顺条器、制丸刀轮等部件拆下，用纯化水擦拭干净后吹干。
2. 机器台面用湿布擦拭干净。
3. 用75%乙醇擦拭设备相关部位。
4. 清洁天花板、墙壁及地面。
5. 填写清场记录。

五、实训考核

具体考核项目如表9－4所示。

表9－4 制备丸剂实训考核表

项目	考核要求	分值	得分
生产前准备工作	1. 检查生产环境及设备清场、清洁情况 2. 检查制丸机的状况，确认处于正常状态 3. 按照生产指令领取物料，并核对信息，确保无误	15	
制丸操作	1. 按处方量混合原辅料，加黏合剂制软材 2. 将软材放加料斗后正确启动制丸机 3. 正确进行速度确认调整 4. 调试完成后开始制丸	40	
质量检查	1. 外观圆整、大小色泽均匀，无粘连 2. 重量差异符合要求 3. 融散时限符合要求	15	

续表

项目	考核要求	分值	得分
填写记录	各项记录完整、准确	10	
生产结束后清场	1. 对生产设备、仪器进行清洁 2. 对生产环境进行清洁 3. 填写清场记录	10	
问答考核	1. 塑制法制丸时怎样的丸块有利于成丸? 2. 塑制法制备丸剂的流程是怎样的?	10	
合计		100	

目标检测

一、单选题

1. 下列关于丸剂说法错误的是（　　）
   A. 为球形或类球形制剂　　B. 我国最古老的剂型之一
   C. 用于治疗慢性疾病　　D. 只能按重量服用
2. 下列关于丸剂特点说法错误的是（　　）
   A. 制法简单　　B. 生物利用度高
   C. 释药缓慢　　D. 可以包衣
3. 以炼蜜为黏合剂制成的丸剂是（　　）
   A. 蜜丸　　B. 糊丸　　C. 水丸　　D. 蜡丸
4. 刺激性较强的药物适合制成（　　）
   A. 水丸　　B. 蜡丸　　C. 蜜丸　　D. 浓缩丸
5. 适用于黏性较差的药物的是（　　）
   A. 老蜜　　B. 中蜜　　C. 嫩蜜　　D. 炼蜜
6. 下列对丸剂的质量要求的描述，哪个不正确（　　）
   A. 蜜丸应细腻滋润，软硬适中
   B. 水蜜丸、水丸、浓缩丸应在60℃以下干燥
   C. 外观应均匀，色泽一致，无粘连
   D. 供制丸剂用的药粉应为细粉或最细粉
7. 按规定9g以上的丸剂，其重量差异限度为（　　）
   A. ±12%　　B. ±10%　　C. ±8%　　D. ±5%
8. 泛制法的制备工艺流程为（　　）
   A. 原料的准备→起模→成型→盖面→干燥→选丸→包衣→打光
   B. 原料的准备→起模→成型→盖面→选丸→干燥→包衣→打光
   C. 原料的准备→起模→成型→干燥→盖面→选丸→包衣→打光

D. 原料的准备→起模→成型→干燥→选丸→盖面→包衣→打光

二、多选题

1. 下列属于丸剂的是（　　）

A. 水丸　　B. 胶丸　　C. 水蜜丸　　D. 浓缩丸

2. 下列可以用做制备丸剂的辅料是（　　）

A. 水　　B. 酒　　C. 蜂蜜　　D. 药汁

3. 下列关于蜜丸的叙述正确的是（　　）

A. 分为大蜜丸、小蜜丸、水蜜丸　　B. 蜜丸作用缓和持久

C. 蜜丸多用于补益、抗衰老　　D. 蜜丸用塑制法制备

三、填空题

1. 蜂蜜在用于制备蜜丸时，应视处方中的药物性质，炼成________、________和________备用。

2. 中药丸剂的制备方法有__________和__________。

3.《中国药典》规定，大蜜丸、小蜜丸中所含水分不得超过________%，水蜜丸不得超过________%，水丸、糊丸不得超过________%。

四、简答题

1. 丸剂有哪些特点？哪些种类？

2. 丸剂的质量检查项目有哪些？

（铁　民）

书网融合……

微课　　划重点　　自测题

项目十 制备口服溶液剂

PPT

学习目标

知识要求

1. **掌握** 口服溶液剂的制备方法；制药用水的应用范围。
2. **熟悉** 口服溶液剂的概念和特点；制药用水的制备方法；表面活性剂的分类、性质和应用。
3. **了解** 口服溶液剂的质量检查。

能力要求

学会口服溶液剂制备的操作技术。

岗位情景模拟

小李是药店的营业员，当患者前来买药时，看到各种名称的液体制剂不知道该如何选择。患者问小李：请问，这些口服溶液、口服液、合剂都有什么区别呢？看起来都差不多呀？

讨论 1. 你觉得这些剂型的区别在哪里呢？

2. 小李该如何回答患者的问题呢？

任务一 认识口服溶液剂

一、口服溶液剂的定义

口服溶液剂系指原料药物溶解于适宜溶剂中制成的供口服的澄清液体制剂。如葡萄糖酸钙口服溶液、复方磷酸可待因口服溶液，见图10－1。分散介质常用纯化水。

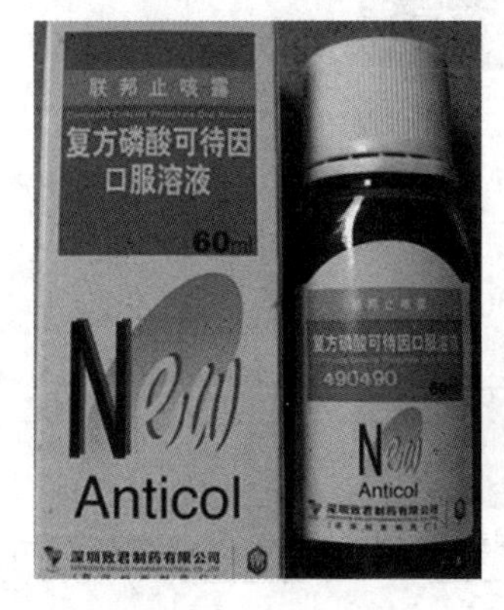

图10－1 口服溶液

图10－2 合剂

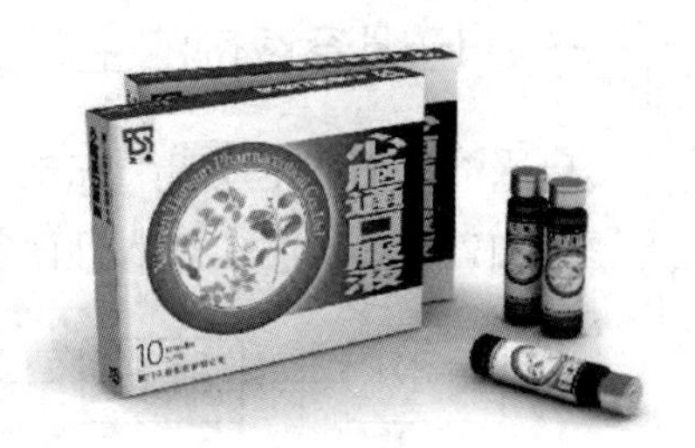

图10－3 口服液

你知道吗

合剂是指饮片用水或其他溶剂，采用适宜的方法提取制成的口服液体制剂（单剂量灌装者也可称“口服液”），在中药制剂中较为常见。口服溶液剂在化学药制剂中较为常见，制剂中的药物在分散介质中是以小分子或小离子（<1nm）的形式存在的，因此口服溶液剂是稳定、透明、均一的。口服液和合剂中的药物在分散介质中以多种形式存在，即有小分子，也有胶体粒子和少量混悬微粒，这两种制剂也是澄清的，但是允许在贮存期内有少量摇之易散的沉淀。

二、口服溶液剂的特点

1. 味佳可口，易为患者，尤其是儿童患者所接受。
2. 吸收快，奏效迅速，利于治疗急性病。
3. 单剂量包装者，服用方便，易于保存。
4. 生产设备、工艺条件要求高，成本较高。

你知道吗

原国家食品药品监管总局、公安部、国家卫生计生委发布2015年第10号公告，根据《麻醉药品和精神药品管理条例》的有关规定，决定将含可待因的复方口服液体制剂（包括口服溶液剂、糖浆剂）列入第二类精神药品管理，自2015年5月1日起施行。

据悉，磷酸可待因属作用于中枢神经的镇咳药，具有镇静作用，如常见的国产品种“联邦止咳露”等有9种、进口品种“珮夫人克露”等4种，服用后会引起头晕、嗜睡，长期服用或大剂量滥用可导致依赖性，成瘾性比吗啡弱一些。国家规定此类药物按照处方药管理。

任务二 掌握制备口服溶液剂的技术

一、口服溶液剂的生产工艺流程

口服溶液剂的生产，可在配液、滤过后，于100℃灭菌30分钟，然后在无菌条件下灌装加盖，亦可考虑加入抑菌剂。一般口服溶液剂的生产工艺流程如图10－4所示。

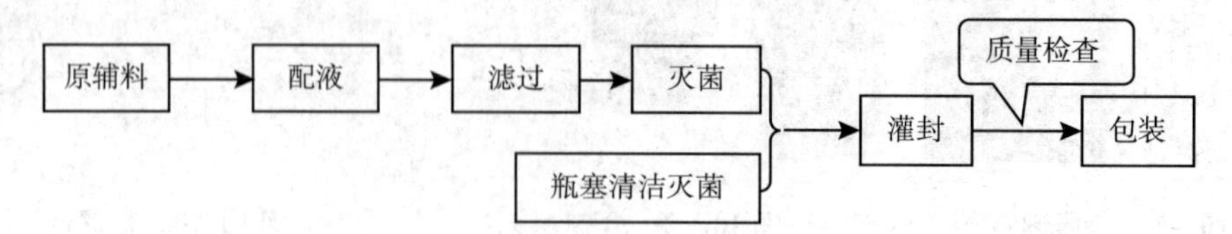

图10－4 口服溶液剂的生产工艺流程图

（一）配液

1. 配液的定义　配液是指将药物溶解在适宜溶剂中以得到一定浓度溶液的操作过程。配液操作是各种内服外用液体制剂、注射剂生产中的关键操作之一。

2. 配液的容器　工业上常选用装有搅拌器的夹层锅进行配液，以便加热或冷却。配液用具的材料有：玻璃、耐酸碱搪瓷、不锈钢、聚乙烯等。配制浓的盐溶液时不宜选用不锈钢容器；需加热的药液不宜选用塑料容器。配液用具使用前要用硫酸清洁液或其他洗涤剂洗净，并用适宜的制药用水荡洗或灭菌后备用。操作完毕后立即刷洗干净。

3. 配液方法　配液方法分为浓配法和稀配法。

浓配法：将全部药物加入部分溶剂中配成浓溶液，加热或冷藏后滤过，然后稀释至所需浓度的操作方法。此法易滤除溶解度小的杂质。

稀配法：将药物加入全部溶剂中，一次配成所需浓度，再行滤过的配液方法。此法常用于优质原料的配液。对于不易滤清的药液可加0.1%～0.3%的活性炭或通过铺有炭层的布氏漏斗帮助滤过。但使用活性炭时要注意其对药物的吸附作用，特别对小剂量药物如生物碱盐等的吸附，要通过考察加炭前后药物含量的变化，确定能否使用。

（二）滤过

1. 滤过的定义　滤过是指通过一种具有大量毛细孔的过滤介质，使悬浮固体物截留在此介质上而使固体和液体分离的操作。需滤过的溶液叫滤浆，截留在过滤介质上的固体叫滤渣，滤过得到的澄明溶液叫作滤液。

2. 滤过原理　药液的滤过靠介质的拦截作用，其滤过方式有表面过滤和深层过滤。表面过滤是过滤介质的孔道小于滤浆中颗粒的大小，滤过时固体颗粒被截留在介质表面，如滤纸与微孔滤膜的滤过作用。深层过滤是介质的孔道大于滤浆中颗粒的大小，但当颗粒随液体流入介质孔道时，靠惯性碰撞、扩散沉积以及静电效应被沉积在孔道和孔壁上，使颗粒被截留在孔道内。

3. 滤过的影响因素　影响滤过的因素有：①操作压力越大，滤速越快；②孔隙越窄，阻力越大，滤速越慢；③滤过速度与滤器的表面积成正比（这是在过滤初期）；④黏度愈大，滤速愈慢；⑤滤速与毛细管长度成反比，因此沉积的滤饼量愈多，滤速愈慢。

根据以上因素，增加滤速的方法有：①加压或减压以提高压力差；②升高滤液温度以降低黏度；③先进行预滤，以减少滤饼厚度；④设法使颗粒变粗以减少滤饼阻力等。

4. 滤过设备　一般漏斗类：有玻璃漏斗和布氏漏斗，常用滤纸、长纤维的脱脂棉以及绢布等做过滤介质，适用于少量液体制剂的预滤如脱碳过滤等。

垂熔玻璃滤器：垂熔玻璃滤器分为垂熔玻璃漏斗、滤器及滤棒三种。按过滤介质的孔径分为1～6号，其号数越大，孔径越小。一般3号多用于常压过滤，4号、5号多用于减压或加压过滤，6号可作无菌过滤用。生产厂家不同，代号亦有差异。垂熔玻璃滤器的优点是化学性质稳定（强碱和氢氟酸除外）；吸附性低，一般不影响药液的pH；易洗净，不易出现裂漏、碎屑脱落等现象。缺点是价格高，脆而易破。使用时可在垂熔漏斗内垫上绸布或滤纸，可防止污物堵塞滤孔，有利于清洗，也可提高滤液的质量。这种滤器，操作压力不得超过98.06kPa（$1kg/cm^2$），可热压灭菌。垂熔漏斗使用后要用水抽洗，并以1%～2%硝酸钠硫酸液浸泡处理。

砂滤棒：砂滤棒主要有两种，一种是硅藻土滤棒，另一种是多孔素瓷滤棒。硅藻土滤棒质地疏松，一般适用于黏度高、浓度大的药液。根据自然滤速分为粗号（500ml/min以上）、中号（500～300ml/min）、细号（300ml/min以下）。注射剂生产常用中号。多孔素瓷滤棒质地致密，滤速比硅藻土滤棒慢，适用于低黏度的药液。砂滤棒价廉易得，滤速快，适用于大生产中粗滤。但砂滤棒易于脱砂，对药液吸附性强，难清洗，且有改变药液pH现象，滤器吸留滤液多。砂滤棒用后要进行处理。

板框式压滤机：板框式压滤机由多个中空滤框和实心滤板交替排列在支架上组成，是一种在加压下间歇操作的过滤设备。此种滤器的过滤面积大，截留的固体量多，且可在各种压力下滤过。可用于黏性大、滤饼可压缩的各种物料的过滤，特别适用于含少量微粒的滤浆。在注射剂生产中，多用于预滤。缺点是装配和清洗麻烦，容易滴漏。

微孔滤膜过滤器：微孔滤膜过滤器是以微孔滤膜作过滤介质的滤过装置。常用的有圆盘形和圆筒形两种，圆筒形内有微孔滤膜过滤器若干个，滤过面积大，适用于注射剂的大生产。优点有截留能力强，滤速较快，吸附性小，质地轻薄，无介质脱落，不影响pH，不滞留药液，不产生交叉污染。缺点是易于堵塞。目前使用微孔滤膜过滤器生产的品种有葡萄糖大输液、右旋糖酐注射液、维生素（C、B、K等）、肾上腺素、硫（盐）酸阿托品、盐酸异丙嗪等。对不耐热的产品，可用0.3μm或0.22μm的滤膜作无菌过滤，如胰岛素。

（三）常用的附加剂

1. 防腐剂 指防止药物制剂由于细菌、霉菌等微生物的污染而产生变质的添加剂。

含营养成分的液体药剂，特别是以水为溶剂的药剂，易引起微生物的滋长与繁殖，含抗生素类的液体药剂也会长抗菌谱以外的微生物而导致制剂变质而影响药剂的安全使用。

常用的防腐剂：羟苯酯类（又称尼泊金类）、苯甲酸（钠、钾）、山梨酸（钾）、其他防腐剂。

2. 矫味剂

（1）甜味剂

蔗糖 是矫味的主要用品，常以单糖浆或果汁糖浆形式应用，兼矫臭。

甜菊苷 源自植物甜叶菊，为微黄色或白色结晶性粉末，甜度比蔗糖大约300倍。常用量0.025%～0.05%。本品甜味持久且不被人体吸收，不产生热能，所以是糖尿病、肥胖病患者很好的低能量天然甜味剂，但甜中带苦，故常与蔗糖或糖精钠合用。

糖精钠 本品为无色或白色结晶性粉末，易溶于水（1∶1.5），但水溶液不稳定，长时间放置后甜味降低，在 pH 8 时较稳定。甜度为蔗糖的 200 ~ 700 倍，常用量 0.03%。

（2）芳香剂

天然香料 包括植物中提取的芳香性挥发油（如薄荷）以及它们的制剂（如薄荷水）和动物性香料（如麝香）等。

人造香料 又称调和香料，是由人工香料添加一定量的溶剂调和而成的混合香料，如橘子香精等。

（3）胶浆剂 胶浆剂由于黏稠，能干扰味蕾的味觉而矫味，可降低药物的刺激性。加入甜味剂可增加矫味作用。常用的有羧甲基纤维素钠、淀粉、琼脂、明胶等。

（4）泡腾剂 应用碳酸氢盐与有机酸（枸橼酸、酒石酸）混合后，遇水产生的 CO_2 溶于水呈酸性，能麻醉味蕾而矫味。常与甜味剂、芳香剂配合使用，清凉酸甜适口。

3. 着色剂 着色剂又称色素，能改善制剂的外观颜色，用来识别制剂品种、区分应用方法和增加患者的服药顺应性。

（1）天然色素

植物色素 红色如苏木、紫草根、茜草根、甜菜红、胭脂虫红等；黄色如姜黄、山栀子、胡萝卜素等；蓝色如松叶兰、乌饭树叶等；绿色如叶绿酸铜钠盐；棕色如焦糖等。

矿物色素 棕红色如氧化铁等。

（2）合成色素

内服 苋菜红、柠檬黄、胭脂红、胭脂蓝、日落黄，通常配成 1% 贮备液使用，用量不得超过万分之一。

外用 伊红（或称曙红，适用于中性或弱碱性溶液）、品红（适用于中性、弱酸性溶液）、亚甲蓝（或称美蓝，适用于中性溶液）、苏丹黄等。

二、了解制药用水

口服溶液剂的分散介质通常是水，《中国药典》（2020 年版）四部对制药用水的分类、质量标准及用途等做了详细的规定。制药用水因其使用范围不同分为饮用水、纯化水、注射用水和灭菌注射用水 4 种。制药用水的质量应符合各品种项下的质量标准，其应用范围也应符合相应的规定（表 10 - 1）。

饮用水为天然水经净化处理所得的水，其质量必须符合现行《生活饮用水卫生标准》。

纯化水为饮用水经蒸馏法、离子交换法、反渗透法或其他适宜的方法制得的制药用水。不含任何附加剂。不得用于注射剂的配制与稀释。

注射用水为纯化水经蒸馏所得的水，应符合细菌内毒素试验的要求。

灭菌注射用水为注射用水按照注射剂生产工艺制备所得。不含任何添加剂。

表 10－1　制药用水的应用范围

制药用水种类	应用范围
饮用水	药材净制时的漂洗用水 制药用具的粗洗用水
纯化水	口服、外用制剂配制用溶剂或稀释剂 非灭菌制剂用器具的精洗用水 非灭菌制剂、灭菌制剂所用饮片的提取溶剂
注射用水	配制注射剂、滴眼剂等的溶剂或稀释剂 注射剂、滴眼剂容器的精洗
灭菌注射用水	注射用灭菌粉末的溶剂或注射剂的稀释剂

（一）制药用水的制备方法

1. 离子交换法　离子交换法是利用离子交换树脂除去水中阴、阳离子的方法，即当水通过离子交换树脂时，水中的阴阳离子分别与两种树脂上的极性基团发生交换而被除去。本法对热原、细菌也有一定的清除作用。其主要优点是水质化学纯度高，所需设备简单，耗能小，成本低。

离子交换树脂有阳、阴离子交换树脂两种，如 732 型苯乙烯强酸性阳离子交换树脂，极性基团为磺酸基，可用简式 $RSO_3^- H^+$（氢型）或 $RSO_3^- Na^+$（钠型）表示；717 型苯乙烯强碱性阴离子交换树脂，极性基团为季铵基，可用简式 $RN^+(CH_3)_3OH^-$（羟型）或 $RN^+(CH_3)_3Cl^-$（氯型）表示。钠型和氯型比较稳定，便于保存，故市售品需用酸碱转化为氢型和羟型后才能使用。

离子交换法处理原水的工艺，一般可采用阳床、阴床、混合床的组合形式，混合床为阴、阳树脂以一定比例混合组成。大生产时，为减轻阴树脂的负担，常在阳床后加脱气塔，除去二氧化碳，使用一段时间后，需再生树脂或更换。

离子交换法是制备纯化水的基本方法之一，具有所得水的化学纯度高、设备简单、成本低的优点，但不能完全清除热原，且离子交换树脂需要经常再生，耗酸碱量大。

2. 电渗析法　电渗析是依据在电场作用下离子定向迁移及交换膜的选择性透过而设计的，即阳离子交换膜装在阴极端，显示强烈的负电场，只允许阳离子通过；阴离子交换膜装在阳极端，显示强烈的正电场，只允许阴离子通过。电渗析法主要适用于含盐较高的饮用水，所制得的水供离子交换法进一步的处理。当原水含盐量高达 3000mg/L 时，不宜直接采用离子交换法制备纯化水，需先用电渗析法处理。电渗析法无需酸碱处理，故较离子交换法经济。

3. 反渗透法　反渗透法是在 20 世纪 60 年代发展起来的新技术，国内目前主要用于制备纯化水，但若装置合理，也能达到注射用水的质量要求，所以，《美国药典》23

版已收载该法为制备注射用水法定方法之一。

一般情况下，一级反渗透装置能除去一价离子90% ~95%，二价离子98% ~99%，同时能除去微生物和病毒，但除去氯离子的能力达不到药典要求。二级反渗透装置能较彻底地除去氯离子。有机物的排除率与其分子量有关，分子量大于300的化合物几乎全部除尽，故可除去热原。反渗透法除去有机物微粒、胶体物质和微生物的原理，一般认为是机械的过筛作用。

渗透是由半透膜两侧不同溶液的渗透压差所致，低浓度一侧的水向高浓度一侧转移。若在盐溶液上施加一个大于该盐溶液渗透压的压力，则盐溶液中的水将向纯水一侧渗透，从而达到盐、水分离，这一过程称为反（逆）渗透。常用于反渗透法制备注射用水的膜材有：醋酸纤维膜（如三醋酸纤维膜）和聚酰胺膜。这些反渗透膜的渗透机制因膜材类型不同而不同，至今尚无公认。

你知道吗

反渗透的发展历程

反渗透，它所描绘的是一个自然界中水分自然渗透过程的反向过程。早在1950年，美国科学家DR. S. Sourirajan有一回无意中发现海鸥在海上飞行时从海面啜起一大口海水，隔了几秒后吐出一小口的海水。他由此而产生疑问：陆地上由肺呼吸的动物是绝对无法饮用高盐分的海水，那为什么海鸥就可以饮用海水呢？这位科学家把海鸥带回了实验室，经过解剖发现在海鸥嗉囊位置有一层薄膜，该薄膜构造非常精密。海鸥正是利用了这个薄膜把海水滤过为可饮用的淡水，而含有杂质及高浓缩盐分的海水则吐出嘴外。这就是反渗透法（reverse osmosis，简称R. O）的基本理论架构。

4. 蒸馏法 蒸馏法是制备注射用水最经典、最常用的方法。要求所用水源为纯化水，即将纯化水加热气化，蒸汽通过隔沫装置后重新被冷凝成为注射用水。主要有塔式蒸馏水器（图10－5）、多效蒸馏水器（图10－6）。

塔式蒸馏水器 塔式蒸馏水器其结构主要包括蒸发锅、隔沫装置和冷凝器三部分。首先在蒸发锅内加入大半锅蒸馏水或去离子水，然后打开气阀，由锅炉来的蒸汽经蒸汽选择器除去夹带的水珠后，进入加热蛇形管，经热交换后变为冷凝液，经废气排出器流入蒸发锅内，以补充蒸发失去的水分，过量的水则由溢流管排出，未冷凝的蒸汽则与CO_2、NH_3由小孔排出。蒸发锅内的蒸馏水受蛇形管加热而蒸发，蒸汽通过隔沫装置时，沸腾时产生的泡沫和雾滴被挡回蒸发锅内，而蒸汽则上升到第一冷凝器，冷凝后汇集于挡水罩周围的槽内，流入第二冷凝器，继续冷却成重蒸馏水。塔式蒸馏水器生产能力大，一般有50 ~200L/h多种规格。

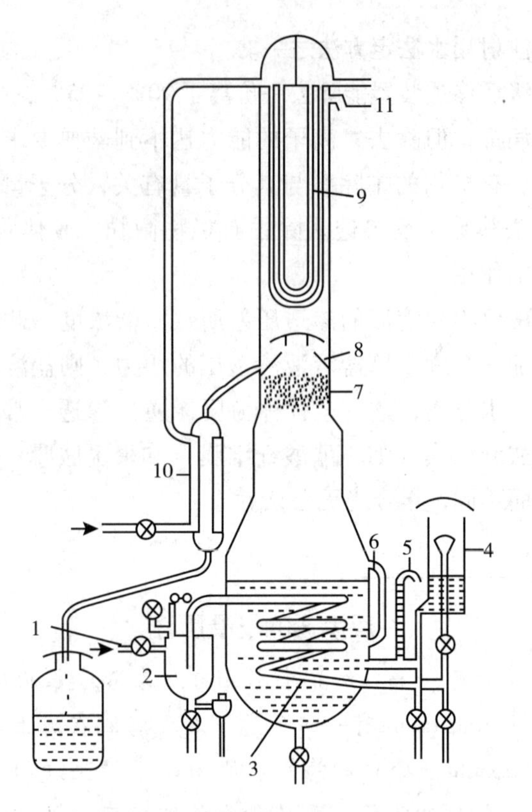

图 10－5 塔式蒸馏水器结构图

1. 蒸汽进口；2. 蒸汽选择器；3. 加热蛇管；4. 废气出口；5. 溢流管；6. 水位玻管；7. 隔沫装置；8. 挡水罩；9. 第一冷凝器；10. 第二冷凝器；11. 排气孔

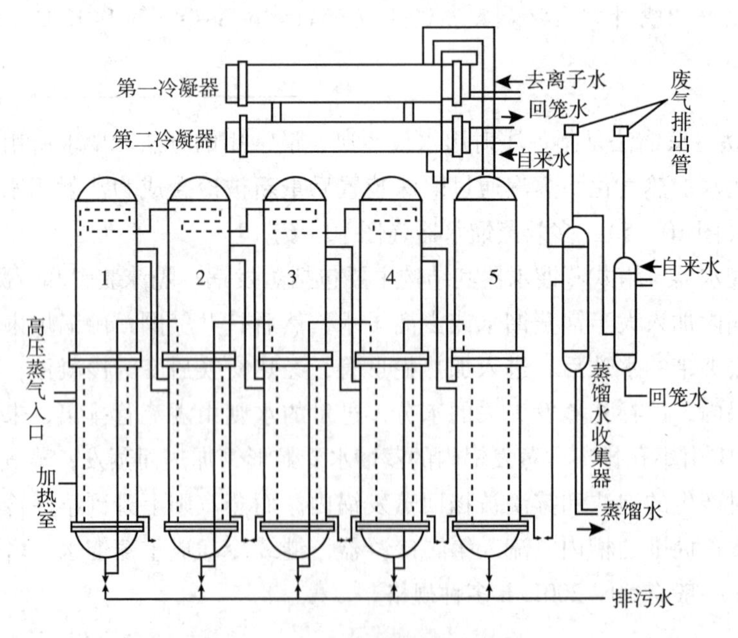

图 10－6 多效蒸馏水器结构图

多效蒸馏水器　是最近发展起来的制备注射用水的主要设备，其特点是耗能低，产量高，质量优。多效蒸馏水器由圆柱形蒸馏塔、冷凝器及一些控制元件组成。去离子水先进入冷凝器预热后再进入各效塔内。以三效塔为例，一效塔内去离子水经高压蒸汽加热（130℃）而蒸发，蒸汽经隔沫装置进入二效塔内的加热室作为热源加热塔内蒸馏水，塔内的蒸馏水经过加热产生的蒸汽再进入三效塔作为三效塔的加热蒸汽加热塔内蒸馏水产生蒸汽。二效塔、三效塔的加热蒸汽冷凝后和三效塔内的蒸汽冷凝后汇集于蒸馏水收集器而成为蒸馏水。效数更多的蒸馏水器的原理相同。多效蒸馏水器的性能取决于加热蒸气的压力和级数，压力越大，则产量越高，效数越多，热利用率愈高。综合多方面因素考虑，选用四效以上的蒸馏水器较为合理。

（二）制药用水的生产工艺流程

制药用水的生产工艺流程如图 10－7 所示。

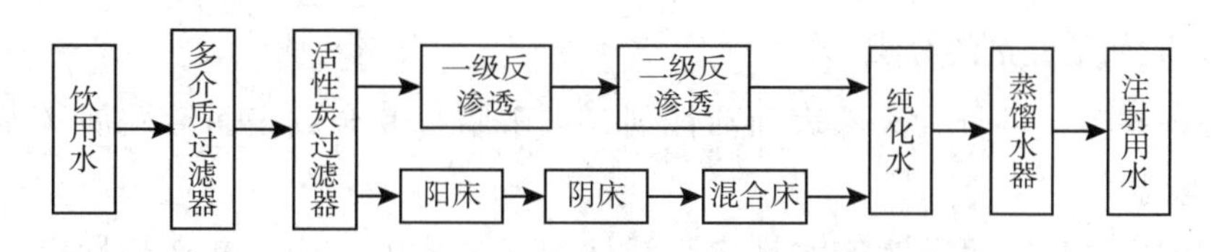

图 10－7　制药用水的生产工艺流程图

纯化水、注射用水储罐和输送管道所用材料应无毒、耐腐蚀，储罐的通气口应安装不脱落纤维的疏水性除菌滤器。纯化水可采用循环贮存，为保证注射用水的质量，应减少原水中的细菌内毒素，监控蒸馏法制备注射用水的各生产环节，并防止微生物的污染。应定期清洗与消毒注射用水系统。注射用水的储存方式和静态储存期限应经过验证确保水质符合质量要求，可以在 80℃ 以上保温或 70℃ 以上保温循环或 4℃ 以下的状态下存放，一般在 12 小时内使用。

三、熟悉表面活性剂

表面活性剂是一类在制剂生产中应用非常广泛的药用辅料，在液体制剂中可用作增溶剂、乳化剂、起泡剂、消泡剂等。表面活性剂的品种繁多，性质各异，安全性也差异较大。

（一）表面活性剂的含义

物体各相之间的交界面称为界面，习惯上把固体与气体、液体与气体的交界面称为表面。任何物体表面都存在表面张力，尤以液体表面张力最为明显，在一定温度下纯液体的表面张力是一个定值，若在液体中加入不同物质，液体的表面张力就会发生改变。溶液的表面张力与溶质的性质和浓度有关。例如：肥皂的水溶液，其表面张力随溶质浓度的增加而急剧下降。

表面活性剂是指含有固定的亲水亲油基团，由于其两亲性而倾向于集中在溶液表面、两种不相混溶液体的界面或者集中在液体和固体的界面，能降低表面张力或者界面张力的一类化合物。表面活性剂结构中含有极性的亲水基团和非极性的疏水基团。亲水基团一般为电负性较强的原子团或原子，可以是阴离子、阳离子、两性离子或非离子基团，如硫酸基、磺酸基、磷酸基、羧基、羟基、醚基、巯基、季铵基、酰胺基、聚氧乙烯基等；疏水基团通常是长度在 8～20 个碳原子的烃链，可以是直链、饱和或不饱和的偶氮链等。

你知道吗

表面活性剂因具有润湿或抗黏、乳化或破乳、起泡或消泡以及增溶、分散、洗涤、防腐、抗静电等一系列物理化学作用及相应的实际应用，已成为一类灵活多样、用途广泛的精细化工产品。表面活性剂除了在日常生活中作为洗涤剂，其他应用几乎可以覆盖所有的精细化工领域。

（二）表面活性剂的分类

1. 根据来源 可分为天然表面活性剂（如磷脂）和合成表面活性剂（如聚山梨酯，俗称吐温）。

2. 根据亲和性 可分为亲水性表面活性剂（如聚山梨酯）和亲油性表面活性剂（如司盘）。

3. 根据分子组成特点和极性基团的解离性质 可分为离子型表面活性剂（包括阳离子表面活性剂、阴离子表面活性剂和两性离子表面活性剂）和非离子型表面活性剂（图 10－8）。

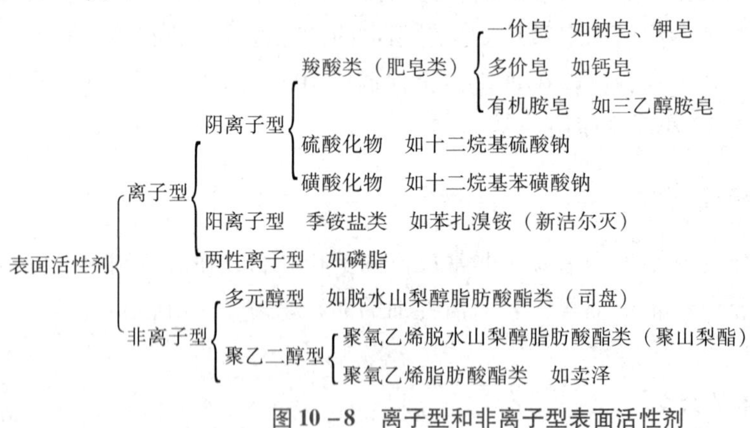

图 10－8 离子型和非离子型表面活性剂

（三）表面活性剂的基本性质

1. 胶团的形成 表面活性剂低浓度时，呈单分子分散或被吸附在水溶液的表面（其亲水基团插入水中，亲油基团朝向空气或油相中）。当浓度增加至溶液表面已饱和不能再吸附时，表面活性剂分子即开始转入溶液内部。由于表面活性剂分子的疏水部分与水的亲和力较小，而疏水部分之间的吸引力又较大，则许多表面活性剂分子的疏水部分相互吸引缔合在一起，形成多分子聚合体，这种聚合体称为胶团。胶团可呈球形、圆柱形、板层状等。

开始形成胶团的浓度，即表面活性剂在溶剂中形成胶团的最低浓度称为临界胶团浓度（CMC）。每一种表面活性剂都有它自己的临界胶团浓度，并会随外部条件而改变，如受温度、溶液的 pH 及电解质的影响。达到临界胶团浓度时，溶液的一些理化性质发生突变，如表面张力降低、增溶作用增强、起泡性能及去污力增大，出现了丁达尔（Tyndall）效应，还有渗透压、黏度等都以此浓度为转折点而发生突变。临界胶团浓度一般随表面活性剂分子中碳链增长而降低，也因分散系统中加入其他药物或盐类而降低。

2. 起昙现象 表面活性剂的溶解度与温度有关。某些聚氧乙烯型非离子型表面活性剂的溶解度，开始时随温度升高而增大，但当达到某一温度时，其溶解度急剧下降，使制得的溶液变浑浊，甚至分层，可是冷却后又恢复为澄明。这种因温度升高而使含表面活性剂的溶液由澄明变浑浊的现象称为起昙（又称为起浊）。出现起昙时的温度称为昙点（又称浊点）。

产生起昙现象的原因主要是聚氧乙烯基与水发生氢键络合而呈溶解状态，这种氢键络合很不稳定，当温度升高到某一点时，氢键断裂使溶解度突然下降，出现浑浊或沉淀。在温度降到昙点以下则氢键能重新形成，溶液又变澄明。

表面活性剂不同，其昙点也不同。聚氧乙烯基聚合度较低的表面活性剂，与水的亲和力小，所形成的氢键络合也不稳定，故其昙点较低；反之，则昙点较高。

3. 亲水亲油平衡值 表面活性剂亲水亲油性的强弱，是以亲水亲油平衡值（HLB 值）来表示的。

一般将表面活性剂的亲水亲油平衡值范围限定在 0 ~ 40，非离子型表面活性剂的 HLB 值在 0 ~ 20 之间，HLB 值越大，表示亲水性越强，HLB 值越小，表示亲油性越大。每一种表面活性剂都有一定的 HLB 值，HLB 值不同，其用途也不同。

4. 表面活性剂对药物吸收的影响 通常低浓度的表面活性剂因具降低表面张力的作用，能使固体药物与胃肠道体液间的接触角变小，增加了药物的润湿性，因而使药物加速溶解，吸收增多。但当表面活性剂的浓度增加到临界胶团浓度以上，药物被包裹或镶嵌在胶团内又不易被释放时，因减少了游离药物的浓度，或因胶团太大，不能透过生物膜，从而降低了药物的吸收。

> **请你想一想**
>
> 如果我们采用混合表面活性剂，那么 HLB 值是多少呢？

表面活性剂还有溶解脂质的作用，能溶蚀胃肠道黏膜的类脂屏障而改变生物膜分子的排列，因而增加上皮细胞的通透性。

此外，表面活性剂还可影响机体的胃排空速率，影响药物的溶解度、油水分配系数等，从而影响药物的吸收；有的可加速药物的作用，有的会降低其作用。因此，在选择表面活性剂时应注意其对药物吸收的影响。

5. 表面活性剂与蛋白质的反应 离子型表面活性剂与蛋白质间能起反应。蛋白质是由多个肽键把氨基酸联结起来的高分子物质，有氨基、胍基及羧基等。在碱性介质中羧基解离使蛋白质带负电荷，这样能与阳离子型表面活性剂起反应；在酸性介质中，蛋白质带正电荷，它能与阴离子型表面活性剂产生反应。因此离子型表面活性剂在酸性或碱性介质中都可能与蛋白质结合。

6. 表面活性剂的毒性　表面活性剂的毒性大小，一般是阳离子型 > 阴离子型 > 非离子型。毒性大小还与给药途径有关，表面活性剂用于静脉注射给药比口服给药的毒性大。表面活性剂的毒性、溶血作用、刺激性等，通常随着处方中不同成分而发生相应的变化。

（四）表面活性剂的应用

1. 增溶剂　增溶剂是指能使难溶性药物在水中溶解度增大的表面活性剂，通常选用 HLB 值在 15 ~ 18 的亲水性表面活性剂。增溶剂常用在液体制剂中，如口服溶液剂。

2. 乳化剂　两种或两种以上不相混溶或部分混溶液体，由于第三种成分的存在，使其中一种液体能以细小液滴的形式较为稳定地分散在另一液体中，这一过程称乳化。具有乳化作用的物质称为乳化剂，如阿拉伯胶、表面活性剂等。HLB 值在 3 ~ 8 的表面活性剂常作油包水型乳化剂，HLB 值在 8 ~ 18 的表面活性剂常作水包油型乳化剂。

3. 润湿剂　能促进液体在固体表面铺展或渗透的表面活性剂称为润湿剂，最适 HLB 值为 7 ~ 9。

4. 起泡剂与消泡剂　具有产生泡沫作用的物质叫起泡剂，通常选用亲水性较强的表面活性剂。

具有消除泡沫作用的物质叫消泡剂，通常选用 HLB 值 2 ~ 3 的表面活剂性。

请你想一想

我们生活中清洗衣物上的污渍是什么原理呢？

5. 去污剂　用于除去污垢的表面活性剂称为去污剂或洗涤剂，最适 HLB 值为 13 ~ 16。

6. 消毒剂　大多数阳离子型表面活性剂可作消毒剂，用于皮肤消毒、环境消毒等。

任务三　了解口服溶液剂的质量控制和检查

一、口服溶液剂的质量控制

1. 口服溶液剂的容器应彻底清洁灭菌干燥后备用。
2. 在配液操作时应准确计算并经复核后投料，检测含量合格后方可进入下一工序。
3. 滤过是保证口服溶液剂外观澄明度和稳定性的关键。
4. 口服溶液剂应避光、密封贮存。

二、口服溶液剂的质量检查

1. 外观　应澄清，无异物、变质等现象。

2. 装量 单剂量包装的口服溶液剂需进行装量检查，应符合规定。

3. 微生物限度 除另有规定外，照非无菌产品微生物限度检查法（通则1105、通则1106、通则1107）检验，应符合规定。

实训十 口服溶液剂综合实训及考核

一、实训目的

掌握口服溶液剂的制备技能。

二、实训原理

溶解法制备口服溶液剂。

三、实训器材

1. 药品 碘、碘化钾、纯化水。

2. 器材 天平、玻璃塞瓶、玻璃棒、烧杯。

四、实训操作

（一）复方碘口服溶液的制备

【处方】碘 250g 碘化钾 500g 纯化水 加至5000ml

【制法】取纯化水适量（为碘化钾量的0.8~1倍量），将碘化钾置于容器内，搅拌使其全部溶解，再将碘加入搅拌溶解，加纯化水至全量，混匀即得。

【注释】①碘具有腐蚀性，称量时应用玻璃器皿或硫酸纸，不宜用称量纸，并不得接触皮肤与黏膜。②碘化钾起助溶剂和稳定剂作用，碘具有挥发性又难溶于水，碘化钾可与碘生成易溶性络合物而溶解。③在制备时，为使碘能迅速溶解，宜先将碘化钾加适量纯化水，配成近饱和溶液或浓溶液，然后加入碘溶解。④碘溶液具氧化性，应贮存于密闭玻璃塞瓶中，不得直接与木塞、橡胶塞及金属塞接触。

（二）薄荷水的制备

【处方】薄荷油 20ml 聚山梨酯80 12g 纯化水 加至1000ml

【制法】取薄荷油，加聚山梨酯80搅匀，加入纯化水充分搅拌溶解，用湿润的脱脂棉或滤纸滤过至滤液澄明，再由滤器上加适量纯化水至全量，混匀即得。

【注释】①薄荷油为无色或淡黄色澄明液体，味辛凉，极微溶于水。加入聚山梨酯80可增加薄荷油在水中的溶解度。②本品久贮易氧化变质，色泽加深，产生异臭，则不能供药用。

五、实训考核

具体考核项目如表 10 - 2 所示。

表 10 - 2　口服溶液剂的制备实训考核表

项目	考核要求	分值	得分
原辅料的称量	操作规范，称量准确	10	
溶解混匀	操作正确规范	10	
滤过	方法熟练，操作规范，结果合理	20	
加溶剂至全量	操作规范，判断准确	10	
包装	量取准确，包装严密规整	10	
记录和清场	记录清晰完整、器材归位、场地清洁	10	
质量检查	方法熟练，操作规范，结果合理	15	
实验报告	书写规范，讨论有针对性，完整	15	
合计		100	

目标检测

一、判断题

1. 口服液是采用适宜方法提取后制成以多剂量包装的内服液体制剂。(　　)
2. 防腐剂是口服溶液剂中常用的附加剂之一。(　　)
3. 口服溶液不得有酸败、异臭、产生气体或其他变质现象。(　　)
4. 表面活性剂中，阳离子型表面活性剂的毒性最大。(　　)
5. 表面活性剂都不能与蛋白质反应。(　　)
6. 所有的表面活性剂都有起昙现象。(　　)

二、单项选择题

1. 下列各物具有起昙现象的表面活性剂是（　　）

   A. 硫酸化物　　B. 磺酸化物　　C. 季铵盐类　　D. 吐温类

2. 适宜制备 O/W 型乳剂的表面活性剂的 HLB 值范围为（　　）

   A. 7 ~ 11　　B. 8 ~ 18　　C. 3 ~ 8　　D. 15 ~ 18

3. 表面活性剂中毒性最小的是（　　）表面活性剂

   A. 阴离子型　　B. 阳离子型　　C. 非离子型　　D. 两性离子型

4. 《中国药典》规定用纯化水制备注射用水的方法为（　　）

   A. 澄清滤过法　　B. 电渗析法　　C. 反渗透法　　D. 蒸馏法

5. 下列关于表面活性剂的 HLB 值的正确表述为（　　）

   A. 表面活性剂的亲水性越强，其 HLB 值越大

B. 表面活性剂的亲油性越强，其 HLB 值越大

C. 表面活性剂的 CMC 越大，其 HLB 值越小

D. 离子型表面活性剂的 HLB 值具有加和性

三、简答题

1. 表面活性剂主要应用于哪些方面？
2. 请简述表面活性剂的分类。
3. 表面活性剂的基本性质有哪些？
4. 请简述口服溶液剂的制备工艺流程。

（刘桂丽）

书网融合……

划重点

自测题

项目十一　制备混悬剂

PPT

学习目标

知识要求

1. **掌握**　混悬剂的制备方法。
2. **熟悉**　影响混悬剂稳定性的因素和混悬剂的稳定剂。
3. **了解**　混悬剂的概念、质量检查。

能力要求

1. 能根据药物性质选择制备方法。
2. 会混悬剂的制备操作。

岗位情景模拟

情景描述　小李是某混悬剂的生产操作人员，需要采用一定的措施来尽量改善该混悬剂分散不均匀、容易沉淀分层的状况。

讨论　1. 根据 Stokes 定律，混悬微粒的沉降速度主要与哪些参数分别成正比和反比？

2. 为延缓混悬微粒的沉降速度即增加混悬液的稳定性，可以采取哪些措施？

任务一　认识混悬剂

一、混悬剂的定义

请你想一想

同学们，既然混悬剂中的药物并不是均匀分散的，那为什么我们还要把药物制成混悬剂呢？我们在使用时，如何尽量使每次服药剂量保持一致呢？

混悬剂系指难溶性固体原料药物分散在液体介质中制成的非均相液体制剂（混悬液），也包括临用前分散在水中形成混悬液的干混悬剂或浓混悬液。混悬剂是常见的药物剂型之一，可以供内服，比如布洛芬混悬液，阿莫西林干混悬剂；也可以外用，比如炉甘石洗剂。

混悬剂中的药物是难溶性的，除此之外，一些非难溶性药物也可以根据临床需求制备成干混悬剂。混悬剂中药物微粒的直径一般在 0.5～10μm 之间，因此，混悬剂中的药物分散是不均一的，使用前应摇匀再使用。此外，还有内服的振荡合剂、外用的某些洗剂与搽剂等。

二、混悬剂的特点

混悬剂的特点：对局部创面有保护和覆盖作用；能延长药物作用时间。但混悬液中的分散相由于颗粒较大，受重力作用易沉降，影响了剂量的准确性。

一般情况下，凡是药物难溶或溶解度达不到治疗浓度；或味道不适、难于吞服的药物；以及为达到比较长效的目的或为了提高在水溶液中稳定性的药物，都可以考虑制成混悬剂。但从均匀性角度看，剂量小的药物和毒剧药不应制成混悬剂，以免服用剂量不准或超剂量出现中毒现象。

混悬液在药剂上应用较广，与许多给药途径和剂型有关，在口服、外用、注射、滴眼、气雾以及控释等剂型中均有应用。

任务二　了解混悬剂的稳定性

一、影响混悬剂稳定性的因素

混悬剂的稳定性主要与下列因素有关：①混悬微粒的沉降；②混悬微粒的荷电与水化；③混悬微粒的润湿；④药物的晶型转变；⑤分散相的浓度；⑥温度等。

1. 混悬微粒的沉降　混悬液放置后要沉降，其沉降速度一般可按斯托克斯（Stokes）定律计算。即

$$V=\frac{2r^2(d_1-d_2)g}{9\eta}$$

式中，V 为混悬微粒的沉降速度；r 为混悬微粒的半径；d_1 为混悬微粒的密度；d_2 为分散媒的密度；η 为分散媒的黏度；g 为重力加速度。

斯托克斯定律系表示混悬微粒在理想体系中沉降的速度，即在混悬微粒为均匀的球体，粒子间无电效应干扰，沉降时不发生湍流，也各不相干扰，且不受器壁影响等条件下的沉降速度。但大部分混悬液还不能完全符合上述条件，因而该定律仅供参考。

2. 混悬微粒的荷电与水化　混悬微粒表面因游离基团的存在，或因吸附介质中的离子而带电。因同电荷相斥，能阻止微粒合并。微粒表面的电荷与介质中相反离子之间构成双电层，产生 Zeta 电位。又因微粒表面带电，水分子在微粒周围定向形成水化膜，这种水化作用随双电层的厚薄而改变。微粒的电荷与水化，均能阻碍微粒合并，增加混悬液的稳定性。

加入电解质，能使双电层的扩散层变薄，Zeta 电位降低。若加入适量电解质致使混悬微粒开始絮凝，此时的 Zeta 电位叫临界 Zeta 电位。每种药物都有其一定的临界 Zeta 电位值，在此值范围内，混悬微粒呈絮状凝聚而不结块。因此，在制备混悬液时，可用加电解质调节 Zeta 电位的方法调节微粒絮凝程度，以制备分散好、沉降容积大、不结块、易倾倒的优良混悬液。

3. 混悬微粒的润湿 固体药物能否被润湿，与混悬液制备的难易、质量好坏及稳定性大小关系很大。混悬微粒若为亲水性药物，即能被水润湿，润湿的混悬微粒，可与水形成水化膜，阻碍微粒合并、凝聚与沉降。而疏水性药物如硫，不能被水润湿，故不能均匀地分散在水中，需加入润湿剂（表面活性剂）以降低固液间的界面张力，改善其润湿性，增加混悬液的稳定性。

4. 药物的晶型 某些药物如巴比妥、可的松、氯霉素等为多晶型药物，在混悬液中可因药物的晶型转变而结块，影响制品的质量。

5. 分散相的浓度 在同一分散体系中，分散相浓度过高或过低，混悬液均不稳定。

6. 温度 温度变化不仅能改变药物的溶解度和分解速度，还能改变微粒的沉降速度、絮凝速度、沉降容积，从而改变混悬液的稳定性。冷冻能破坏混悬液的网状结构，使稳定性降低。

二、混悬剂中常加的附加剂

为增加混悬剂的稳定性，可加入适当的稳定剂。常用的稳定剂有：助悬剂、润湿剂、絮凝剂与反絮凝剂。

1. 助悬剂 为保证混悬液的相对稳定，常加入一些亲水性物质作助悬剂，以增加分散媒的黏度，减小混悬微粒的沉降速度。助悬剂还能被吸收在微粒表面，形成保护膜，阻碍微粒合并和絮凝。个别的还有触变性，可维持微粒均匀分散。

常用的助悬剂有：①树胶类，如阿拉伯胶、西黄芪胶、桃胶、杏树胶等；②纤维素类，如甲基纤维素、羧甲基纤维素钠、羟乙基纤维素钠等；③黏液质及多糖类，如琼脂、海藻酸钠、白芨胶、淀粉浆等；④低分子类和皂土类，如甘油、糖浆、硅皂土等。

助悬剂用量，视药物的性质（如亲水性强弱）及助悬剂本身性质而定。例如：西黄芪胶常用浓度为0.4% ~1%、琼脂0.2% ~0.5%、羟乙基纤维素钠1% ~2%等。总之，疏水性强的药物多加，疏水性弱的药物少加，亲水性药物一般可不加或少加助悬剂。

2. 润湿剂 润湿剂能降低药物微粒与分散媒之间的界面张力，有助于疏水性药物的湿润与分散。常用的润湿剂为表面活性剂。如：洗剂、搽剂中常用肥皂类及月桂醇硫酸钠等作润湿剂。

此外，甘油、乙醇等，也有一定的润湿作用。

3. 絮凝剂与反絮凝剂 若加入电解质使混悬微粒 Zeta 电位降低，可使混悬液中微粒发生絮凝，起到这种作用的电解质称为絮凝剂。絮凝后形成疏松的沉降物不结块，一经振摇又可重新均匀分散。

当混悬液中含有大量固体微粒时，往往容易凝聚成稠厚的糊状物而不易倾倒，影响应用。当加入适量电解质使混悬微粒 Zeta 电位增加时，即可防止微粒絮凝，增加其流动性，使之便于倾倒，起到这种作用的电解质称为反絮凝剂。同一电解质可因用量不同，可以是絮凝剂，也可以是反絮凝剂。

常用作絮凝剂与反絮凝剂的电解质有：枸橼酸盐（酸式盐或正盐）、酒石酸盐（酸式盐或正盐）、磷酸盐及三氯化铝等。如炉甘石洗剂中可加入适量的酸式酒石酸盐或酸式枸橼酸盐作反絮凝剂，使洗剂便于倾倒。

任务三　熟悉制备混悬剂的技术

混悬剂的制法有两种，即分散法与凝聚法。

一、分散法

凡不溶性药物或虽能溶解但其用量超过溶解度的药物，制备混悬液时宜采用分散法。由于药物的亲水性不同，分散法又分为以下几种。

（1）不加助悬剂的分散法　亲水性药物如碳酸镁、氧化锌、碱式硝酸铋等，由于能被水润湿，故可用加液研磨法制备。

在加液研磨时由于药物能被水润湿，而且水能渗入颗粒间隙中饱和颗粒，使药物易于粉碎，从而得到较细的微粒，其大小可达到0.1～5μm，而干法研磨所得的粉末粒径只能达到5～50μm。加液研磨时，粉末与液体量应有适当比例。如果液体量过少，混合物就会过于黏稠；反之，液体量过多时，混合物则过于稀薄，均不能制得分散良好的混悬液。一般一份药物需加液体0.4～0.6份，但尚需根据药物的相对密度大小酌予加减。粉末中加液量以能研成糊状为适当。

若混悬液中同时含有易溶性药物，可用易溶性药物的溶液研磨。若混悬液中含有糖浆、甘油或其他黏稠液体时，应先用这些液体研磨。有些混悬液的分散媒不是水，而是动物油、植物油或矿物油（如鱼肝油、麻油、液状石蜡）等非水溶剂，其本身具有一定黏度，一般也可用加液研磨法调制。

（2）加助悬剂的分散法　疏水性药物如樟脑、薄荷脑、硫等，不易被水润湿，不加助悬剂不能制得较为稳定的混悬液。此外，有些亲水性药物虽能均匀分散，但大量制备时为了控制其沉降速度，保证服用剂量准确，也常常加入适当助悬剂。

加助悬剂的调制方法：将固体药物先与助悬剂混合，加少量液体仔细研磨，然后再逐渐加入余量液体。或先将助悬剂制成溶液，再分次逐渐加入到固体药物中研磨。如处方中含有樟脑，可先将其与乙醇一起研磨，并加入与其等重量的软皂，以降低其与水的界面张力，使之能被水润湿。含硫时可先将其与甘油（必要时也可用软皂）研磨，甘油能将硫润湿，并能促进其形成混悬液。

配制好的混悬液应及时灌装于灭菌的洁净容器中，原则上当天配制的药液，要当天分装完。一般是分装在有刻度的玻璃瓶中，然后加盖封口，质检，包装。密封避光保存。

二、凝聚法

凝聚法又分为物理凝聚法和化学凝聚法。

1. 物理凝聚法 通常是由于溶剂性质改变使已溶解的成分析出而形成混悬液，如酊剂、流浸膏剂、醑剂等与水混合时，由于乙醇的浓度改变，使原来醇溶性成分析出而形成混悬液。配制时一般将醇性药液呈细流状缓缓注入或滴加到水中，边加边搅拌，而不宜将水加至醇性药液中。当醇性药液加到较大量水中时，醇立即被大量水稀释，醇浓度迅速减小，可防止质点聚集成大颗粒。相反，如果把水加到醇性药液中，则醇的浓度改变较慢，析出的质点则较大。

微晶结晶法系将药物制成（热）饱和溶液，在不断搅拌下加到另一不同性质的冷溶媒中，使之快速结晶的方法。所得结晶的 80% ~90% 在 10μm 以下，故名微晶结晶法。如醋酸可的松滴眼液，即是微晶的混悬液。醋酸可的松微晶的制法：将醋酸可的松 1 份溶于三氯甲烷 5 份中，滤过，在不断搅拌下将醋酸可的松三氯甲烷溶液滴加至 10 ~15℃的汽油中，继续搅拌 30 分钟，滤取结晶，与 100 ~120℃真空干燥，即得。

2. 化学凝聚法 一般是将两种药物的稀溶液，在尽量低的温度下相互混合，使之发生化学反应生成细微的沉淀，这样制得的混悬液分散比较均匀。如果溶液浓度较高，混合时温度又较高则生成的颗粒较大，产品质量较差。为提高产品质量，此类情况要注意混合顺序。

任务四 了解混悬剂的质量控制和检查

一、混悬剂的质量控制

1. 溶出度与释放度测定 溶出度系指活性药物从片剂、胶囊剂或颗粒剂等普通制剂在规定条件下溶出的速率和程度。除另有规定外，干混悬剂的投样应在溶出介质表面分散进行。

2. 药品晶型质量控制 当固体药物存在多晶型现象，且不同晶型状态对药品的有效性、安全性或质量可产生影响时，应对药用晶型物质状态进行定性或定量控制。药品的药用晶型应选择优势晶型，并保持制剂中晶型状态为优势晶型，以保证药品的有效性、安全性与质量可控。

二、混悬剂的质量检查

1. 含量均匀度 按各混悬剂项下要求检查，应符合规定。

2. 装量 单剂量包装者，需检查装量应不得低于其标示量；多剂量包装者，按最低装量检查法（通则 0942）检查，应符合规定。凡规定检查含量均匀度者，一般不再进行装量检查。

3. 装量差异 单剂量包装的干混悬剂需检查此项，即取供试品 20 袋（支），分别精密称量内容物，计算平均装量，每袋（支）装量与平均装量相比较，装量差异限度应在平均装量的 ±10% 以内，超过装量差异限度的不得多于 2 袋（支），并不得有 1 袋

（支）超出限度1倍。

4. 干燥失重　干混悬剂照干燥失重测定法（通则0831）检查，减失重量不得过2.0%。

5. 沉降体积比　混悬剂需检查此项，要求沉降体积比应不低于0.90。

对沉降容积比的测定，可以用来比较混悬剂的稳定性，常应用于混悬剂的处方筛选，评价助悬剂、絮凝剂等对稳定性的效果。

你知道吗

《中国药典》2020年版规定口服混悬剂照下述方法检查，沉降体积比应不低于0.90。

检查法　除另有规定外，用具塞量筒量取供试品50ml，密塞，用力振摇1分钟，记下混悬物的开始高度 H_0，静置3小时，记下混悬物的最终高度 H，计算：沉降体积比为 H/H_0。

干混悬剂按各品种项下规定的比例加水振摇，应均匀分散，并照上法检查沉降体积比，应符合规定。

6. 微生物限度　除另有规定外，照非无菌产品微生物限度检查：微生物计数法（通则1105）和控制菌检查法（通则1106）及非无菌药品微生物限度标准（通则1107）检查，应符合规定。

三、实例分析

复方硫洗剂

【处方】沉降硫　5g　樟脑醑　5ml

西黄芪胶　1g　氢氧化钙溶液　加至100ml

【制法】将沉降硫、西黄芪胶与樟脑醑同置乳钵内研匀，逐加氢氧化钙溶液，混匀即得。

【作用与用途】外用治疗疥疮、痤疮等。

【用法】用肥皂洗净患部后，涂擦。用前摇匀。

【注释】①硫有升华硫、精制硫、沉降硫三种。以沉降硫颗粒为最细小，故以选用沉降硫为佳。②硫为强疏水性药物，不被水润湿，又因其颗粒表面吸附空气形成气膜，易悬浮于液面。调制时加液研磨能破坏气膜。樟脑醑中含有乙醇，能润湿硫，西黄芪胶为助悬剂，兼有润湿硫的作用。③本方中若加1%聚山梨酯80或适量5%苯扎溴铵溶液作润湿剂，其质量更佳。亦可用0.5%~1%羧甲基纤维素钠作助悬剂。

实训十一　混悬剂综合实训及考核

一、实训目的

掌握用分散法制备混悬剂的具体操作。

二、实训原理

物理凝聚法制备混悬剂。

三、实训器材

1. 药品及试剂 炉甘石、氧化锌、甘油、阿拉伯胶、三氯化铝、枸橼酸钠等。

2. 器材 天平、50ml 带塞沉降量筒、乳钵、量筒、烧杯、玻璃棒等。

四、实训操作

炉甘石洗剂的制备

【处方】见表 11－1。

表 11－1 炉甘石洗剂的处方

处方	炉甘石/g	氧化锌/g	甘油/ml	阿拉伯胶/g	三氯化铝/g	枸橼酸钠/g	纯化水加至/ml
1	4	4	5				50
2	4	4	5	0.2			50
3	4	4	5		0.2		50
4	4	4	5			0.2	50

【制法】

处方 1：称取炉甘石 4g、氧化锌 4g，置于乳钵中，加入甘油研成细糊状，逐渐加纯化水研磨至足量。

处方 2：称取炉甘石 4g、氧化锌 4g，置于乳钵中，加入甘油、阿拉伯胶浆研成细糊状，逐渐加纯化水研磨至足量。（阿拉伯胶在处方中作助悬剂）

处方 3：称取炉甘石 4g、氧化锌 4g，置于乳钵中，加入甘油、三氯化铝水溶液研成细糊状，逐渐加纯化水研磨至足量。（三氯化铝在处方中作絮凝剂）

处方 4：称取炉甘石 4g、氧化锌 4g，置于乳钵中，加入甘油、枸橼酸钠水溶液研成细糊状，逐渐加纯化水研磨至足量。（枸橼酸钠在处方中作反絮凝剂）

【稳定性试验】

1. 沉降容积比测定 将以上 4 个处方配成的炉甘石洗剂装入带塞量筒中，加塞后同时振摇，放置，先记录初始体积 V_0，再按照表 11－2 中所列时间分别记录沉降体积 V_u，计算沉降容积比 $F = V_u/V_0$。以时间 t 为横坐标，F 为纵坐标作图。

2. 重新分散试验 将以上洗剂放置 48 小时后，将量筒倒置翻转，记录沉降物完全分散所需次数（表 11－2）。

表 11－2　实验记录表

时间/min ＼ 处方 V_u/V_0	1	2	3	4
10				
20				
30				
40				
50				
60				
90				
120				
重分散振摇次数				

五、实训考核

具体考核项目如表 11－3 所示。

表 11－3　混悬剂制备实训考核表

项目	考核要求	分值	得分
原辅料的称量	操作规范，称量准确	15	
研磨	操作正确规范	30	
加至全量	操作规范，判断准确	15	
包装	量取准确，包装严密规整	10	
记录和清场	记录清晰完整，器材归位，场地清洁	10	
质量检查	方法熟练，操作规范，结果合理	10	
实验报告	书写规范，讨论有针对性，完整	10	
合计		100	

目标检测

一、判断题

1. 混悬剂的黏度越大，颗粒的沉降速度越快。(　　)
2. 絮凝剂和反絮凝剂都是电解质，只是因量不同而出现的作用不同。(　　)
3. 温度对混悬剂的稳定性没有影响。(　　)
4. 混悬剂的颗粒越大，沉降速度越慢。(　　)

二、单项选择题

1. 下列剂型中，既可内服又能外用的是（　　）
   A. 肠溶衣片　B. 颗粒剂　C. 胶囊剂　D. 混悬剂
   E. 糖浆剂
2. 根据 Stokes 定律，混悬微粒沉降速度与下列哪一个因素成正比（　　）
   A. 混悬微粒的半径　B. 混悬微粒的粒度
   C. 混悬微粒的半径的平方　D. 混悬微粒的粉碎度
   E. 混悬微粒的直径
3. 下列哪种物质不能作混悬剂的助悬剂（　　）
   A. 西黄蓍胶　B. 海藻酸钠　C. 硬脂酸钠　D. 羧甲基纤维素钠
   E. 硅皂土
4. 不宜制成混悬剂的药物是（　　）
   A. 毒药或剂量小的药物　B. 难溶性药物
   C. 需产生长效作用的药物　D. 为提高在水溶液中稳定性的药物
   E. 味道不适、难于吞服的口服药物
5. 不是混悬剂稳定剂的是（　　）
   A. 助悬剂　B. 润湿剂　C. 增溶剂　D. 絮凝剂
   E. 反絮凝剂
6. 除另有规定外，口服制剂标签上应注明“用前摇一摇”的是（　　）
   A. 溶液剂　B. 混悬剂　C. 乳剂　D. 糖浆剂
   E. 合剂

三、简答题

1. 混悬剂的质量评价方法有哪些？
2. 混悬剂的制备方法有哪些？

（刘桂丽）

书网融合……

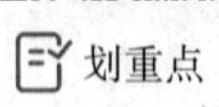

自测题

项目十二 制备乳剂

PPT

学习目标

知识要求

1. **掌握** 常用的乳化剂、乳剂形成的主要条件。
2. **熟悉** 影响乳剂稳定性的因素；乳剂不稳定现象的表现；乳剂的类型。
3. **了解** 乳剂的定义；乳剂的质量评价。

能力要求

会制备乳剂。

岗位情景模拟

鱼肝油乳剂

【处方】鱼肝油	500ml	糖精钠	0.1g	阿拉伯胶	125g
三氯甲烷	2ml	西黄耆胶	7g	蒸馏水	适量
挥发杏仁油	1ml	共制成	1000ml		

【制法】取鱼肝油与阿拉伯胶粉置于干燥乳钵内，研匀后一次加入蒸馏水250ml，强力研磨制稠厚初乳，加入糖精钠水溶液（糖精钠加少量蒸馏水溶解）、挥发杏仁油及三氯甲烷，然后缓缓加入西黄耆胶浆（西黄耆胶加入10ml的乙醇中摇匀后，一次加入蒸馏水200ml强力振摇制得）。最后加入适量蒸馏水研和制成1000ml乳剂。

本品主要用于治疗维生素A和D缺乏症。

讨论 乳剂是如何形成的呢？

任务一 认识乳剂

一、乳剂的定义

乳剂系指由两种互不相溶的液体，一相液体以小液滴的形式分散在另一相液体中形成的液体药物制剂。小液滴相为分散相、内相、不连续相，另一相为分散媒、外相、连续相。分散相液滴的直径一般为0.1～50μm。

二、乳剂的特点

药剂中属乳剂型的制剂很多，可供内服、外用、注射等，其应用上的特点有以下几点。

1. 油类药物与水不能混溶，但制成乳剂后能保证分剂量准确，方便使用。
2. 分散相（液滴）分散很细，能使药物较快地被吸收而发挥药效。

3. 水为分散媒的乳剂能遮盖油性药物的不良臭味，还可加芳香矫味剂使之易于服用。

4. 能改善药物对皮肤、黏膜的渗透性，促进药物的吸收。

你知道吗

静脉乳剂通常是植物油（或其他油溶性药物）均匀地分散在水相中制成的水包油型的乳剂（O/W 型），或者制成复合型乳剂（W/O/W 型）。静脉乳剂近年来在临床上作为一种新剂型应用日趋广泛，除了提供高能营养，供给手术患者脂肪性营养物质的补充外，还可以作为许多油性或脂溶性中药的载体，获得高分散性和高生物利用度的药物剂型。如五味子静脉乳剂等。

三、乳剂的分类

乳剂中两种或两种以上不相混溶或部分混溶液体，由于第三种成分的存在，使其中一种液体以细小液滴相对稳定地分散在另一液体中，这一过程称乳化。具有乳化作用的物质称为乳化剂。

请你想一想

生活中常见的乳剂有哪些？

不相混溶的两相通常称为油相和水相。当油相分散在水相中时则形成水包油型乳剂（简写为油/水型或 O/W 型）；当水相分散在油相中时形成油包水型乳剂（简写水/油型或 W/O 型）；也有将一种液体（油或水）以微小的液滴分散在一种乳剂（W/O 型或 O/W 型）的内相中，形成 O/W/O 或 W/O/W 型乳剂，这种乳剂称为复合型乳剂（简称复乳）。

四、乳剂类型的鉴别方法

乳剂的类型可以通过一定的方法来鉴别，常用的方法有以下三种。

1. 稀释法 根据乳剂的外相可以与外相溶液相混溶的道理，用水稀释时 W/O 型乳剂会分层，而 O/W 型乳剂不会分层。可取少量乳剂，加水适量稀释，摇后静置，若检品内相均匀分散，则为水包油乳剂，反之聚集不散者为油包水型乳剂。此法不适用于含大量黏液质的 O/W 型乳剂的鉴别。

2. 染色法 添加溶解性能不同的染料，能够使外相被染色，从而鉴别乳剂的类型。如将油性染料（苏丹 - Ⅲ酚）撒于乳剂液面上，其能分散于乳剂中，使乳剂染成红色的为 W/O 型乳剂，反之只是漂浮在表面不能分散的为 O/W 型乳剂。同理，用水溶性染料（亚甲蓝、甲基橙等）可使 O/W 型乳剂染色，而不能使 W/O 型乳剂染色。此法可用于黏稠性乳剂的鉴别。

3. 导电法 以水为外相的 O/W 型乳剂能导电，以油为外相的 W/O 型乳剂则绝缘，利用这一特性也能鉴别乳剂的类型。此法也适用于乳剂型软膏类的鉴别。

任务二　了解乳剂的稳定性

请你想一想

同学们，水相和油相混合会产生分层现象，那么乳剂是如何解决分层现象的呢？乳剂是稳定均匀的制剂吗？如果不稳定，那又会产生什么样不稳定的现象呢？我们在制剂生产时又如何解决呢？

一、乳化剂

乳化剂种类很多，优良的乳化剂应具备以下几个条件：①乳化力强（可乳化多种药物，制得的乳剂分散度大）；②稳定（对处方中所含的酸、碱、盐等电解质药物稳定；对温度稳定，既能耐热又能耐寒；不受微生物分解、破坏；分散相浓度大时不转型）；③对人体无害而且来源广、价廉。

按来源不同，乳化剂分为天然乳化剂与合成乳化剂两大类。

1. 天然乳化剂　天然乳化剂组成复杂，多为高分子有机化合物，多属于油/水型乳化剂。此类乳化剂乳化作用较弱，但亲水性很强，在水中黏度较大。除阿拉伯胶、杏树胶、皂苷等外，一般均作为增稠剂，起辅助乳化剂作用。天然乳化剂易被微生物污染变质，故应新鲜配制或添加适当的防腐剂。

（1）来源于植物的天然乳化剂，有阿拉伯胶、西黄芪胶等。

（2）来源于动物的天然乳化剂，有卵磷脂、明胶等。

2. 合成乳化剂　合成乳化剂主要有：属于阴离子型表面活性剂的乳化剂（如肥皂类等）和属于非离子型表面活性剂的乳化剂（如聚山梨酯类等）。合成乳化剂作用强，是最常用乳化剂。

3. 乳化剂的选用原则

（1）根据乳剂的类型选择　乳剂类型与表面活性剂 HLB 值关系：一般将 HLB 值为 3～8 的乳化剂称为 W/O 型乳化剂，而将 8～18 者称为 O/W 型乳化剂。

（2）根据给药途径选择　口服乳剂常选用天然乳化剂如多糖类、蛋白质等。外用乳剂常选用阴离子型或非离子型表面活性剂。注射用乳剂：①肌内注射常用磷脂、泊洛沙姆、聚山梨酯类；②静脉注射可选用磷脂、泊洛沙姆。

（3）根据乳化剂的性能选择　选择乳化性能好、性质稳定、毒性小的乳化剂。

（4）使用混合乳化剂　①多为非离子型表面活性剂混合；②可产生稳定的复合凝聚膜；③能增加介质黏度。

二、乳剂的稳定性

1. 影响乳剂稳定性的主要因素　乳剂属于粗分散体系，其分散相有趋于合并而使体系不稳定的性质。影响乳剂稳定性的因素有：①乳化剂种类（对两相界面张力降低的程度及在界面上形成吸附膜的坚韧程度）；②内外相的相对密度差；③分散相的浓度及其液滴的大小；④分散媒的黏度；⑤温度；⑥外加物质的影响，如电解质、反型乳化剂、pH、脱水剂等。此外，离心力、微生物污染等也能影响乳剂的稳定性。

2. 乳剂的不稳定现象

（1）乳析　又称分层现象，即乳剂在贮存过程中，其分散相互相凝结的现象。此时乳剂尚未完全破坏，振摇后还可以恢复成乳剂状态。其主要是由于分散相与分散媒的相对密度相差较大造成的。

（2）破裂　亦称分裂作用，即分散相经乳析后又逐渐合并与分散媒分离成为明显的两层，而破坏了原来油与水的乳化状态。乳剂一经破裂，则虽经振摇亦不能恢复。

通常乳剂破裂的原因有：①温度过高可引起乳化剂水解、凝聚、黏度下降以促进分层；过冷可引起乳化剂失去水化作用，使乳剂破坏。②加入相反类型的乳化剂。③添加油水两相都能溶解的溶剂（如丙酮）。④添加电解质。⑤离心力的作用。⑥微生物的增殖、油的酸败等。

（3）转相　系指乳剂由一种类型转变为另一种类型的现象。其主要原因有：①乳化剂 HLB 值发生变化，如加入反型乳化剂或原使用的混合乳化剂其混合比例发生改变，均能使 HLB 值发生变化而使乳剂转相；②分散相浓度（或称相体积比）不当。据经验证明，分散相浓度为 50% 左右时，乳剂最稳定，25% 以下和 74% 以上稳定性均差。

（4）酸败　系指受光、热、空气、微生物等影响，使乳剂组成成分发生水解、氧化，引起乳剂酸败、发霉、变质的现象。可通过添加适当的稳定剂（如抗氧化剂）、防腐剂等，以及采用适宜的包装及贮存方法，即能防止乳剂的酸败。

任务三　熟悉制备乳剂的技术

一、乳剂的制备方法

根据油水两相混合次序与乳化剂种类的不同，通常分为下列几种。

1. 干胶法　即水相加到含乳化剂的油相中。先将胶粉与油混合均匀，加入一定量水研磨制成初乳，再逐渐加水稀释至全量。

在初乳中，油、水、胶有一定的比例，如植物油类，比例为 4∶2∶1；若是挥发油，比例为 2∶2∶1；若是液状石蜡，比例为 3∶2∶1。所用胶粉通常是阿拉伯胶或阿拉伯胶与西黄芪胶的混合胶，若改用其他胶粉作乳化剂时，则比例应重新摸索。

制初乳时，添加水量不足或加水过慢，极易形成 W/O 型初乳，而且在其后的制备中很难转变为 O/W 型乳剂且极易破裂，一般胶油混合液加水后研磨不到 1 分钟就能形成良好的初乳，这时在研磨过程中能听到在黏稠液中油相被撕裂成小油滴而乳化的劈裂声。为完成乳化剂的乳化和稳定，初乳应研磨 1 分钟以上。

2. 湿胶法　即油相加到含乳化剂的水相中。先将乳化剂胶粉溶于水相中，形成胶体水溶液，再逐渐加油研磨成初乳，最后加水至全量。此法由于水过量，有利于形成

O/W 型乳剂。

3. 油水混合法　即将油相和水相混合后加至乳化剂中，迅速研磨形成初乳，再加水稀释，如阿拉伯胶作乳化剂，以油、水、胶按 4∶3∶1 的比例可用此法。

4. 新生皂法　当油相为植物油时，因含有少量游离脂肪酸（也可将脂肪酸溶于不含游离脂肪酸的油相中），与适量的碱如氢氧化钠或氢氧化钙的水溶液加热后混合搅拌，发生皂化反应生成肥皂（脂肪酸的钠盐或钙盐），以肥皂作乳化剂，能制得 O/W 或 W/O 型乳剂。新生皂法所制得的乳剂要比用肥皂直接乳化的制品品质优良，如石灰搽剂是由新生钙皂乳化而制成的 W/O 型乳剂；复方苯氧乙醇乳是由硬脂酸与三乙醇胺皂化生成有机胺皂再乳化制成的 O/W 型乳剂。

用新生皂法制备的乳剂，其类型由新生皂的性质决定。

5. 直接匀化法　应用表面活性剂（除肥皂）作乳化剂时，由于表面活性剂乳化力较强，可将油相、水相、乳化剂加在一起直接振摇或用匀化器械乳化制备。

乳剂制备时，除油、水、乳化剂外，还需加入其他药物时，通常做法是：①水溶性药物，先制成水溶液，在初乳制成后加入；②油溶性药物，先溶于油，乳化时尚需适当补充乳化剂用量；③在油、水中均不溶解的药物，研成细粉后加入；④大量生产时，药物能溶于油的先溶于油，可溶于水的先溶于水，然后将油、水两相混合进行乳化。

二、乳化的器械

常用的乳化器械有：乳钵、高速搅拌器、胶体磨、乳匀机、超声波发生器等。

三、影响乳化的因素

1. 乳化剂的种类与用量　乳化剂用量愈多，乳剂愈易形成而且稳定。但用量过多，往往使乳剂过于黏稠而不易倾倒。

乳化作用包括两个过程，即分散过程和稳定过程。分散过程是借助机械力，把分散相分切成小液滴而均匀地分布于分散媒中。稳定过程是使乳化剂在被分散了的液滴（或球粒）周围形成稳定的薄膜，防止分散相液滴合并而使乳剂稳定。在分散操作时，油、水两相的界面张力愈小，则乳化愈容易。因此选用能显著降低界面张力的乳化剂，只用很小的功，就能制成乳剂。

2. 黏度与温度　乳剂的黏度愈大愈稳定，但其所做的乳化功亦大。黏度与界面张力均随温度的升高而降低，所以提高操作时温度易于乳化。实验证明，最适宜的乳化温度为 70℃左右。

3. 乳化时间　制备乳剂时，完成乳化所需要的时间，由下列具体情况来决定：①乳化剂的乳化力愈强，乳剂形成的愈快；②所需制备的乳剂量愈大，时间愈长；③制备的乳剂越均匀，分散度越高，则所需乳化的时间就越长；④乳化时所用的器械效率越高，则所需的时间就越短。

4. 其他 制备乳剂所用的方法、器械，也能影响成品的分散度、均匀性与稳定性。

你知道吗

乳剂形成理论

乳剂形成的理论，至今已提出了很多学说，各有其片面性，均不能普遍概括乳剂形成的机制。不过这些学说间也有一定联系，结合起来对学习和了解乳剂形成的理论有很大的帮助。

乳剂形成的理论可做如下解释：乳化剂是既有亲水性又有亲油性的两亲物质，但其亲水性与亲油性强弱不同。当乳化剂与油、水混合时，乳化剂被吸附在油－水界面上。乳化剂分子定向排列起来，亲水基团转向水层，亲油基团转向油层，形成了吸附薄膜。在薄膜两侧的界面张力，由于乳化剂分子两端的亲和性不同而有不同的影响。如果乳化剂具有较大的亲水性时，可强烈地降低水的界面张力，而对油的界面张力降低不多，此时油呈球形，因而得到水包油型乳剂。反之，如果乳化剂有较大的亲油性时，可强烈地降低油的界面张力，而对水的界面张力降低的不多，此时水呈球形，因而得到油包水型的乳剂。

任务四　了解乳剂的质量控制和检查

一、乳剂的质量控制

1. 含量测定 常用高效液相色谱法、气相色谱法等。

2. 分层现象 以半径为10cm的离心机每分钟4000转的转速，离心15分钟，不应有分层现象。乳剂可能会出现相分离的现象，但经振摇应易再分散。

二、乳剂的质量检查

1. 外观 应色泽均匀，不得有发霉、酸败、变色、异物、产生气体或其他变质现象。

2. 装量 单剂量包装者，需检查装量应不得低于其标示量；多剂量包装者，按最低装量检查法（通则0942）检查，应符合规定。

3. 微生物限度 除另有规定外，照非无菌产品微生物限度检查：微生物计数法（通则1105）和控制菌检查法（通则1106）及非无菌药品微生物限度标准（通则1107）检查，应符合规定。

实训十二　乳剂综合实训及考核

一、实训目的

掌握乳剂制备的基本操作；掌握乳剂的鉴别方法。

二、实训原理

实验室、实训车间。

三、实训器材

1. 药品及试剂　液状石蜡、阿拉伯胶、氢氧化钙溶液、花生油、纯化水、苏丹红、亚甲蓝等。

2. 器材　天平、乳钵、烧杯、载玻片、显微镜、具塞试管、滴管，量筒、试管等。

四、实训操作

（一）液状石蜡乳的制备

【处方】液状石蜡　6ml　阿拉伯胶　2g　纯化水　14ml

【制法】

1. 干胶法　取阿拉伯胶粉2g与液状石蜡6ml置于乳钵中研匀，一次性加入纯化水4ml，迅速按同一方向研磨至发出劈裂声，制得初乳，再加入纯化水10ml研匀，即得。

2. 湿胶法　取纯化水4ml与阿拉伯胶2g置于乳钵中，研成胶浆，再分次加入6ml液状石蜡，边加边研磨，直至得到稠厚初乳，再加入纯化水10ml研匀，即得。

【注释】①制备初乳时，油、胶、水按一定比例配制。油为液状石蜡时，按油：胶：水=3：1：2的比例制备初乳；油为植物油时，按油：胶：水=4：1：2的比例制备初乳。②量取水的容器不得有油，量取油的容器不得有水。用干胶法制备时，乳钵中不得有水。③乳钵应选内壁较粗糙者，杵棒的杵端与乳钵底（指内径）的直径比以1：3为宜。

（二）石灰搽剂的制备

【处方】氢氧化钙溶液　5ml　花生油　5ml

【制法】将氢氧化钙溶液和花生油分别量取放在锥形瓶中混合，用力振摇，即得。

【思考】石灰搽剂中的乳化剂是什么？

（三）乳剂类型的鉴别

1. 液状石蜡乳用水溶性亚甲蓝染色，显微镜下观察，判断乳剂类型。

2. 石灰搽剂用油溶性苏丹红染色，显微镜下观察，判断乳剂类型。

（四）用显微镜观察乳剂液滴大小及均匀度

在染色法鉴别基础上，观察并比较干胶法与湿胶法制得的液状石蜡乳，其液滴的大小与均匀度。

五、实训考核

具体考核项目如表 12 – 1 所示。

表 12 – 1　乳剂的实训考核表

项目	考核要求	分值	得分
原辅料的称量	操作规范，称量准确	10	
研磨	操作正确规范	10	
乳化过程	方法熟练，操作规范，结果合理	20	
乳剂质量	符合质量要求	10	
包装	量取准确，包装严密规整	10	
记录和清场	记录清晰完整，器材归位，场地清洁	10	
质量检查	方法熟练，操作规范，结果合理	15	
实验报告	书写规范，讨论有针对性，完整	15	
合计		100	

目标检测

一、判断题

1. 分散相浓度为50%左右时，乳剂最稳定。（　　）
2. 油溶性药物，先溶于油，乳化时不需要考虑补充乳化剂用量。（　　）
3. 温度也是影响乳剂稳定的因素。（　　）

二、单项选择题

1. 静脉注射用乳剂的乳化剂是（　　）
   A. 聚山梨酯 80　　B. 聚乙二醇
   C. 十二烷基硫酸钠　　D. 司盘 80
   E. 磷脂
2. 关于乳剂的制备方法，不正确的是（　　）
   A. 干胶法　　B. 湿胶法
   C. 相转移法　　D. 直接匀化法
   E. 新生皂法
3. 适宜制备 O/W 型乳剂的表面活性剂的 HLB 值范围为（　　）
   A. 7～11　　B. 8～18　　C. 3～8　　D. 15～18

E. 13～16

4. 下列哪种表面活性剂可用于静脉注射用乳剂（ ）

A. 司盘类 B. 吐温类 C. 硫酸化物 D. 泊洛沙姆188

E. 季铵盐类

5. 以下哪个现象是乳剂内相与外相的密度差所致（ ）

A. 分层 B. 絮凝 C. 转相 D. 破乳

E. 酸败

三、简答题

1. 乳剂的质量评价有哪些方面？
2. 乳剂的制备方法有哪些？
3. 影响乳剂稳定性的因素有哪些？

（刘桂丽）

书网融合……

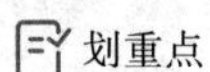

自测题

PPT

项目十三　制备糖浆剂

学习目标

知识要求

1. **掌握**　糖浆剂的制备工艺。
2. **熟悉**　糖浆剂的概念和特点。
3. **了解**　糖浆剂的质量检查。

能力要求

学会糖浆剂制备的操作技术。

岗位情景模拟

情景描述　患者，女，34岁，到药店买药，自述恶寒、咳嗽咽痛，店员推荐了急支糖浆。急支糖浆的主要功效是清热化痰，宣肺止咳，用于外感风热所致的咳嗽。

讨论　1. 糖浆剂有什么优点？

2. 是否添加了蔗糖的液体制剂都可称为糖浆剂？

任务一　认识糖浆剂

一、糖浆剂的定义

糖浆剂系指含有原料药物的浓蔗糖水溶液，供口服。如乳酸亚铁糖浆、川贝清肺糖浆、急支糖浆、小儿止咳糖浆等（图13－1）。

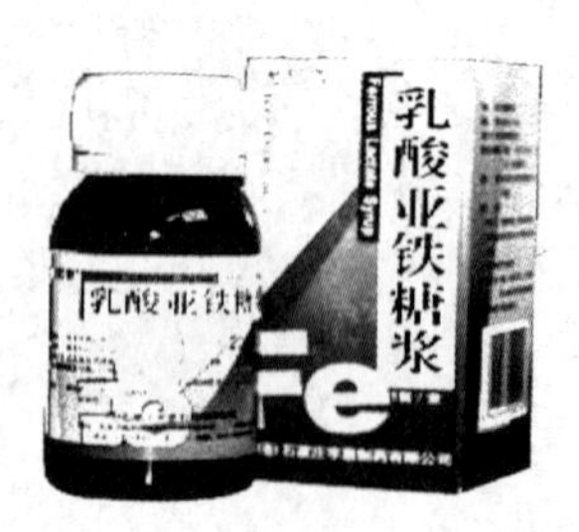

图13－1　糖浆剂

二、糖浆剂的分类

糖浆剂一般可分为单糖浆、药用糖浆、芳香糖浆。

单糖浆：为蔗糖的近饱和水溶液，其浓度为85%（g/ml）或64.7%（g/g）。不含任何药物，除可供制备药用糖浆的原料外，还可作为矫味剂和助悬剂。

药用糖浆：为含药物或饮片提取物的浓蔗糖水溶液。具有一定的治疗作用。其含糖量一般为45%以上。

芳香糖浆：为含芳香性物质或果汁的浓蔗糖水溶液。主要用作液体药剂的矫味剂。

三、糖浆剂的特点

1. 掩盖某些药物的不良臭味，易于服用，尤其适于儿科用药。

2. 糖浆剂中少部分蔗糖可转化为葡萄糖和果糖，具有还原性，能防止糖浆剂中药物的氧化变质。

3. 含蔗糖浓度高的糖浆剂，由于渗透压大，微生物不易生长繁殖。但低浓度糖浆剂易被微生物污染而变质，故应添加防腐剂。

你知道吗

糖浆剂有“三怕”

1. “怕微生物污染”。因糖浆剂含糖，容易滋生微生物。此类药物不宜采取嘴对瓶口直饮的方式服药，这样会把口中微生物带入瓶中，每次开瓶倒出一定液体后应妥善清理干净瓶盖及瓶口。

2. “怕久”。开启后的糖浆不宜存放太久，在瓶盖及瓶口清理干净、不被污染的情况下，可在常温环境中（25℃以下）保存1～3个月。一般冬天不超过3个月，夏天则不超过1个月。

3. “怕冷”。糖浆类药物不适合冷藏保存，这是由于这类药物含蔗糖量通常不低于45%，储藏温度过低会让糖浆中的糖分析出结晶。过低的温度还有可能导致药物从溶液中析出，影响药品的稳定性和均衡性。通常情况下，开瓶后常温贮存最佳。

任务二　了解糖浆剂的附加剂

糖浆剂的主要辅料是蔗糖，为了改善糖浆剂的色泽和气味、增加糖浆剂的稳定性，通常还会加入矫味剂、矫嗅剂、着色剂和防腐剂等附加剂。糖浆剂使用的附加剂，其品种和用量均应符合国家标准的规定，且不应影响成品的稳定性，并应避免对检验产生干扰。

一、蔗糖

蔗糖是糖浆剂的重要辅料，主要作为矫味剂用，能掩盖某些药物的苦、咸等不适合味道，改善口感，利于服用。同时蔗糖也是一种营养物质，微生物在其水溶液中极易生长繁殖；纯度低的蔗糖不仅有异色、异臭，而且含有蛋白质、黏液质等高分子杂质。蔗糖质量的优劣，对糖浆剂的质量影响很大。用纯度低的蔗糖制备的糖浆，若处理不善，容易使微生物繁殖，引起糖浆的分解变质、发酵、变色，甚至引起药物的变质。因此，制备糖浆的蔗糖应为精制的无色或白色干燥结晶性松散粉末，并符合《中国药典》规定的质量标准。

二、防腐剂

糖浆剂中含有大量的蔗糖，因此容易被微生物污染而长霉、酸败，尤其是微生物在发酵过程中产生的CO_2气体有可能使包装瓶爆裂，造成事故。因此在生产过程中要特别注意原材料、用具、容器和车间的清洁卫生；严格遵守操作规程，尽可能缩短生产周期；在避菌环境中配制，及时灌装于灭菌的洁净容器中；必要时，应选用合适的防腐剂，以保证制品的质量。

优良的防腐剂应满足以下条件：①在抑菌浓度范围内对人体无毒、无刺激性；②用于内服无臭味；③在水中的溶解度能达到防腐所需浓度；④性质稳定，不与药物、附加剂及包装材料发生配伍变化。

大多数防腐剂具有一定的毒性，还有异臭，选用时应慎重。使用浓度要适当，如果防腐浓度不够，不能有效杀灭微生物，使制剂发霉变质；如浓度过大，其毒性和刺激性也随之增加，易对机体产生毒副作用。

除另有规定外，山梨酸和苯甲酸的用量不得过0.3%（其钾盐、钠盐的用量分别按酸计），羟苯酯类的用量不得过0.05%。

三、矫嗅剂与着色剂

1. 矫嗅剂 用来掩盖药物异臭或改变制剂嗅味的物质叫矫嗅剂。分为天然芳香剂和人工合成香精。天然芳香剂是从天然植物中提出的挥发油或芳香水，如薄荷油、桂皮油、茴香油、薄荷水、桂皮水等；人工合成香精常用的有香蕉香精、菠萝香精、橘子香精、柠檬香精等。

2. 着色剂 应用着色剂可改变制剂的颜色，使其外观悦目，使用时容易鉴别。尤其当选用的颜色与所加矫味剂配合协调，更容易被患者所接受，如薄荷味用绿色，橘子味用橙黄色。着色剂分为天然色素和合成色素两大类。

（1）天然色素 主要有焦糖、叶绿素等无毒天然植物色素和氧化铁、氧化锌等矿物色素。

（2）合成色素 用于制剂中的合成色素，必须可食用、无毒、对人体无害，对温度、pH有较好的耐热性和适应性。目前我国允许使用的合成食用色素有苋菜红、胭脂红、柠檬黄、靛蓝等。外用色素有伊红、品红、亚甲蓝（美蓝）、苏丹红等。

你知道吗

"苏丹红"事件

2005 年 3 月，上海市相关部门在对某餐厅进行抽检时，发现其部分产品的调料中含有微量苏丹红（1 号）成分。苏丹红一号是一种人造化学制剂，亲脂性偶氮类化合物，常用于工业方面，比如机油、蜡和鞋油等产品的染色。经毒理学研究表明，苏丹红一号具有一定的毒性，在人类肝细胞研究中也显现出可能致癌的特性。我国早在 1996 年，出台《食品添加剂使用卫生标准》中就规定，禁止将"苏丹红一号"作为食品添加剂用于食品生产。

任务三　掌握制备糖浆剂的技术

岗位情景模拟

情景描述　以下是川贝枇杷糖浆的处方和制法。

【处方】川贝母流浸膏　45ml　　桔梗　45g　　枇杷叶　300g　　薄荷脑　0.34g

【制法】以上四味，川贝母流浸膏系取川贝母 45g，粉碎成粗粉，用渗漉法，以 70% 乙醇作溶剂，浸渍 5 天后，缓缓渗漉，收集初漉液 38ml，另器保存，继续渗漉，俟可溶性成分完全漉出，续漉液浓缩至适量，与初漉液混合，继续浓缩至 45ml，滤过。桔梗和枇杷叶加水煎煮二次，第一次 2.5 小时，第二次 2 小时，合并煎液，滤过，滤液浓缩至适量，加入蔗糖 400g 及防腐剂适量，煮沸使溶解，滤过，滤液与川贝母流浸膏混合，放冷，加入薄荷脑和适量杏仁香精的乙醇溶液，加水至 1000ml，搅匀，即得。

讨论　1. 川贝枇杷糖浆是什么类型的糖浆剂？

2. 该糖浆剂配液用的是哪种方法？

一、糖浆剂的生产工艺流程

糖浆剂的生产工艺流程如图 13－2 所示。

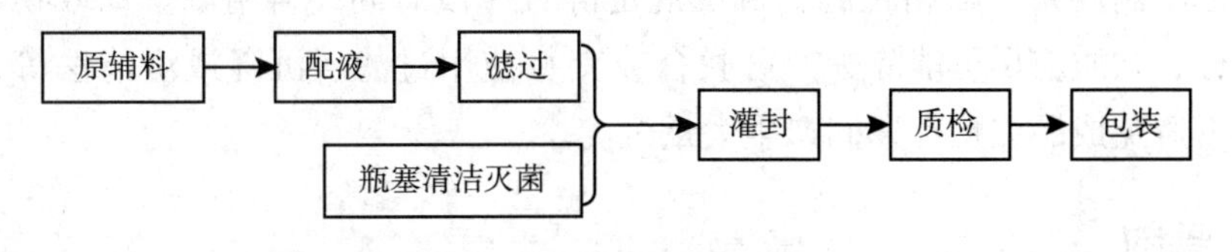

图 13－2　糖浆剂的生产工艺流程图

二、配液

糖浆剂的药液中加入蔗糖的方式有溶解法和混合法两种，在制备过程中应根据各品种项下制法的内容选择使用。

1. 溶解法 根据溶解时是否加热，溶解法又分为热溶法和冷溶法。

热溶法是将蔗糖加入到煮沸的纯化水或药液中，加热溶解，再加入其他可溶性药物并搅拌溶解后，趁热滤过，自滤器上加纯化水至规定量即得。

热溶法适用于药物对热稳定的糖浆剂的制备，其优点是蔗糖加热易溶解，制得的糖浆剂易于滤清，因蔗糖中所含的蛋白质被加热凝固而滤除；加热亦能杀灭微生物，使糖浆易于保存。但在加热时应避免蔗糖转化，转化糖含量过多时，易发酵变质，以及因焦化而使糖浆色泽变深。因此，要注意掌握加热时间和温度，最好在水浴或蒸汽浴上进行。溶解后应趁热保温滤过。

冷溶法是在室温下将蔗糖完全溶解于纯化水或含药物的溶液中，再滤过而得。其优点是可制得色泽较浅或无色的糖浆，转化糖较少；缺点是蔗糖溶解较慢，卫生条件要求严，易染菌。适用于制备主要成分不宜加热的糖浆剂。

2. 混合法 系将药物直接与单糖浆混合而成。此法操作简便，质量稳定，应用广泛。

（1）一般水溶性固体药物或药材提取物，可先用少量煮沸过的纯化水制成浓溶液，水中溶解度较小的药物可酌加少量其他适量的溶剂使之溶解，然后加入单糖浆中，搅匀。

（2）液体药物可直接加入单糖浆中搅匀。

（3）药物如为含醇制剂，当与单糖浆混合时往往发生浑浊，可加适量的甘油等助溶或加滑石粉助滤，至滤清为止。

> **请你想一想**
>
> 对热不稳定的药物适宜用哪种方法制备成糖浆剂？

（4）药物如为水浸出制剂，因含蛋白质易发酵变质，因此应先加热至沸，使蛋白凝固滤去，滤液加入单糖浆中。

（5）药物为中草药者，须先浸出、精制、浓缩至适量，加入单糖浆搅匀。

三、滤过

糖浆液配制后先用筛网粗滤，再按规定静置一段时间，再精滤。提取物和糖浆中的无效成分、杂质应尽可能除去。可联合或交替使用过滤、沉降或澄清法等，尽量除去沉淀物，避免成品在贮存期间产生大量沉淀。

四、灌封

配制好的糖浆液，应及时灌装于灭菌的洁净容器中。原则上当天配制的药液，要当天分装完。一般是分装在有刻度的玻璃瓶中，定量分装后加塞封口，经检验合格后包装。密封、遮光，在不超过30℃下保存。

任务四　了解糖浆剂的质量控制和检查

一、糖浆剂的质量控制

1. 糖浆剂处方中的药物、蔗糖及其他附加剂应经检验，符合各品种项下的质量标准方可使用。尤其是糖浆剂中含糖量高，蔗糖的质量对糖浆剂的质量产生直接的影响，因此一定要严格检查。

2. 糖浆剂的含糖量不得低于45%（g/ml），因此应严格按照操作规程的规定，准确称量蔗糖进行配制。

3. 糖浆剂采用热溶法配制时应注意加热时间与温度。

4. 由于糖浆剂易被微生物污染，因此在生产过程中，应从原辅料、包装材料、制药用具设备、生产环境、操作者等各方面严格加以控制，减少微生物污染的概率。

5. 糖浆剂在贮存期间容易出现沉淀现象，尤其是中药糖浆剂。因此在生产过程中应针对不同的情况，对沉淀做相应的处理，不能一概滤除。如果是高分子杂质，可以对药液采用热处理冷藏法，加速杂质的絮凝，再滤过除去；也可以加适量的澄清剂搅拌混合，必要时加热，再利用澄清剂吸附除去杂质。澄清剂可以使用蛋白粉、活性炭、精制滑石粉、硅藻土等。如果是有效成分产生的沉淀，可以适当添加增溶剂增加药物的溶解度，也可以适当调节pH促使其溶解。

6. 糖浆剂配制好后应及时分装，密封，避光置干燥处贮存。

请你想一想

贮存糖浆剂时需要注意什么？

二、糖浆剂的质量检查

1. 外观性状　除另有规定外，糖浆剂应澄清。在贮藏期间不得有发霉、酸败、产生气体或其他变质现象，允许有少量摇之易散的沉淀。

2. 装量　单剂量灌装的糖浆剂，应按下述方法检查装量并符合规定。

检查法　取供试品5支，将内容物分别倒入经标化的量入式量筒内，尽量倾净。在室温下检视，每支装量与标示装量相比较，少于标示装量的不得多于1支，并不得少于标示装量的95%。

多剂量灌装的糖浆剂，照最低装量检查法（通则0942）检查，应符合规定。

3. 微生物限度　除另有规定外，照非无菌产品微生物限度检查：微生物计数法（通则1105）和控制菌检查法（通则1106）及非无菌药品微生物限度标准（通则1107）检查，应符合规定。

除此之外，糖浆剂还应该根据各品种项下的规定，检查相对密度、pH等。

实训十三 糖浆剂综合实训及考核

一、实训目的

1. 掌握糖浆剂的制备方法。
2. 掌握糖浆剂制备过程中的各项基本操作及质量检查方法。

二、实训原理

糖浆剂的制备方法主要是溶解法。溶解法的一般过程为药物的称量→溶解→过滤→质检→包装等步骤。

1. 称量 根据药物量选用架盘天平或电子天平称重。根据药物体积大小选用不同的量杯或量筒。

2. 溶解 一般取处方总量的1/2～3/4的溶剂，加入固体药物搅拌或加热溶解。溶解度小的药物应先行溶解，挥发性药物和液体药物应最后加入。

3. 过滤 可根据需要选用玻璃漏斗、布氏漏斗等，滤材有滤纸、脱脂棉、纱布等，并用溶剂润湿以免吸附药液。过滤完毕，应自滤器上加溶剂至处方规定量。

4. 质量检查 成品应进行有关项目的质量检查。

5. 包装及贴标签 质量检查合格后，定量分装于适当的洁净容器中，加贴符合要求的标签。

三、实训器材

1. 药品 纯化水、蔗糖。

2. 器具 天平、量杯、量筒、玻璃棒、烧杯、漏斗、滤纸、电炉。

四、实训操作

单糖浆的制备

【处方】蔗糖 42.5g 纯化水 适量 共制 50ml

【制法】取纯化水25ml加热煮沸，加蔗糖搅拌溶解，继续加热至100℃，保温滤过，自滤器上添加适量煮沸过的纯化水，使其冷却至室温时为50ml，搅匀，即得。

【质量检查】

1. 外观 本品为淡黄色澄明溶液，有蔗糖香味。

2. 容量 液体表面与刻度水平，50ml。

【注意事项】制备时，加热温度不宜过高（尤其是用直火加热），防止蔗糖焦化；加热时间不宜过长，防止蔗糖转化，以免影响产品质量。

五、实训考核

具体考核项目如表 13－1 所示。

表 13－1　糖浆剂实训考核表

项目	考核要求	分值	得分
职业素质	1. 仪容仪表（统一穿好白大衣，服装整洁） 2. 卫生习惯（洗手、擦操作台） 3. 安静、礼貌、实训态度认真负责，协作精神好	15	
仪器选择	1. 选择正确 2. 洗涤正确、干净（玻璃仪器不挂水珠）	10	
药物的称量	1. 蔗糖的称取 2. 25ml 纯化水的量取	15	
制剂配制	1. 纯化水加热煮沸 2. 加蔗糖搅拌溶解 3. 过滤 4. 定容 50ml	40	
成品质量	1. 总容量准确度 2. 外观：颜色、澄明度	15	
清场	清洗器具，整理台面卫生，将药品放回原位	5	
合计		100	

目标检测

一、单项选择题

1. 单糖浆为蔗糖的水溶液，含蔗糖量为（　　）

A. 85%（g/ml）　　B. 75%（g/ml）

C. 65%（g/ml）　　D. 60%（g/ml）

2. 以下关于糖浆剂的叙述不正确的是（　　）

A. 低浓度的糖浆剂特别容易污染和繁殖微生物，必须加防腐剂

B. 蔗糖浓度高时渗透压大，微生物的繁殖受到抑制

C. 糖浆剂是单纯蔗糖的饱和水溶液，简称糖浆

D. 冷溶法生产周期长，制备过程中容易污染微生物

3. 糖浆剂含糖量不得低于（　　）

A. 45%（g/ml）　　B. 85%（g/ml）

C. 64.7%（g/g）　　D. 35%（g/ml）

4. 以下关于糖浆剂的叙述错误的是（　　）

A. 可加入适量乙醇、甘油作稳定剂

B. 单糖浆可作矫味剂、助悬剂

C. 糖浆剂是高分子溶液

D. 蔗糖的浓度高、渗透压大，微生物的繁殖受到抑制

5. 下列关于糖浆剂的叙述，正确的是（　　）

A. 单糖浆的浓度为85%（g/g）

B. 热溶法配制糖浆时，加热时间一般应在30分钟以上，以杀灭微生物

C. 糖浆剂的制法有热溶法、冷溶法、混合法等

D. 糖浆剂中含较多的糖，易染菌长霉发酵，故多采用热压灭菌

二、判断题

1. 糖浆剂的含糖量不得低于45%（g/ml）。(　　)

2. 糖浆剂可以用于矫味、矫臭与着色。(　　)

3. 糖浆剂必要时可加入乙醇作为稳定剂。(　　)

4. 糖浆剂需在避菌环境中配制，及时灌装于灭菌的洁净容器中，不需要加防腐剂。(　　)

5. 糖浆剂的制备方法有热溶法、冷溶法和混合法。(　　)

（肖　雨）

书网融合……

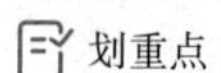

划重点　　自测题

项目十四 制备酒剂

PPT

学习目标

知识要求

1. **掌握** 酒剂的制备方法。
2. **熟悉** 酒剂的概念和应用。
3. **了解** 酒剂的质量检查。

能力要求

学会酒剂制备的操作技术。

岗位情景模拟

情景描述 快过年了，一位年轻的小伙子到药店来想买些补益药回家孝敬老人，店员详细询问了老人家的身体情况之后，向小伙子推荐了合适的滋补类药酒。

讨论 1. 什么是药酒？

2. 哪些人不适合服用药酒？

任务一 认识酒剂

酒剂又称药酒，系指饮片用蒸馏酒提取调配而制成的澄清液体制剂。多供内服，也可外用或内外兼用（图 14－1）。

图 14－1 酒剂

酒剂在我国已有数千年的历史。由于药酒具有有效成分含量高、吸收迅速、疗效好、澄清、久贮不坏、制法简单等优点，至今仍为常用剂型之一。

酒剂的处方多数是由中医成方或民间验方修改而成的复方，药味繁多。酒剂因含醇量高，故可久贮不变质。酒本身具有行血通络、易于吸收和发散、助长药效的作用，故酒剂尤适用于治疗风寒湿痹、跌打损伤、血瘀作痛之症，是中医常用制剂之一。但乙醇有一定的药理作用，因此不适于小儿、孕妇、高血压及心脏病患者服用。

你知道吗

酒剂的发展历史

酒与医药的结合，是我国医药发展史上的重要创举。我国现存的最早的药酒方见于1973年发掘的马王堆汉墓出土的《五十二病方》，记载内外用药酒30余首，用以治疗疽、蛇伤、疥瘙等疾病的药酒方。秦汉之际，我国现存最早的中医经典著作《黄帝内经》，也对酒在医学上的贡献作了专门论述。

中华人民共和国成立后，中医中药事业得到了空前的大发展，作为中医方剂之一的药酒，不仅继承了传统的制作经验，而且采取了现代科学技术的方法，制定了严格的卫生与质量标准，使药酒的生产逐步向标准化和工业化发展，药酒的质量也大大提高。

任务二　了解酒剂的附加剂

一般内服的酒剂为了改善口感和外观，通常需要添加矫味剂、着色剂等附加剂。

1. 糖　如冰糖、白糖、红糖等。用糖成本低，澄明度好，能矫味，使酒剂有醇厚感。红糖多用于祛风散寒、去瘀生血类酒剂。

2. 蜂蜜　常用炼蜜。蜂蜜具矫味及治疗功能，多用于滋补类酒剂。但澄明度稍差。

3. 着色剂　酒剂多调为酱色，可利用处方中的有色药物（如红花、姜黄、紫草、红曲等）或焦糖及红糖、红曲食用色素等。

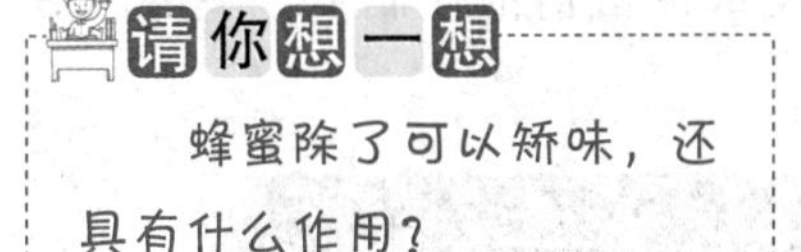

加入糖或蜂蜜的方法有：①用白酒溶解糖成糖酒，以此作为渗漉溶剂浸提饮片，此法可省去糖液的精制；②将单糖浆或炼蜜与药液混合，也可以将糖直接溶解在药液中，静置适宜时间后过滤。

任务三　熟悉制备酒剂的技术

一、酒剂的生产工艺流程

酒剂的生产工艺流程如图14－2所示。

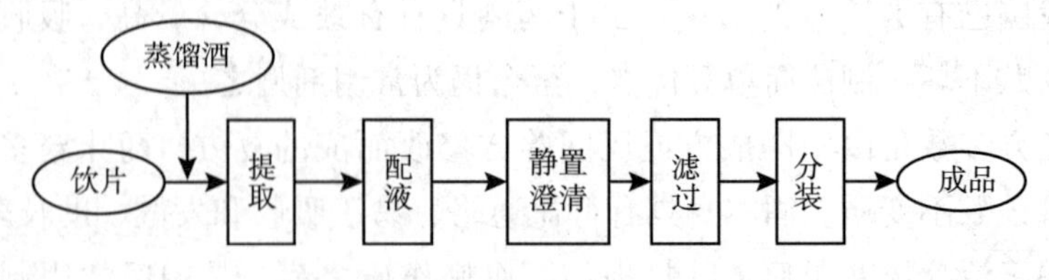

图14－2　酒剂的生产工艺流程图

二、备料

1. 酒的选用　生产酒剂所用的蒸馏酒，应符合蒸馏酒质量标准的规定。内服酒剂应以谷类酒为原料。酒的浓度通常用“度”表示，如含乙醇60%（ml/ml）的酒，即为60度（60°）的酒，蒸馏酒的浓度和用量按各品种质量标准项下的规定选用。一般滋补类药酒所用的酒浓度低些，祛风湿类药酒所用的酒浓度高些。

酒的质量优劣对成品质量的影响甚大，以澄明无色、无絮状沉淀、醇香无异臭、异味者为优。

2. 饮片处理　制备酒剂的饮片一般都适当加工成片、段、块、丝或粗粉，以便于提取。有些饮片还须先行炮制以便符合治疗需要。

三、提取

酒剂常采用浸渍法（又分为冷浸法、温浸法）、渗漉法或其他适宜方法提取。

1. 冷浸法　系指饮片在常温下用酒浸渍的方法。

操作方法：将饮片置于适宜的容器中，加入处方规定量的蒸馏酒，密闭浸渍，每天搅拌1～2次，一周后改为每周搅拌1次，浸泡时间除另有规定外，常在30天以上，然后取上清液另存；压榨药渣，榨出液与上清液合并。

此法得到的制品澄明度好，但浸渍时间较长。

2. 温浸法　系将饮片与规定量酒置于有盖容器中，水浴或水蒸气加热至沸后立即停止加热，移至另一有盖容器中，密闭，在室温下浸渍30日以上，定期搅拌。取上清液，压榨药渣，将上清液与压榨液合并，加入糖或蜜，静置沉降1～2周，滤过后灌装。另一操作方法是：将饮片和蒸馏酒密闭，置于水浴上低温浸取适宜时间，取上清液和压榨液。适宜耐热药物制备的酒剂。

此法温度较高，有效部位浸出较完全，所需时间短。但挥发性成分易挥发耗散，且药酒澄明度不如冷浸法。

3. 渗漉法　取适量饮片，用蒸馏酒或糖酒为溶媒，采用渗漉法操作，收集规定量的渗漉液，静置后滤过灌装即得。此法大生产多用。

请你想一想

药酒制备中容易出现哪些质量问题？

4. 热回流法　以白酒为溶剂，将饮片采用回流热浸法提取至酒近无色，合并回流提取液，加入糖或蜜，搅拌溶解后，密闭静置后滤过，分装即得。

四、酒剂常见质量问题及解决方法

1. 产生沉淀　其原因有：①某些高分子杂质未除尽，因pH、温度、光线等影响逐渐凝聚而沉淀；②溶液浓度改变，使某些有效成分析出。

解决方法：①延长静置沉降时间，必要时用低温（10～20℃）沉降，使杂质与药液基本分离；②改善过滤设备及滤材；③生产和贮藏中防溶剂挥发损失；④正确调节蒸馏酒的浓度，保证乙醇含量符合处方规定要求；⑤严格包装，置遮光容器内密封。

2. 色泽和总固体量不符合规定 若各批产品色泽相差过大或醇溶性有效部位达不到规定标准，其产生的原因有：①饮片规格不统一或质量差，内含醇溶性成分少；②违反工艺规程，浸出时间过短或浸出时间不一致；③配料差错。

解决方法：①控制饮片符合《中国药典》规定的质量标准；②严格执行工艺规程；③严防差错。

3. pH 的变化 若盛药液的玻璃瓶质量差，则贮存期间玻璃表层会析出游离碱，可改变药液的 pH。

任务四 了解酒剂的质量控制和检查

一、酒剂的质量控制

1. 酒剂采用的蒸馏酒应符合国家关于蒸馏酒的质量标准，检验合格后方可使用。不同品种，对蒸馏酒含醇量的要求不一定相同。劣质酒中杂质含量较高，易影响药酒的安全性和稳定性。其余附加剂也应检验并符合其规定后使用。

2. 酒剂在制备的过程中应注意密闭。如果酒精挥发乙醇含量下降，会影响蒸馏酒对饮片有效成分的提取。其次，空气中酒精浓度增加到一定程度，遇明火易导致爆炸燃烧。

3. 冷浸法和热浸法的提取效率较低，应压榨药渣，将压榨液与浸渍液合并。

4. 酒剂在贮存期间容易产生沉淀，因此在生产过程中应尽量对药液进行处理。比如采用杂质溶出少的提取方法、低温静置、加絮凝澄清剂等。

5. 药液应检查合格后再进行分装。

6. 酒剂应密封，在阴凉处贮存，以避免乙醇挥发，药液中成分溶解度降低而析出沉淀。

二、酒剂的质量检查

1. 外观 酒剂要求澄清，色泽一致，在贮藏期间允许有少量轻摇易散沉淀。

2. 总固体 照（通则 0185）酒剂中总固体测定方法检查，应符合规定。

3. 乙醇量 照乙醇量检测法（通则 0711）测定，应符合规定。

4. 甲醇量 照甲醇检查法（通则 0871）检查，应符合规定。

5. 装量 照最低装量检查法（通则 0942），应符合规定。

6. 微生物限度 照非无菌产品微生物限度检查：微生物计数法（通则 1105）和控制菌检查法（通则 1106）及非无菌药品微生物限度标准（通则 1107）检查，除需氧菌总数每 1ml 不得过 500cfu，霉菌和酵母菌总数每 1ml 不得过 100cfu 外，其他应符合规定。

你知道吗

什么是cfu?

cfu（colony forming unit）是菌落形成单位，用于计算细菌或霉菌菌落的数量。cfu是指在琼脂平板上经过一定温度和时间培养后形成的每一个菌落，计算细菌或霉菌数量的单位。这个单位比“菌落数”更准确地反映问题的实质。理论上，一个活细菌可以在条件合适的固体表面上形成一个菌落，但是吸附于微小颗粒上的两个以上菌体或粘连在一起的菌团可能共同形成一个菌落，而且不同环境因素作用下，细菌的生活能力各不相同，会影响其在该条件下形成菌落的能力，致使形成的菌落数远低于实际的活菌数。因此可用菌落形成单位代替以往常用的“菌落数”作为平板计数的数量单位。

实训十四　酒剂综合实训及考核

一、实训目的

1. 掌握酒剂的制备方法。
2. 掌握酒剂制备过程中的各项基本操作及质量检查方法。

二、实训原理

酒剂又称药酒，系指饮片用蒸馏酒提取调配制成的澄清液体制剂。多供内服，也可外用或内外兼用。

1. 酒的选用　生产酒剂所用的蒸馏酒，应符合卫生部关于蒸馏酒质量标准的规定。内服酒剂应以谷类酒为原料。蒸馏酒的浓度和用量按《中国药典》或其他处方该品种项下的规定选用。

2. 饮片处理　制备酒剂的饮片一般都适当加工成片、段、块、丝或粗粉，以便于提取。有些饮片还须先行炮制以便符合治疗需要。

3. 提取　酒剂常采用浸渍法（又分为冷浸法、温浸法）、渗漉法或其他适宜方法提取。

三、实训器材

1. 药品　当归、黄芪（蜜炙）、牛膝、防风、白酒、黄酒、蔗糖。

2. 器材　天平、量杯、量筒、玻璃棒、烧杯、漏斗、滤纸、渗漉设备。

四、实训操作

三两半药酒

【处方】当归　100g　　黄芪（蜜炙）　100g

牛膝　100g　　防风　50g

【制法】将以上四味，粉碎成粗粉，用白酒2400ml和黄酒8000ml的混合液作为溶剂，浸渍48小时后，慢慢渗漉，收集渗漉液，于渗漉液中加入蔗糖840g，搅拌溶解后静置，滤过，即得。

【质量检查】

1. 乙醇含量　应为20%～25%。

2. 总固体　不得少于1%。

【注意事项】

1. 本制剂是通过渗漉法制成的酒剂。本方饮片具有祛风除湿、活血通络功能，利用白酒作溶剂，既能使药用成分易于溶出，又能起到助长药效的作用，黄酒的含醇量低，可以增加成品的服用剂量。

2. 因处方中蔗糖易溶于白酒和黄酒的混合物，故蔗糖待药用成分提取完成后加入；渗漉速度以每分钟1～3ml的速度缓缓渗漉为宜。

3. 药厂生产采用溶剂套用的方法，收集初漉液，续漉液作为下一批的浸出溶剂。

五、实训考核

具体考核项目如表14－1所示。

表14－1　酒剂实训考核表

项目	考核要求	分值	得分
职业素质	1. 仪容仪表（统一穿好白大衣，服装整洁） 2. 卫生习惯（洗手、擦操作台） 3. 安静、礼貌、实训态度认真负责，协作精神好	20	
仪器选择	选择正确	5	
药物的称量	1. 洗涤正确、干净（玻璃仪器不挂水珠） 2. 四味饮片的称取 3. 白酒和黄酒的量取	25	
制剂配制	1. 四味饮片粉碎成粗粉 2. 加入溶剂浸渍48小时 3. 收集渗漉液 4. 于渗漉液中加入蔗糖 5. 滤过	35	
成品质量	1. 乙醇含量 2. 总固体含量	10	
清场	清洗器具，整理台面卫生，将药品放回原位	5	
合计		100	

目标检测

一、单项选择题

1. 下列不属于酒剂质量检查项目的是（　　）

A. 甲醇量　　B. 乙醇量　　C. 总固体量　　D. 含糖量

2. 饮片用蒸馏酒提取制成的澄清液体制剂称为（　　）

A. 酒剂　　B. 酊剂　　C. 流浸膏剂　　D. 浸膏剂

3. 酒剂不可用以下哪种方法制备（　　）

A. 煎煮法　　B. 渗漉法　　C. 浸渍法　　D. 冷浸法

4. 为保证酒剂的质量，以下措施错误的是（　　）

A. 选择适宜的浸出方法　　B. 选择适宜的溶剂

C. 防止溶剂挥发　　D. 加热后过滤

5.《中国药典》2020 年版（四部）通则规定，酒剂应做以下质量检查（　　）

A. 水分　　B. 含糖量　　C. 总固体　　D. 无菌

6. 酒剂中可以加入（　　）

A. 蜂蜜　　B. 甲醇　　C. 防腐剂　　D. 润湿剂

7. 生产酒剂所用溶剂多为（　　）

A. 黄酒　　B. 白葡萄酒　　C. 红葡萄酒　　D. 蒸馏酒

二、判断题

1. 酒剂对酒的来源没有任何要求。（　　）

2. 酒剂适合任何人服用。（　　）

3. 酒剂容易产生沉淀。（　　）

（肖　雨）

书网融合……

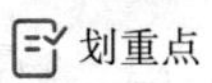

项目十五 制备酊剂

PPT

学习目标

知识要求

1. **掌握** 酊剂的制备方法。
2. **熟悉** 酊剂的概念和特点。
3. **了解** 酊剂的质量检查。

能力要求

学会酊剂制备的操作技术。

任务一 认识酊剂

岗位情景模拟

情景描述 小陈是一名药剂专业的学生，假期到药店见习时，发现酒剂和酊剂非常相似，都属于含醇液体制剂，使用方法也差不多，他不明白如何区分这两类剂型，便虚心地请教店里的执业药师，药师耐心地向小陈介绍了这两种剂型。

讨论 1. 什么是酊剂？它和酒剂有什么不同呢？

2. 你知道怎么制备酊剂吗？

酊剂系指将原料药物用规定浓度的乙醇提取或溶解而制成的澄清液体制剂，亦可用流浸膏稀释制成。供口服或外用。如云南白药酊、复方醋酸氟轻松酊、藿香正气水(图 15－1)。

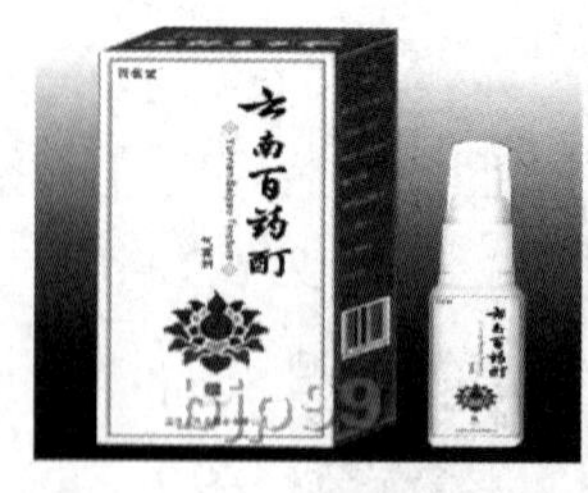

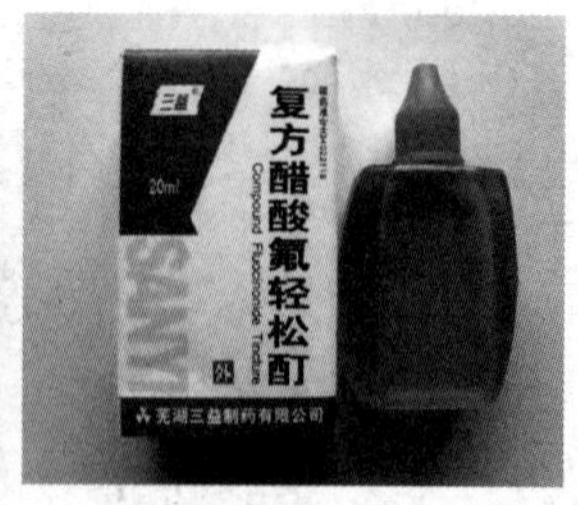

图 15－1 酊剂

请你想一想

从定义上看，酊剂和酒剂有什么不同？

酊剂的浓度一般随药物的性质而异，除另有规定外，每 100ml 应相当于原饮片 20g。含毒剧药品的中药酊剂，每 100ml 应相当于原饮片 10g；其有效成分明确者，应根据其半成品的含量加以调整，以符合该酊剂项下的规定。

任务二　了解酊剂的附加剂

酊剂的溶剂为规定浓度的乙醇。乙醇是无色挥发性液体，能与水、甘油、丙二醇等以任意比例混溶，能溶解大多数有机药物和天然药材中的有效成分，如生物碱及其盐类、苷类、挥发油、树脂、鞣质、有机酸和色素等。由于不同浓度的乙醇能选择性溶解药材中的不同成分，故用适宜浓度的乙醇浸出的药液内杂质含量较少，有效成分浓度较高，剂量小，服用方便。含20%以上的乙醇具有防腐作用，因此酊剂不易生霉。但是乙醇易挥发、易燃烧，对黏膜有刺激性，且具有较强的药理作用，因此在应用时有一定的局限。

请你想一想

从附加剂上看，酊剂和酒剂有什么不同？

酊剂不加糖或蜂蜜矫味，也无需加着色剂。

任务三　熟悉制备酊剂的技术

一、酊剂的生产工艺流程

酊剂的生产工艺流程如图15－2所示。

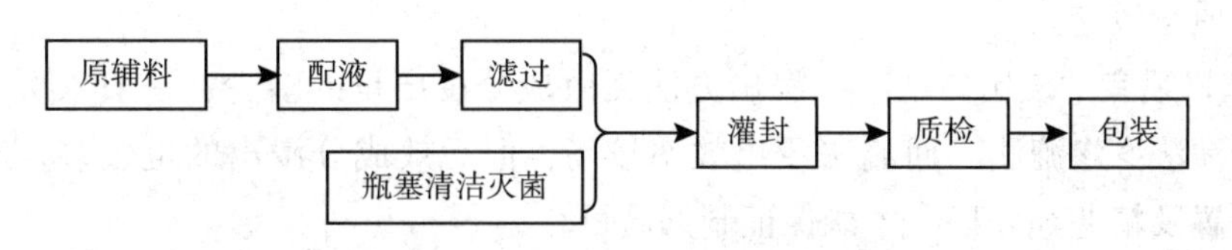

图15－2　酊剂的生产工艺流程图

二、酊剂的制备方法

酊剂的制备方法有稀释法、溶解法、浸渍法和渗漉法等。

1. 稀释法　取药物的流浸膏，加入规定浓度的乙醇稀释至规定量，静置，必要时滤过，即得。稀释法制备酊剂时所用乙醇浓度一般与制备流浸膏剂时所用乙醇的浓度相近或相同，以减少因乙醇浓度改变而出现沉淀。

2. 溶解法　是指将原料药物的粉末直接溶解于规定浓度的乙醇中，必要时滤过，即得。适用于化学药物及中药有效部位或提纯品酊剂的制备。

3. 浸渍法　取适当粉碎的饮片，置有盖容器中，加入溶剂适量，密盖，搅拌或振摇，浸渍3～5日或规定时间，倾取上清液，再加入溶剂适量，依法浸渍至有效成分充分浸出，合并浸出液，加溶剂至规定量后，静置，滤过，即得。该法主要用于树脂类饮片、新鲜药材饮片、易于膨胀的饮片及价格低廉的芳香性药材饮片制备酊剂。

4. 渗漉法　毒剧药材饮片、贵重药材饮片及不易引起渗漉障碍的药材饮片制备酊剂时，多采用渗漉法。操作时，收集漉液达酊剂所需要量即停止渗漉，静置，滤过，即得。

你知道吗

流浸膏剂与浸膏剂

流浸膏剂与浸膏剂系指饮片用适宜的溶剂提取，蒸去部分或全部溶剂，调整至规定浓度而成的制剂。

除另有规定外，流浸膏剂系指每1ml相当于饮片1g；浸膏剂分为稠膏和干膏两种，每1g相当于饮片2～5g。

流浸膏剂和浸膏剂供患者直接使用的品种在临床上较为少见，多数用在制剂的制备过程中。流浸膏剂常用于配制酊剂、合剂、糖浆剂等；浸膏剂多用于制备颗粒剂、片剂、胶囊剂、丸剂等。

三、影响酊剂质量的因素

1. 溶剂的选用 制备酊剂所用乙醇的浓度，直接影响到药材成分的浸出情况。若乙醇的浓度适宜，则有效成分可浸出比较完全；若乙醇浓度不适宜，其浸出效果可能很差，且易产生沉淀。如姜酊以60%的乙醇浸出时，制品易浑浊沉淀，用90%乙醇为溶剂时则质量较佳。

2. 选择适宜的浸出方法 各浸出方法无效成分浸出量的多少，一般依次为：热回流法>浸渍法>渗漉法。回流法浸出效率较高，但无效成分浸出的也较多，通常需结合冷藏静置及精滤等处理，才能保证制剂质量。

3. 溶剂的挥发 在制备及储存过程中，可因乙醇的挥发使含醇量改变而析出沉淀。如渗漉或滤过时，温度较高，乙醇挥发损失也较多；贮存过程中若包装不严，或室温过高，对酊剂的质量都有影响。因此，酊剂等含醇制剂均应密封于阴凉处贮存。

4. 温度的变化 浸出温度与贮存温度不一致，会影响酊剂而产生沉淀。为解决这个问题，在生产中常采用冷藏、静置与精滤处理，一般在5℃左右放置48小时，除去沉淀再分装，这样可避免因温度变化而析出沉淀。如远志酊，在室温贮存1～2个月仍会有沉淀的产生，若在-10℃静置1～3日，出现大量沉淀，滤过后放置则不再发生沉淀现象。

5. 稳定剂的应用 酊剂中添加适宜的稳定剂，可防止沉淀的产生。例如大黄酊、复方豆蔻酊中加入甘油，可防止鞣质沉淀；远志酊中加入少量氨水，可防止酸性皂苷沉淀。

6. 容器的质量 盛装酊剂的玻璃瓶若质量低劣，贮存期间常在玻璃瓶表面析出游离碱，改变酊剂的pH，使析出沉淀或降低有效成分的含量。为了保证酊剂的稳定性，在洗涤时应用稀盐酸（1%）处理，以降低玻璃表面游离碱的含量。

请你想一想

从制法上看，酊剂和酒剂有什么不同？配制酊剂时需要注意哪些问题？

任务四 了解酊剂的质量控制和检查

一、酊剂的质量控制

1. 乙醇是酊剂的溶剂，是构成制剂的重要成分，应严格检验合格后方可使用。

2. 酊剂的制法应以各品种项下规定的方法为准，在生产过程中要控制好含醇量。

3. 生产过程中应注意容器密闭，及时通风，禁止明火。

4. 酊剂应遮光、密封，在阴凉处贮存，防止乙醇挥发、溶剂含醇量改变而导致沉淀产生。

二、酊剂的质量检查

1. 外观 应澄清。

2. 乙醇量 照乙醇量检测法（通则0711）测定，应符合规定。

3. 甲醇量 照甲醇检查法（通则0871）检查，应符合规定。

你知道吗

甲醇的危害

甲醇又称“木醇”或“木精”，具有毒性。工业酒精中大约含有4%的甲醇，若被不法分子当作食用酒精制作假酒，饮用后，会产生甲醇中毒。甲醇的毒性对人体的神经系统和血液系统影响最大，它经消化道、呼吸道或皮肤摄入都会产生毒性反应，甲醇蒸气能损害人的呼吸道黏膜和视力。

初期中毒症状包括心跳加速、腹痛、上吐（呕）、下泻、无胃口、头痛、晕、全身无力。严重者会神志不清、呼吸急速至衰竭。失明是最典型的症状，甲醇进入血液后，会使组织酸性变强产生酸中毒，导致肾衰竭。最严重者是死亡。

4. 装量 照最低装量检查法（通则0942），应符合规定。

5. 微生物限度 除另有规定外，照非无菌产品微生物限度检查法（通则1105、通则1106、通则1107）检验，应符合规定。

你知道吗

酒剂和酊剂的区别

酊剂和酒剂均为含醇制剂，有许多共同点，如奏效快，有防腐作用，澄明度好，易于保存，都可以用浸渍法和渗漉法制备等。但也存在着一些不同点：①酊剂的浓度一般有一定的规定，而酒剂的浓度按处方规定而异；②酊剂还可采用稀释法或溶解法制备，而酒剂还可以用回流热浸法制备；③酊剂以不同浓度的乙醇为溶剂，不加矫味剂，而酒剂以蒸馏酒为溶剂，内服酒剂可加糖或蜂蜜作矫味剂；④酊剂多为简单方剂，而酒剂多为复方；⑤酒剂多内服，而酊剂因含较高浓度的乙醇（多数50%以上），某些患者服用后易引起头晕面红、胃部灼烧感等，故应用范围受到一定限制，且服用量每次不宜过多。

实训十五 酊剂的综合实训及考核

一、实训目的

1. 掌握酊剂的制备方法。
2. 掌握酊剂制备过程中的各项基本操作及质量检查方法。

二、实训原理

酊剂系指原料药物用规定浓度的乙醇提取或溶解而制成的澄清液体制剂，亦可用流浸膏稀释制成。供口服或外用。酊剂的制备方法有稀释法、溶解法、浸渍法和渗漉法等。

1. 稀释法 取流浸膏，加入规定浓度的乙醇稀释至需要量，静置，必要时滤过，即得。

2. 溶解法 将药物直接溶解于规定浓度的乙醇中而制得。适用于化学药物及中药有效部位或提纯品酊剂的制备。

3. 浸渍法 主要用于无细胞组织药材或易于与浸出溶剂形成糊状物而不易渗漉的药材制备酊剂。

4. 渗漉法 毒剧药材、贵重药材及不易引起渗漉障碍的药材，多采用渗漉法。

三、实训器材

1. 药品 纯化水、碘、碘化钾、乙醇。

2. 器材 天平、量杯、量筒、玻璃棒、烧杯、蒸发皿。

四、实训操作

碘 酊

【处方】碘 2g 碘化钾 1.5g 乙醇 50ml
纯化水 适量 共制 100ml

【制法】取碘化钾，加纯化水2ml溶解，加碘溶解完全后，再加乙醇及适量纯化水使成100ml，搅匀即得。

【质量检查】

1. 外观 本品为深棕色澄明溶液，有碘臭味。

2. 容量 液体表面与刻度水平，一般为100ml。

【注意事项】

1. 为了加快碘的溶解速度，宜将碘化钾配成浓溶液，然后加入碘溶解，否则碘不易溶解。

2. 碘具有氧化性、腐蚀性、挥发性。称取的时候用玻璃器皿，碘称取完应尽快加入碘化钾溶液中，防止碘暴露空气中挥发和吸潮。

3. 碘与碘化钾形成络合物后，使碘在溶液中更稳定，能防止或延缓碘与水、乙醇发生化学变化产生碘化氢，使游离碘的含量减少，使消毒力下降，刺激性增强。

4. 操作过程中注意不要接触到衣服和皮肤，注意操作安全。

五、实训考核

具体考核项目如表 15－1 所示。

表 15－1　酊剂实训考核表

项目	考核要求	分值	得分
职业素质	1. 仪容仪表（统一穿好白大衣，服装整洁） 2. 卫生习惯（洗手、擦操作台） 3. 安静、礼貌，实训态度认真负责，协作精神好	20	
仪器的选择	1. 选择正确 2. 洗涤正确、干净（玻璃仪器不挂水珠）	10	
药物的称量	1. 碘化钾的称取 2. 碘的称取（注意称取的方法及时间）	15	
制剂配制	1. 2ml 纯化水的量取 2. 碘化钾是否溶解完全后再加入碘溶解 3. 碘的溶解 4. 加乙醇及适量纯化水使成 100ml	40	
成品质量	1. 总容量准确度 2. 外观：颜色、澄明度	10	
清场	清洗器具，整理台面卫生，将药品放回原位	5	
合计		100	

目标检测

一、单项选择题

1. 用流浸膏剂作原料制备酊剂，应采用（　　）

A. 溶解法　　B. 渗漉法　　C. 稀释法　　D. 浸渍法

2. 原料药物用规定浓度的乙醇提取或溶解而制成的澄清液体制剂称为（　　）

A. 酒剂　　B. 酊剂　　C. 流浸膏剂　　D. 浸膏剂

3. 除另有规定外，含毒性药物的酊剂每 100ml 相当于原饮片（　　）

A. 5g　　B. 10g　　C. 15g　　D. 20g

4. 除另有规定外，一般药物的酊剂每 100ml 相当于原饮片（　　）

A. 5g　　B. 10g　　C. 15g　　D. 20g

5. 下列不属于酊剂制备方法的是（　　）

A. 煎煮法　　B. 浸渍法　　C. 溶解法　　D. 稀释法

6. 下列关于碘酊的叙述错误的是（　　）

A. 碘、碘化钾均具有消毒杀菌的作用

B. 碘化钾为助溶剂

C. 碘化钾可增加制剂的稳定性

D. 碘不应放在称量纸上称取

7. 酒剂与酊剂的不同点是（　　）

A. 含醇制剂　　B. 具有防腐作用　　C. 吸收迅速　　D. 浸出溶剂

二、判断题

1. 除另有规定外，含毒剧药物的中药酊剂，每 100ml 应相当于原饮片 20g。（　　）

2. 酊剂的制备方法只有浸渍法和渗漉法。（　　）

3. 酊剂可供口服或外用。（　　）

（肖　雨）

书网融合……

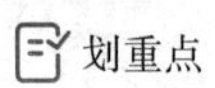

自测题

项目十六　制备软膏剂

PPT

学习目标

知识要求

1. **掌握**　软膏剂的制备工艺。
2. **熟悉**　软膏剂的概念和特点。
3. **了解**　软膏剂的质量检查。

能力要求

学会软膏剂制备的操作技术。

岗位情景模拟

情景描述　小王刚从医药学校毕业，应聘到某知名药企工作，该企业有一款疗效非常好的软膏剂，它占有的市场份额超过29%。在进入该企业之前小王已经做了充足的功课，今天是上班第一天，总经理问了小王以下几个问题，请你和小王一起回答。

问题　1. 软膏剂的制备方法包括哪些？生产过程中加入的辅料有哪些类型？

2. 油脂性基质需要怎么处理？

任务一　认识软膏剂

软膏剂系指药物与油脂性或水溶性基质混合制成的具有一定稠度的均匀半固体外用制剂。主要用于涂布于皮肤、黏膜或创面，起保护、润滑和局部治疗作用，某些药物经透皮吸收后，亦能产生全身治疗作用。如图16－1所示。

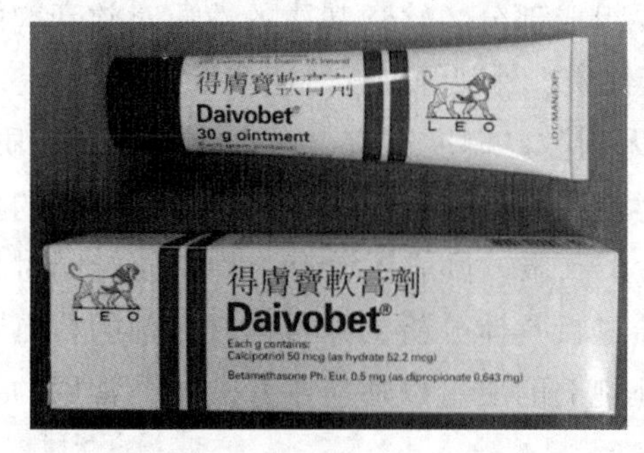

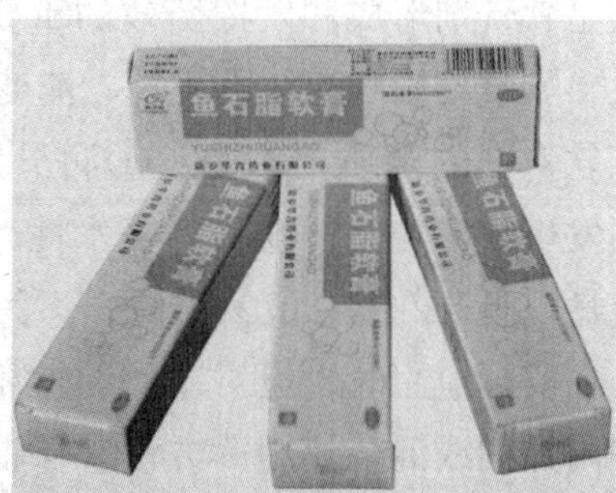

图16－1　软膏剂

你知道吗

药物的透皮吸收过程与途径

1. 药物透皮吸收过程 主要包括释放、穿透和吸收入血液循环三个阶段。释放即药物从基质中释放、扩散到皮肤表面；穿透即药物穿过表皮进入皮肤内，发挥局部作用；吸收即药物透入皮肤后通过真皮及皮下组织中的毛细血管及淋巴管进入体循环而产生全身作用。

2. 药物透皮吸收途径 药物经皮吸收有两种途径：①透过角质层和活性表皮进入真皮；被毛细血管吸收进入体循环，即通过表皮途径，这是药物经皮吸收的主要途径。②通过皮肤附属器吸收，药物通过皮肤附属器的穿透速率要比表皮途径快，但皮肤附属器在皮肤表面所占的面积只有1%左右，因此不是药物经皮吸收的主要途径。在整个透皮吸收过程中，富含类脂的角质层起主要屏障作用。当皮肤破损时，药物很容易通过表皮被吸收。

软膏剂的类型按原料药物在基质中分散状态不同分为溶液型软膏剂、混悬型软膏剂。

根据软膏剂中药物作用的深度，大体上可分成三大类：①局限在皮肤表面的软膏，如防裂软膏、炉甘石软膏等；②透过皮肤表面，在皮肤内部发挥作用的软膏，如一般治疗皮肤疾患的激素软膏、癣净软膏等；③穿透真皮而吸收入体循环，发挥全身性治疗作用的软膏，如治疗心绞痛的硝酸甘油软膏以及其他抗过敏类软膏等。

软膏剂主要由药物和基质组成，软膏剂的基质是形成软膏的重要组成部分，除此以外处方组成中还经常加入抗氧剂、防腐剂等以防止药物及基质的变质。

任务二 了解软膏剂的基质与附加剂

基质是软膏剂形成和发挥药效的重要组成部分。软膏基质的性质对软膏剂的质量影响很大，如直接影响药效的发挥、流变性质、外观等。

理想软膏剂的基质要求是：①润滑无刺激，稠度适宜，易于涂布；②性质稳定，与主药不发生配伍变化；③具有吸水性，能吸收伤口分泌物；④不妨碍皮肤的正常功能，具有良好释药性能；⑤易洗除，不污染衣服。目前还没有一种基质能同时具备上述要求。在实际应用时，应对基质的性质进行具体分析，并根据软膏剂的特点和要求采用添加附加剂或混合使用等方法来保证制剂的质量以适应治疗要求。常用的基质主要有：油脂性基质和水溶性基质。

一、油脂性基质

油脂性基质是指动植物油脂、类脂、烃类及硅酮类等疏水性物质。此类基质涂于皮肤能形成封闭性油膜，促进皮肤水合作用，对表皮增厚、角化、皲裂有软化保护作用，主要用于遇水不稳定的药物制备软膏剂。一般不单独用于制备软膏剂，为克服其疏水性常加入表面活性剂或制成乳剂型基质来应用。

油脂性基质中以烃类基质凡士林为常用，固体石蜡与液状石蜡用以调节稠度，类脂中以羊毛脂与蜂蜡应用较多，羊毛脂可增加基质吸水性及稳定性。植物油常与熔点较高的蜡类熔合成适当稠度的基质。

1. 烃类　系指从石油中得到的各种烃的混合物，其中大部分属于饱和烃。

（1）凡士林　又称软石蜡，是由多种分子量烃类组成的半固体状物，熔程为38～60℃，有黄、白两种，化学性质稳定，无刺激性，特别适用于遇水不稳定的药物。凡士林仅能吸收约5%的水，故不适用于有多量渗出液的患处。凡士林中加入适量羊毛脂、胆固醇或某些高级醇类可提高其吸水性能。水溶性药物与凡士林配合时，还可加适量表面活性剂，如非离子型表面活性剂聚山梨酯类于基质中，以增加其吸水性。基质的吸水性能可用水值来表示，水值是指常温下每100g基质所能吸收水的克数，可供估算药物水溶液以凡士林为基质配制软膏时吸收药物水溶液的量。

（2）石蜡与液状石蜡　石蜡为固体饱和烃混合物，熔程为50～65℃。液状石蜡为液体饱和烃，与凡士林同类，适宜用于调节凡士林基质的稠度，也可用于调节其他类型基质的油相。

2. 类脂类　系指高级脂肪酸与高级脂肪醇化合而成的酯及其混合物，有类似脂肪的物理性质，但化学性质较脂肪稳定，且具一定的表面活性作用而有一定的吸水性能，多与油脂类基质合用，常用的有羊毛脂、蜂蜡、鲸蜡等。

（1）羊毛脂　一般是指无水羊毛脂。为淡黄色黏稠微具特臭的半固体，是羊毛上的脂肪性物质的混合物，主要成分是胆固醇类的棕榈酸酯及游离的胆固醇类，游离的胆固醇和羟基胆固醇等约占7%，熔程36～42℃，具有良好的吸水性。为取用方便常吸收30%的水分以改善黏稠度，称为含水羊毛脂。羊毛脂可吸收二倍的水而形成乳剂型基质。由于本品黏性太大而很少单用做基质，常与凡士林合用，以改善凡士林的吸水性与渗透性。

（2）蜂蜡与鲸蜡　蜂蜡的主要成分为棕榈酸蜂蜡醇酯，鲸蜡主要成分为棕榈酸鲸蜡醇酯，两者均含有少量游离高级脂肪醇而具有一定的表面活性作用，属较弱的W/O型乳化剂，在O/W型乳剂型基质中起稳定作用。蜂蜡的熔程为62～67℃，石蜡的熔程为42～50℃。两者均不易酸败，常用于取代乳剂型基质中部分脂肪性物质以调节稠度或增加稳定性。

（3）二甲基硅油　或称硅油或硅酮，是一系列不同分子量的聚二甲硅氧烷的总称。本品为一种无色或淡黄色的透明油状液体，无臭，无味，黏度随分子量的增加而增大，其最大的特点是在应用温度范围内（－40～150℃）黏度变化极小。对大多数化合物稳定，但在强酸强碱中降解。在非极性溶剂中易溶，随黏度增大，溶解度逐渐下降。其优良的疏水性和较小的表面张力使其具有很好的润滑作用且易于涂布，对皮肤无刺激，能与羊毛脂、硬脂醇、硬脂酸甘油酯、聚山梨酯类、山梨坦类等混合。常用于乳膏中作润滑剂，最大用量可达10%～30%，也常与其他油脂性原料合用制成防护性软膏。

二、水溶性基质

由天然或合成的水溶性高分子物质组成。溶解后形成水凝胶，如 CMC - Na，属凝胶基质。这类基质的特点是能吸收组织渗出液，释药较快，无刺激性可用于湿润、糜烂创面，但润滑作用较差，易失水干涸，故常加保湿剂与防腐剂，以防止蒸发与霉变。

1. 甘油明胶 为甘油（10% ~30%）、明胶（1% ~3%）与水加热制成。本品温热后易涂布，涂后形成一层保护膜，因本身有弹性，故在使用时较舒适。特别适用于含维生素类的营养性软膏。

2. 纤维素衍生物 常用的有甲基纤维素（MC）和羧甲基纤维素钠（CMC - Na）。吸湿性好，可吸收分泌液，外观虽为油样，但易洗涤。可与多数药物配伍，因药物释放和渗透较快，可充分发挥作用。本品与苯甲酸、鞣酸、苯酚等混合可使基质过度软化；可降低酚类防腐剂的防腐能力；长期使用可致皮肤干燥。

3. 聚乙二醇（PEG）类 本品为多元醇的高分子聚合物，药剂中常用平均分子量在 300 ~6000 者。聚乙二醇随分子量的增大而由液体逐渐过渡到蜡状固体，实践中多用不同分子量的 PEG 以适当的比例配合制成稠度适宜的基质。此类基质易溶于水，能与渗出液混合并易洗除，化学性质稳定也不易霉败。但对皮肤的润滑、保护作用较差，长期应用可引起皮肤干燥。

4. 卡波姆 是一种高分子聚合物。以此作基质，涂用舒适，尤适于脂溢性皮肤的治疗，还具有透皮促进作用。

三、其他附加剂

在软膏剂中常用的附加剂主要有抗氧剂、防腐剂等。

1. 抗氧剂 在软膏剂的贮藏过程中，微量的氧就会使某些活性成分氧化而变质。因此，常加入一些抗氧剂来维持软膏剂的化学稳定性。常用的抗氧剂有没食子酸烷酯、丁羟基茴香醚（BHA）、丁羟基甲苯（BHT）、抗坏血酸、异抗坏血酸、亚硫酸盐等，还有枸橼酸、酒石酸、EDTA 和巯基二丙酸等辅助抗氧剂。

2. 防腐剂 软膏剂的基质中通常有水性、油性物质，甚至蛋白质，这些基质易受细菌和真菌的侵袭，微生物的滋生不仅可以污染制剂，而且有潜在毒性，所以应保证在制剂及制药器械中不含有致病菌，尤其对于破损及炎症皮肤而言至关重要。软膏剂中常用的抑菌剂有：①醇类，如乙醇、异丙醇、氯丁醇、三氯甲基叔丁醇、苯氧乙醇等；②酸类，如苯甲酸、山梨酸等；③芳香类，如茴香醚、香茅醛等；④汞化物，如醋酸苯汞等；⑤酚类，如苯甲酚、麝香草酚、对氯邻甲苯酚；⑥季铵盐，如苯扎氯铵等。

任务三 掌握制备软膏剂的技术

软膏剂的制备，按照形成的软膏类型、制备量及设备条件不同，采用的方法也不同。溶液型或混悬型软膏常采用研合法或熔合法。制备软膏的基本要求是，必须使药物在基质中分布均匀、细腻，以保证药物剂量与药效，这与制备方法的选择特别是药物加入方法的正确与否关系密切。

一、基质处理

油脂性基质应先加热熔融，趁热滤过，除去杂质，再加热到150℃约1小时灭菌并除去水分。

二、软膏剂的制备方法

1. 研合法 基质为油脂性的半固体时，可直接采用研和法（水溶性基质不宜用）。一般在常温下将药物与基质等量递加混合均匀。此法适用于小量制备，基质较软且药物为不宜加热、不溶于基质者。用软膏刀在陶瓷或玻璃的软膏板上调制，也可在乳钵中研制。

2. 熔合法 大量制备油脂性基质软膏剂时，常用熔合法。特别适用于软膏处方中基质溶点不同，常温下不能混合均匀者；主药可溶于基质；或含有中药植物油提取物的软膏剂。操作时先加温熔化高熔点基质后，再加入其他低熔点成分熔合成均匀基质。然后加入药物，搅拌均匀冷却即可。药物不溶于基质者，必须先研成细粉筛入熔化或软化的基质中，搅拌混合均匀。若不够细腻，需要通过研磨机进一步研匀，使无颗粒感。

药物与基质混合均匀后，常采用自动灌装封尾机进行灌装与封尾。

三、药物加入方法

1. 药物不溶于基质或基质的任何组分中时，必须将药物粉碎至细粉（眼膏中药粉细度为75μm以下）。若用研合法，配制时取药粉先与适量液体组分，如液状石蜡、植物油、甘油等研匀成糊状，再与其余基质混匀。

2. 药物可溶于基质某组分中时，一般油溶性药物溶于油相或少量有机溶剂，水溶性药物溶于水或水相，再吸收混合。

3. 药物可直接溶于基质中时，则将油溶性药物溶于少量液体油中，再与油脂性基质混匀成为油脂性溶液型软膏。水溶性药物溶于少量水后，与水溶性基质成水溶性溶液型软膏。

4. 具有特殊性质的药物，如半固体黏稠性药物（如鱼石脂或煤焦油），可直接与基质混合，必要时先与少量羊毛脂或聚山梨酯类混合，再与凡士林等油性基质混合。若药物有共熔组分（如樟脑、薄荷脑）时，可先共熔再与基质混合。

5. 中药浸出物为液体（如煎剂、流浸膏）时，可先浓缩至稠膏状再加入基质中。固体浸膏可加少量水或稀醇等研成糊状，再与基质混合。

你知道吗

眼膏剂的制备

眼膏剂的制备与一般软膏剂制法基本相同，但必须在净化条件下进行，一般可在净化操作室或净化操作台中配制。所用基质、药物、器械与包装容器等均应严格灭菌，以避免染菌而致眼睛感染。配制用具经70%乙醇擦洗，或用水洗净后再于150℃干热灭菌1小时，必要时可酌加抑菌剂。包装用软膏管，洗净后用70%乙醇或2%苯酚溶液浸泡，临用时用纯水冲洗干净，烘干即可。

眼膏配制时，如主药易溶于水而且性质稳定，先配成少量水溶液，用适量基质研和吸尽水溶液后，再逐渐递加其余基质制成眼膏剂，灌装于灭菌容器中，严封。当药物不溶于基质时，应将药物粉碎成能通过九号筛的极细粉，再与基质研磨成混悬型眼膏，以减轻对眼睛的刺激性。

四、包装与贮存

软膏剂多采用密封性好的锡制、铝制或塑料软膏管包装，内包装材料应稳定且无菌。

任务四　了解软膏剂的质量控制和检查

一、软膏剂的质量控制

了解软膏剂的质量要求，对指导处方设计、基质选择和工艺条件的制定均有积极意义。

1. 软膏剂应均匀、细腻（混悬微粒至少应为过六号筛的细粉）涂于皮肤或黏膜上应无刺激性。

2. 有适当的黏稠性［可参照锥入度检查法（通则0983）检查］，易涂布于皮肤或黏膜等部位而不融化，但能软化。

3. 性质稳定，无酸败、变质等现象，且能保持药物固有的疗效。

4. 无刺激性、过敏性及其他不良反应，用于创面的软膏还应无菌。

5. 软膏剂应避光密封贮存。

二、软膏剂的质量检查

1. **粒度**　混悬型软膏剂需检查此项，应符合规定。

2. **装量**　照最低装量检查法（通则0942）检查，应符合规定。

3. **无菌**　烧伤或重度损伤用软膏剂要求无菌。照无菌检查法（通则1101）检查，应符合规定。

4. 微生物限度　除另有规定外，照非无菌产品微生物限度检查：微生物计数法（通则1105）和控制菌检查法（通则1106）及非无菌药物微生物限度标准（通则1107）检查，应符合规定。

实训十六　软膏剂综合实训及考核

一、实训目的

能制备出合格的软膏剂。

二、实验原理

固体药物可用基质中的适当组分溶解，或先粉碎成细粉与少量基质或液体组分研成糊状，再与其他基质研匀。所制得的软膏均匀、细腻，具有适当的黏稠性，易涂于皮肤或黏膜上且无刺激性。

三、实训器材

1. 药品及试剂　水杨酸、液状石蜡、凡士林、水杨酸、羧甲基纤维素钠、苯甲酸钠、丙二醇、蒸馏水。

2. 器材　研钵、研棒。

四、实训内容

（一）油脂性基质的水杨酸软膏制备 微课

【处方】水杨酸　1g　液状石蜡　8ml　凡士林　加至20g

【制法】取水杨酸置于研钵中研细，加入液状石蜡研成糊状，分次加入凡士林混合研匀即得。

【注意事项】

1. 处方中凡士林基质的用量可根据气温以液状石蜡调节稠度。
2. 水杨酸需先粉碎成细粉，配制过程中避免接触金属器皿。

（二）水溶性基质的水杨酸软膏制备

【处方】水杨酸　1g　羧甲基纤维素钠　1.2g　丙二醇　5g
苯甲酸钠　0.1g　蒸馏水　6.8ml

【制法】取羧甲基纤维素钠置于研钵中，加入丙二醇研匀，然后边研边加入溶有苯甲酸钠的水溶液，待溶胀后研匀，即得水溶性基质。将水杨酸置研钵中研细，分次加入已制备的水溶性基质，研匀，得水杨酸软膏20g。

五、实训考核

具体考核项目如表 16－1 所示。

表 16－1 软膏剂制备实训考核表

考核内容	技能要求	分值
基本概念的认识	能正确说出物料相关概念的内容（3 个以上）	10
生产前检查	温度、相对湿度、仓库、物料状态标识、设备状态标志	10
按 GMP 要求操作	1. 根据生产指令，领料与发料 2. 结料与退料 3. 核实检验报告单、规格、批号	20
知识点的掌握	1. 物料平衡的计算 2. 损耗率的计算	30
记录与状态标识	1. 生产记录完整，适时填写（含物料平衡、收率等） 2. 适时填写、悬挂、更换状态标识	10
生产结束清洁	1. 清洁产品：交与中间站 2. 清洁生产设备：顺序正确 3. 清洁工具和容器 4. 清洁场地	10
其他	正确回答岗位中常见问题的解决方法	10
合计		100

目标检测

一、选择题

1. 软膏剂应如何贮存（　　）

A. 避光　B. 密闭　C. 置阴凉处　D. 避光，密封贮存

2. 软膏基质中常用来改善凡士林的吸水性与穿透性的物质是（　　）

A. 聚乙二醇　B. 液状石蜡　C. 水　D. 羊毛脂

3. 不属于软膏剂质量评价项目的是（　　）

A. 粒度　B. 融变时限　C. 装量　D. 无菌

4. 下列基质属于油脂性软膏剂基质的是（　　）

A. 山梨醇　B. 甘油明胶　C. 羊毛脂　D. 聚乙二醇

5. 用于创伤面的软膏剂的特殊要求是（　　）

A. 均匀细腻　B. 易涂布　C. 无菌　D. 无刺激性

6. 在软膏剂中不具有调节稠度作用的是（　　）

A. 山梨醇　B. 石蜡　C. 液状石蜡　D. 蜂蜡

7. 软膏剂要易于涂布于皮肤、黏膜，可用什么方法来进行软硬度和黏稠度等性质的测定（　　）

A. 粒度　　B. 锥入度　　C. 酸碱度　　D. 黏度和稠度

8. 下列（　　）是用于软膏剂包装的设备

A. 铝塑包装机　　B. 瓶装机

C. 自动灌装封尾机　　D. 自动分包机

9. 关于软膏剂的特点不正确的是（　　）

A. 是具有一定稠度的外用半固体制剂

B. 可发挥局部治疗作用

C. 可发挥全身治疗作用

D. 药物必须溶解在基质中

10. 下列属于油脂性基质的是（　　）

A. 凡士林　　B. 聚乙二醇　　C. 甘油　　D. 明胶

二、判断题

1. 软膏剂的基质不仅是赋形剂，也是药物的载体，对于软膏剂的质量和疗效有重要影响。（　　）

2. 软膏剂的基质一般满足匀细腻、对皮肤无刺激性、稠度适宜易于涂布、性质稳定和无酸败变质现象要求。（　　）

3. 软膏剂应为无菌制剂。（　　）

4. 软膏剂制备时可以加入适宜的防腐剂、色素和芳香剂。（　　）

（袁建华）

书网融合……

PPT

项目十七 制备乳膏剂

学习目标

知识要求

1. **掌握** 乳膏剂的制备工艺。
2. **熟悉** 乳膏剂的概念、基质。
3. **了解** 乳膏剂的质量检查。

能力要求

学会乳膏剂制备的操作技术。

岗位情景模拟

情景描述 小王同学今年已经大二了，这个学期按照学校教学安排，有一周的时间要去生产一线进行见习，小王同学被安排去乳膏剂生产车间，请同学们帮小王同学一起想想，去车间需要重点学习的知识。

重点学习 1. 乳膏剂制备的主要方法是什么？

2. 乳膏剂与乳剂有哪些相似之处和不同之处？

任务一 认识乳膏剂

请你想一想

同学们，我们上次课程学习了软膏剂，今天我们继续学习乳膏剂，请大家对比一下，膏剂和乳膏剂概念有哪里不同？之前我们也学习了乳剂，再比下乳剂和乳膏剂又有什么不同？

乳膏剂系指原料药物溶解或分散于乳状液型基质中形成的均匀半固体制剂。乳膏剂由于基质不同，可分为水包油型乳膏剂和油包水型乳膏剂。

乳膏剂不易融化、均匀、细腻，并有适当的黏稠性，易于涂敷于皮肤或黏膜上，与软膏剂一样，主要起润滑、保护和局部治疗作用，少数能经皮吸收产生全身治疗作用，多用于慢性皮肤病，禁用于急性皮肤损害部位。如图 17－1 所示。

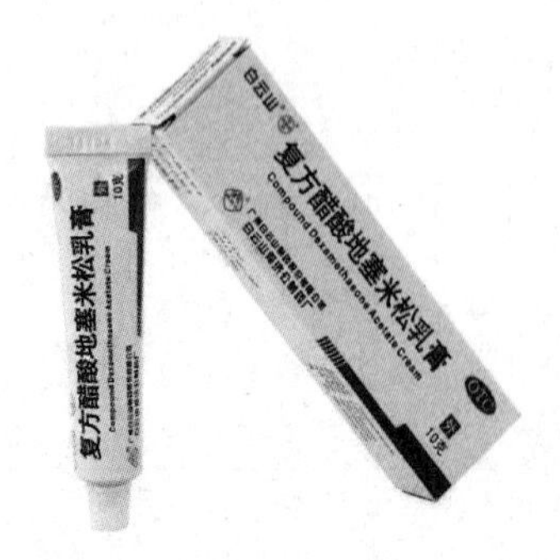

图 17－1 乳膏剂

任务二　了解乳膏剂的基质和乳化剂

一、乳膏剂的基质

乳膏剂的基质是由油相物质和水相物质在乳化剂的作用下形成相对稳定的乳剂构成的，基质在室温下冷凝成为半固体。形成基质的类型及原理与乳剂相似。油相多数为固体，主要有硬脂酸、石蜡、蜂蜡、高级醇（如十八醇）等，有时为调节稠度加入液状石蜡、凡士林或植物油等。

乳剂基质有水包油（O/W）型与油包水（W/O）型两类。乳化剂类型对乳剂基质的类型起主要作用。O/W 型基质能与大量水混合，含水量较高。乳剂型基质不阻止皮肤表面分泌物的分泌和水分蒸发，对皮肤的正常功能影响较小。一般乳剂型基质特别是 O/W 型基质乳膏中药物的释放和透皮吸收较快。由于基质中水分的存在，使其增强了润滑性，易于涂布。但是，O/W 型乳剂基质外相含多量水，在贮存过程中可能霉变，常须加入防腐剂。同时水分也易蒸发失散而使乳膏变硬，故常需加入甘油、丙二醇、山梨醇等作保湿剂，一般用量为 5% ~20%。O/W 型基质制成的乳膏在使用于分泌物较多的皮肤病如湿疹时，其吸收的分泌物可重新透入皮肤而使炎症恶化，故需正确选择适应证。

你知道吗

司盘类和吐温类乳化剂

脂肪酸山梨坦与聚山梨酯类均为非离子型表面活性剂，可作为乳膏剂中的乳化剂。脂肪酸山梨坦，即司盘类，HLB 值在 4.3 ~8.6 之间，为 W/O 型乳化剂。聚山梨酯类，即吐温类，HLB 值在 10.5 ~ 16.7 之间，为 O/W 型乳化剂。各种非离子型乳化剂均可单独使用来制备乳剂型基质，但为调节 HLB 值而常与其他乳化剂合用。非离子型表面活性剂无毒性，中性，对热稳定，对黏膜与皮肤比离子型乳化剂刺激性小，并能与酸性盐、电解质配伍，但与碱类、重金属盐、酚类及鞣质均有配伍变化。聚山梨酯类能严重抑制一些消毒剂、防腐剂的效能，如与羟苯酯类、季铵盐类、苯甲酸等络合而使之部分失活，但可适当增加防腐剂用量予以克服。非离子型表面活性剂为乳化剂的基质中可用的防腐剂有：山梨酸、洗必泰碘、氯甲酚等，用量约 0.2%。

二、乳膏剂的乳化剂

1. 阴离子型表面活性剂　一价皂：常为一价金属离子钠、钾、铵的氢氧化物、硼酸盐或三乙醇胺、三异丙胺等有机碱与脂肪酸（如硬脂酸或油酸）作用生成的新生皂，HLB 值一般在 15 ~18，为 O/W 型乳化剂。此类基质应避免应用于酸、碱类药物，含钙、镁离子类药物会因形成不溶性皂类而被破坏。忌与阳离子型表面活性剂及阳离子型药物配伍。

二价皂和多价皂：由二、三价的金属（钙、镁、锌、铝）氢氧化物与脂肪酸作用形成的多价皂，属 W/O 型乳化剂。

2. 非离子型表面活性剂 聚山梨酯类：O/W 型乳化剂，对黏膜和皮肤刺激性小，并能与电解质配伍。如聚山梨酯 80（吐温 80）。

脂肪酸山梨坦类：W/O 型乳化剂，如司盘类。

聚氧乙烯醚的衍生物：W/O 型乳化剂，如乳化剂 OP。

3. 高级脂肪醇及多元醇酯类 主要为 O/W 型乳化剂，如十六醇、十八醇、单硬脂酸甘油酯。

任务三　掌握制备乳膏剂的技术

一、乳膏剂的制备方法

乳膏剂的制备方法主要采用乳化法。乳化法是将处方当中的油脂性和油溶性组分一起加热至 80℃左右成油溶液（油相），另将水溶性组分溶于水后一起加热至 80℃左右成水溶液（水相），使温度略高于油相温度，然后将外相（连续相）逐渐加入内相（分散相）中，边加边搅至冷凝。关键是要根据乳膏类型、制备量的多少，以及设备条件等，来选择具体的操作方法。大量生产时若基质不够细腻，可在温度降至 30℃时再通过胶体磨或乳膏研磨机使更细腻均匀。还可使用旋转型热交换器的连续式乳膏机制造装置。

油水两相的混合乳化有三种方法：①两相同时混合；②分散相加到连续相中；③连续相加到分散相中。

二、实例分析

氧氟沙星乳膏

【处方】	氧氟沙星	3.0g	白凡士林	150g	十二烷基硫酸钠	12g
	液状石蜡	40g	硬脂酸	20g	甘油	50g
	十六醇	80g	蒸馏水	645g	共制成	1000g

【制法】取十六醇、白凡士林、液状石蜡、硬脂酸水浴加热至熔化，保温 70～80℃；另取十二烷基硫酸钠、甘油溶于水中，保温 70～80℃，加入氧氟沙星溶解后，缓缓加入上述油相，向同一方向不断搅拌至冷凝即得。

【注释】处方中氧氟沙星为主药，十六醇、白凡士林、液状石蜡、硬脂酸为油相，甘油、蒸馏水为水相。为适应临床需要，白凡士林、液状石蜡可相互增减。十二烷基硫酸钠为乳化剂（阴离子型），忌与阳离子型药物或乳化剂混用，以免乳化剂被破坏。

任务四　了解乳膏剂的质量控制和检查

一、乳膏剂的质量控制

1. 性状　白色或类白色乳膏。

2. 鉴别　在含量测定项下记录的色谱图中，供试品溶液主峰的保留时间与对照品溶液主峰的保留时间一致。

3. 粒度　除另有规定外，混悬型软膏剂、含饮片细粉的软膏剂照下述方法检查，应符合规定。

检查法　取供试品适量，置于载玻片上涂片薄层，薄层面积相当于盖玻片面积，共涂 3 片，照粒度和粒度分布测定法（通则 0982 第一法）测定，均不得检出大于 180μm 的粒子。

4. 性质稳定，无酸败、异臭、变色、变硬等变质现象。

5. 遮光、密封，置 25℃以下贮存。

二、乳膏剂的质量检查

按照《中国药典》2020 年版通则 0109 项下规定，乳膏剂应做装量、无菌及微生物限度等项目检查。

1. 装量　照最低装量检查法（通则 0942）检查，应符合规定。

2. 无菌　用于烧伤［程度较轻的烧伤（Ⅰ°或浅Ⅱ°外）］，严重创伤或临床必须无菌的乳膏剂，照无菌检查法（通则 1101）检查，应符合规定。

3. 微生物限度　除另有规定外，照非无菌产品微生物限度检查：微生物计数法（通则 1105）和控制菌检查法（通则 1106）及非无菌药物微生物限度标准（通则 1107）检查，应符合规定。

另外，乳膏剂的质量评价还包括主药含量、物理性质、刺激性、稳定性的检测和药物的释放、穿透及吸收等项目的评定。

实训十七　乳膏剂综合实训及考核

一、实训目的

学会用乳化法制备乳膏剂。

二、实验原理

利用乳化剂将不相混溶的油相分散到水相中或将水相分散到油相中，形成稳定的 O/W 型或 W/O 型黏稠乳膏。

三、实训器材

1. 药品及试剂 水杨酸、液状石蜡、白凡士林、水杨酸、单硬脂酸甘油酯、十二烷基硫酸钠、丙二醇、尼泊金甲酯、司盘60、聚山梨酯80、尼泊金丙酯、琼脂、三氯化铁、蒸馏水。

2. 器材 研钵、研棒、蒸发皿、烧杯。

四、实训操作

（一）O/W乳剂型基质的水杨酸乳膏制备

【处方】水杨酸 1g 白凡士林 1g 单硬脂酸甘油酯 4g

十二烷基硫酸钠 0.3g 丙二醇 4g 尼泊金甲酯 1g

蒸馏水 加至20g

【制法】取白凡士林、单硬脂酸甘油酯置于蒸发皿中，水浴加热至70～80℃使其熔化；将十二烷基硫酸钠、尼泊金甲酯和蒸馏水置烧杯中加热至70～80℃使其溶解（注意因蒸发应适量多加水分）。在同温下将水液缓慢加到油液中，边加边搅拌至完全乳化，取出蒸发皿，搅拌至45℃，得O/W乳剂型基质。取水杨酸溶解于丙二醇中，缓慢加入基质中研匀，制成20g。

（二）W/O乳剂型基质的水杨酸乳膏制备

【处方】水杨酸 1g 单硬脂酸甘油酯 2g 液状石蜡 10g

司盘60 0.3g 聚山梨酯80 0.1g 尼泊金丙酯 0.05g

蒸馏水 加至20g

【制法】取单硬脂酸甘油酯、液状石蜡、司盘60、聚山梨酯80和尼泊金丙酯置于蒸发皿中，水浴加热熔化并保持80℃，在同温下将油液缓慢加到水液中，边加边搅拌至完全乳化，从水浴中取出蒸发皿，搅拌冷却至45℃，得W/O乳剂型基质。将水杨酸置研钵中研细，分次加入基质，研匀即得。

五、实训考核

具体考核项目如表17－1所示。

表17－1 乳膏剂实训考核表

考核内容	技能要求	分值
基本概念的认识	能正确说出物料相关概念的内容（3个以上）	10
生产前检查	温度、相对湿度、仓库、物料状态标识、设备状态标志	10
按GMP要求操作	1. 根据生产指令，领料与发料 2. 结料与退料 3. 核实检验报告单、规格、批号	20

续表

考核内容	技能要求	分值
知识点的掌握	1. 物料平衡的计算 2. 损耗率的计算	30
记录与状态标识	1. 生产记录完整、适时填写（含物料平衡、收率等） 2. 适时填写、悬挂、更换状态标识	10
生产结束清场	1. 清产品：交于中间站 2. 清洁生产设备：顺序正确 3. 清洁工具和容器 4. 清洁场地	10
其他	正确回答岗位中常见问题的解决方法	10
合计		100

目标检测

一、单项选择题

1. 乳化法制备乳膏剂时，一般先将水、油两相分别加热至（　　）。

A. 50　　B. 60　　C. 70　　D. 80

2. 下列属于基质水相组成的是（　　）。

A. 凡士林　　B. 聚乙二醇　　C. 甘油　　D. 明胶

3. 下列（　　）不属于制备乳膏剂的设备。

A. 真空均质乳化机　　B. 电动研钵
C. 自动灌装封尾机　　D. 喷雾干燥器

4. 以下为 O/W 型乳化剂的是（　　）

A. 司盘类　　B. 三乙醇胺皂
C. 二价皂　　D. 三价皂

5. 下列哪项不是影响乳膏剂乳化的主要因素（　　）。

A. 乳化剂的性质　　B. 乳化的温度
C. 搅拌的时间　　D. 乳化的环境

6. 下列哪项不是乳膏剂制备的常用方法（　　）。

A. 分散相加到连续相中　　B. 连续相加到分散相中
C. 两相同时混合　　D. 凝聚法

7. 乳膏剂系指原料药物溶解或分散于乳状液型基质中形成的（　　）制剂。

A. 均匀半固体　　B. 均匀液体
C. 非均匀半固体　　D. 非均匀液体

二、判断题

1. 乳膏剂应具有适当的黏稠度，应易涂布于皮肤或黏膜上，不融化，黏稠度随季

节变化应很小。(　　)

2. 乳膏剂的组成包括：油相（常以 O 表示）、水相（常以 W 表示）和乳化剂。(　　)

3. 乳膏剂常见的类型有：油包水型（O/W 型）和水包油型（W/O 型）。(　　)

二、简答题

1. 乳膏剂的质量要求有哪些？

2. 乳膏剂常用的乳化剂有哪些？

（袁建华）

书网融合……

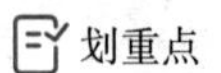

划重点　　自测题

项目十八 制备贴膏剂

PPT

学习目标

知识要求

1. **掌握** 贴膏剂的定义、质量要求和检查。
2. **熟悉** 贴膏剂的分类、特点。
3. **了解** 贴膏剂的制备。

能力要求

会对贴膏剂正确分类和质量检查。

岗位情景模拟

情景描述 小王最近由于天气温差较大着凉感冒发烧了，于是去药店买一些感冒药，药店的执业药师告诉小王，“你可以选择物理降温，某某贴膏剂非常适合你。”

讨论 1. 同学们，你们知道贴膏剂是怎么生产出来的吗？

2. 贴膏剂与贴剂有哪些不同之处？

任务一 认识贴膏剂

一、贴膏剂的定义

贴膏剂是指将原料药物与适宜的基质制成膏状物、涂布于背衬材料上供皮肤贴敷、可产生全身性或局部作用的一种薄片状柔性制剂，如图 18－1 所示。贴膏剂用法简便，兼有外治和内治的功能。

贴膏剂通常由含有活性物质的支撑层和背衬层以及覆盖在药物释放表面上的盖衬层组成，盖衬层起防粘和保护制剂的作用。常用的背衬材料有棉布、无纺布、纸等；常用的盖衬材料有防粘纸、塑料薄膜、铝箔－聚乙烯复合膜、硬质纱布等。

请你想一想

同学们，今天我们来学习贴膏剂。很多人一直以为俗称的“狗皮膏”就是贴膏剂，希望大家通过本项目的学习，清楚地认识什么是贴膏剂？最后来判断一下“狗皮膏药”是不是贴膏剂？

图 18－1 贴膏剂

二、贴膏剂的分类

贴膏剂按基质不同可分为橡胶贴膏（原橡胶膏剂）和凝胶贴膏（原巴布膏剂或凝胶膏剂）；按药物成分不同可分为中药贴膏剂和化学药物贴膏剂。

1. 橡胶贴膏 是指原料药物与橡胶等基质混匀后涂布于背衬材料上制成的贴膏剂。橡胶膏剂黏着力强，无需加热软化即可直接贴用；不污染衣物，携带方便，疗效确切，有保护伤口及防止皲裂等优点，用于治疗风湿痛、跌打损伤等。但透气性差，膏层较薄，容纳药物量少，药效维持时间相对较短，对皮肤有刺激，易过敏。（图 18－2）

橡胶贴膏的制备方法有溶剂法和热压法两种。常用溶剂为汽油、正己烷，常用基质有橡胶、热可塑性橡胶、松香、松香衍生物、凡士林、羊毛脂和氧化锌等，也可用其他适宜溶剂和基质。

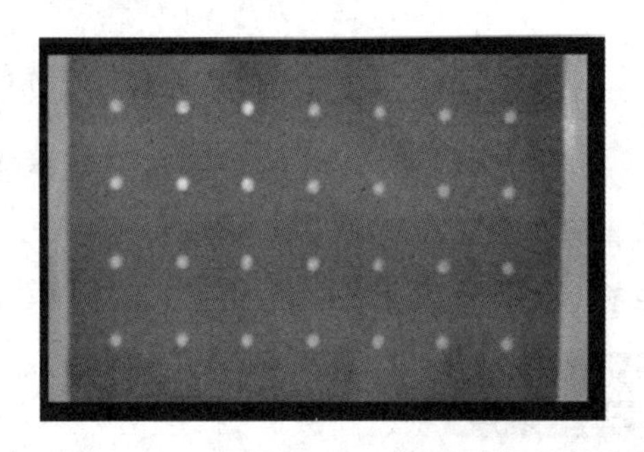

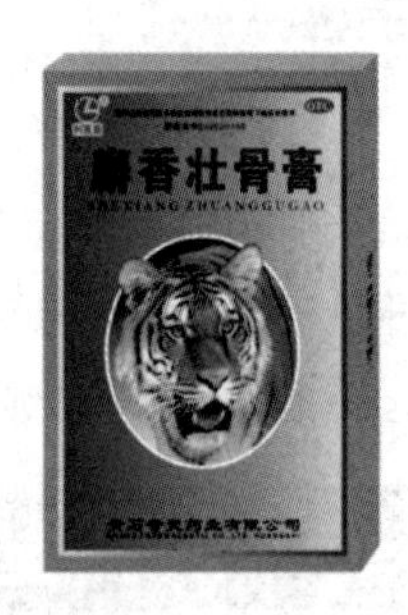

图 18－2 橡胶贴膏（麝香壮骨膏）

2. 凝胶贴膏 是指原料药物与适宜的亲水性基质混匀后，涂布于背衬材料上制成的贴膏剂。常用基质有聚丙烯酸钠、羧甲基纤维素钠、明胶、甘油和微粉硅胶等。该剂型载药量大，药效持久，尤其适用于中药浸膏；透气性好，耐汗性强，对皮肤无刺激性；使用方便，贴敷舒适，可重复揭贴，易洗除，生产时可无“三废”。其缺点是黏性较差，易失水（需加保湿剂）、膏体外溢等。（图 18－3）

图 18－3 凝胶贴膏（退热贴）

凝胶贴膏常用的基质包括聚丙烯酸钠、羧甲基纤维素钠、明胶、甘油和微粉硅胶等。

你知道吗

早期的凝胶贴膏称为泥罨剂，一般是将麦片等谷物与水、乳、蜡等混合成混合状，使用时涂布在纱布上，贴于患处，也称为泥状凝胶膏剂。随着一些高分子材料制成凝胶贴膏基质而有突破性发展。中药凝胶贴膏是指以水溶性高分子材料制成基质，与中药提取物混合制成的中药贴膏。

任务二 熟悉制备贴膏剂的技术

一、橡胶贴膏的制备

1. 溶剂法 是指采用适宜的溶剂溶解各类高分子材料制备成基质，再与药物混合均匀，涂布后挥去溶剂，胶体干燥成型的制备方法。该制备方法的特点是：制胶时温度易控，胶体流动性好，涂布膏量易控等优点；但由于生产时使用有机溶剂（常用溶剂为汽油、正己烷），安全性差，加热易使挥发性药物成分损失，污染环境等。

橡胶贴膏的制备工艺流程如图 18－4 所示。

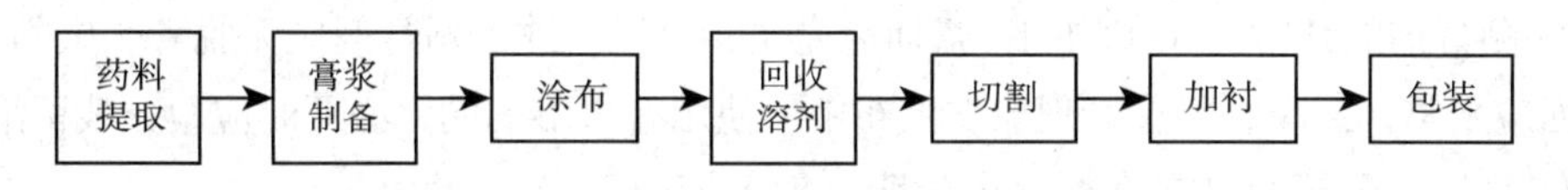

图 18－4 橡胶贴膏的制备工艺流程图

你知道吗

橡胶贴膏产品质量在生产时受多种因素影响，如胶体制备时加料方法、胶体温度、搅拌速度与时间、涂布时的烘箱温度、排风速量、涂布速度、涂布厚度等。生产时应严格按照 GMP 要求进行规范化操作。

2. 热压法 是指胶体制备时不使用有机溶剂，直接将橡胶等高分子材料炼合，再加入药物混匀后涂布于背衬材料上的制法。该制法具有生产时不用溶剂，安全性高，污染较小，成本低，涂布设备小，耗能少，无需加热，药物成分损失少，所制得贴膏剂外形美观、对皮肤刺激性小等优点；但有易出现含膏量不易控制、色泽差异大等生产问题。

制备工艺 取橡胶洗净，在 50～60℃温度下干燥或晾干，切成块状，在炼胶机中塑炼成网状薄片，加入油脂性药物等，待溶胀后再加入药物、氧化锌、松香等成分，炼压均匀，经涂膏、切割、加衬、包装，即得。

你知道吗

熔融法是指将热塑性橡胶与增黏树脂、软化剂、抗氧剂等基质材料加热熔融，制成热熔压敏胶基质，再加入药物混匀制成含药胶体，在一定温度下涂布于涂布材料上，经过冷却固化成型，再经复合、切割、包装的一种贴膏剂的制备方法。

二、凝胶贴膏的制备

与橡胶贴膏的制备基本相同，只是涂布后，用层压的方法将膏层与保护层复合，由自动包装机完成切割、包装。

任务三　了解贴膏剂的质量控制和检查

一、贴膏剂的质量控制

贴膏剂在生产与贮藏期间应符合下列有关规定。

1. 贴膏剂必要时可加入透皮促进剂、表面活性剂、乳化剂、稳定剂、保湿剂、抗过敏剂、抑菌剂或抗氧剂。

2. 贴膏剂的膏料应涂布均匀，膏面应光洁，色泽一致，贴膏剂应无脱膏、失黏现象；背衬面应平整、洁净、无漏膏现象。涂布中若使用有机溶剂的，必要时应检查残留溶剂。

3. 采用乙醇等溶剂应在标签中注明过敏者慎用。

4. 根据原料药物和制剂的特性，除来源于动、植物多组分且难以建立测定方法的贴膏剂外，贴膏剂的含量均匀度、释放度、黏附力等应符合要求。

5. 除另有规定外，贴膏剂应密封贮存。

二、贴膏剂的质量检查

1. 外观　要求涂布均匀，膏面光洁，色泽一致，无脱膏失黏现象，背衬面平整、洁净，无漏膏现象。

2. 含膏量　橡胶贴膏照第一法检查，凝胶贴膏照第二法检查。

第一法　取供试品 2 片（每片面积大于 35cm^2 的应切取 35cm^2），除去盖衬，精密称定重量，置于有盖玻璃容器中，加适量有机溶剂（如三氯甲烷、乙醚等）浸渍，并时时振摇，待背衬与膏料分离后，将背衬取出，用上述溶剂洗涤至背衬无残附膏料，挥去溶剂，在 105℃干燥 30 分钟，移置干燥器中，冷却 30 分钟，精密称定，减失重量即为膏重，按标示面积换算成 100cm^2 的含膏量，应符合各品种项下的有关规定。

第二法　取供试品 1 片，除去盖衬，精密称定，置烧杯中，加适量水，加热煮沸至背衬与膏体分离后，将背衬取出，用水洗涤至背衬无残留膏体，晾干，在 105℃干燥 30 分钟，移至干燥器中，冷却 30 分钟，精密称定，减失重量即为膏重，按标示面积换

算成 $100cm^2$ 的含膏量，应符合各品种项下的有关规定。

3. 耐热性　除另有规定外，橡胶贴膏取供试品 2 片，除去盖衬，在 60℃加热 2 小时，放冷后，膏背面应无渗油现象；膏面应有光泽，用手指触试应仍有黏性。

4. 赋形性　取凝胶贴膏供试品 1 片，置 37℃、相对湿度 64% 的恒温恒湿箱中 30 分钟，取出，用夹子将供试品固定在一平整钢板上，钢板与水平面的倾斜角为 60°，放置 24 小时，膏面应无流淌现象。

5. 黏附力　除另有规定外，凝胶贴膏照黏附力测定法（通则 0952 第一法）测定，橡胶贴膏照黏附力测定法（通则 0952 第二法）测定，均应符合各品种项下的规定。

6. 含量均匀度　除另有规定外，凝胶贴膏（除来源于动、植物多组分且难以建立测定方法的凝胶贴膏外）照含量均匀度检查法（通则 0941）测定，应符合规定。

7. 微生物限度　除另有规定外，照非无菌产品微生物限度检查：微生物计数法（通则 1105）和控制菌检查法（通则 1106）及非无菌药品微生物限度标准（通则 1107）检查，凝胶贴膏应符合规定，橡胶贴膏每 $10cm^2$ 不得检出金黄色葡萄球菌和铜绿假单胞菌。

实训十八　贴膏剂综合实训及考核

一、实训目的

通过实训，熟悉贴膏剂的制备技术，能制备出合格的贴膏剂。

二、实验原理

取橡胶洗净，在 50～60℃温度下干燥或晾干，切成块状，在炼胶机中塑炼成网状薄片，加入油脂性药物等，待溶胀后再加入药物、氧化锌、松香等成分，炼至均匀，经涂膏、切割、加衬、包装，即得。处方中：①无水明胶为固态，冷水中难溶，加热帮助溶解。②要趁热涂布，以免影响膏剂外观。③其中明胶、聚丙烯酸钠、甲基纤维素为黏合剂，聚乙二醇、甘油为保湿剂，氧化锌为填充剂。

三、实训器材

1. 药品及试剂　明胶、聚乙二醇、甘油、甲基纤维素、聚山梨酯 80、氧化钛、聚丙烯酸钠、氧化锌、白陶土、盐酸苯海拉明、水杨酸甲酯、樟脑、L－薄荷脑。

2. 器材　水浴锅。

四、实训操作

复方苯海拉明贴膏（凝胶贴膏）

【处方】	盐酸苯海拉明	0.2g	樟脑	0.2g	L－薄荷脑	6.7g
	水杨酸甲酯	20g	甘油	200g	聚乙二醇	9g

氧化钛	170g	聚丙烯酸钠	31g	聚山梨酯80	10g
明胶	100g	氧化锌	2.7g	白陶土	150g
甲基纤维素	25g	水	433ml		

【制法】将明胶用水浸泡，除去过量水分，于水浴上加热熔化，然后加入聚乙二醇、甘油、甲基纤维素、聚山梨酯80混匀，再加入氧化钛、聚丙烯酸钠、氧化锌、白陶土继续混匀，最后加入盐酸苯海拉明、水杨酸甲酯、樟脑、L－薄荷脑等，充分混匀，趁热涂布于背衬材料上，以聚乙烯薄膜覆盖，即得。

五、实训考核

具体考核项目如表18－1所示。

表18－1 贴膏剂实训考核表

考核内容	技能要求	分值
基本概念的认识	能正确说出物料相关概念的内容（3个以上）	10
生产前检查	温度、相对湿度、仓库、物料状态标识、设备状态标志	10
按GMP要求操作	1. 根据生产指令，领料与发料 2. 结料与退料 3. 核实检验报告单、规格、批号	20
知识点的掌握	1. 物料平衡的计算 2. 损耗率的计算	30
记录与状态标识	1. 生产记录完整，适时填写（含物料平衡、收率等） 2. 适时填写、悬挂、更换状态标识	10
生产结束清场	1. 清理产品：交与中间站 2. 清洁生产设备：顺序正确 3. 清洁工具和容器 4. 清洁场地	10
其他	正确回答岗位中常见问题的解决方法	10
合计		100

目标检测

一、单项选择题

1. 用水溶性高分子材料作基质的贴膏剂又称（　　）
   A. 软膏剂　　B. 膏药
   C. 凝胶膏剂　　D. 橡胶膏剂
2. 下列有关橡胶贴膏剂陈述，不正确的是（　　）
   A. 对机体几乎无损害　　B. 不污染衣物
   C. 黏着力强　　D. 运输、携带和使用均方便

3. 下列有关凝胶膏剂叙述，不正确的是（　　）
   A. 载药量大　　B. 可反复贴敷
   C. 与皮肤生物相容性好　　D. 透气性不好
4. 下列不属于外用膏剂作用的是（　　）
   A. 局部治疗　　B. 全身治疗　　C. 急救　　D. 保护创面
5. 在橡胶膏剂的膏料中加入松香可增加（　　）
   A. 塑性　　B. 黏性　　C. 韧性能　　D. 弹性
6. 下列在外用膏剂中对透皮吸收有利的物质是（　　）
   A. 吐温 80　　B. 动物油　　C. 植物油　　D. 甘油
7. 云南白药创可贴是哪种剂型（　　）
   A. 黑药膏　　B. 橡胶贴膏剂　　C. 贴剂　　D. 凝胶贴膏

二、配伍选择题

［1～4］A. 软膏剂　　B. 橡胶贴膏　　C. 贴剂　　D. 凝胶贴膏

1. 药物与油脂性或水溶性基质混合制成的具有一定稠度的均匀半固体外用制剂。
2. 原料药物与适宜的亲水性基质混匀后涂布于背衬材料上制成的贴膏剂。
3. 原料药物与橡胶等基质混匀后涂布于背衬材料上制成的贴膏剂。
4. 原料药物与适宜的材料制成的供贴敷在皮肤上的，可产生全身性或局部作用的一种薄片状柔性制剂。

［5～8］A. 羊毛脂　　B. 聚乙二醇　　C. 聚丙烯酸钠　　D. 氧化锌

5. 属于软膏剂油脂性基质的是（　　）
6. 属于凝胶贴膏剂基质材料的是（　　）
7. 属于软膏剂水溶性基质的是（　　）
8. 橡胶贴膏剂的填充剂的是（　　）

三、简答题

1. 什么是贴膏剂，贴膏剂又分成几类？
2. 贴膏剂生产和贮藏时应符合哪些质要求？

（袁建华）

书网融合……

自测题

项目十九　制备栓剂

PPT

学习目标

知识要求

1. **掌握**　栓剂的定义、作用特点。
2. **熟悉**　栓剂的制备工艺。
3. **了解**　栓剂的基质种类和质量检查。

能力要求

熟练掌握栓剂制备的操作技术。

岗位情景模拟

情景描述　某药厂生产吲哚美辛栓，其处方为：吲哚美辛 25g，半合成脂肪酸甘油酯适量，共制 1000 枚。

讨论　1. 吲哚美辛栓相对于传统的口服给药剂型，有什么优点？

2. 处方中半合成脂肪酸甘油酯是起什么作用？

任务一　认识栓剂

一、栓剂的定义

栓剂系指药物与适宜基质制成供腔道给药的固体制剂（图 19－1）。栓剂根据施用腔道的不同分为直肠栓、阴道栓和尿道栓。直肠栓为鱼雷形、圆锥形或圆柱形等；阴道栓为鸭嘴形、球形或卵形等；尿道栓一般为棒状。阴道栓可分为普通栓和膨胀栓。阴道膨胀栓系指含药基质中插入具有吸水膨胀功能的内芯后制成的栓剂；膨胀内芯系以脱脂棉或黏胶纤维等经加工、灭菌制成。

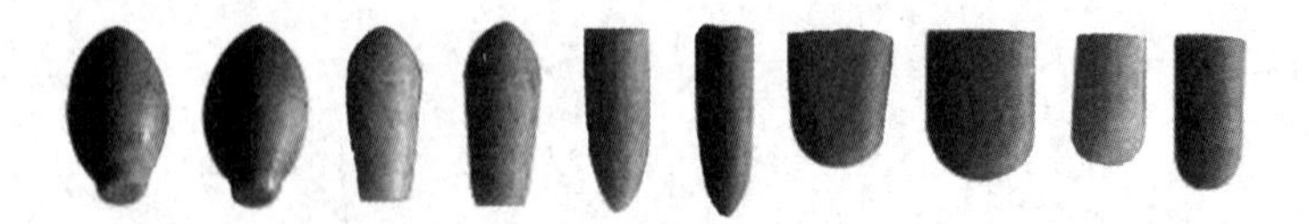

图 19－1　栓剂

栓剂又称“塞药”“坐药”，是一种具有悠久历史的剂型。在我国，栓剂早已有之，在《史记》《金匮要略》《本草纲目》等书中均有关于栓剂的记载。栓剂可用于局部，起润滑、收敛、抗菌、杀虫、局麻等作用，也能通过直肠吸收发挥全身作用，而且还可免于肝脏首过作用。目前，栓剂应用的品种和数量正日益增多。

你知道吗

栓剂的大小

直肠栓长3～4cm，成人用栓剂每粒重约2g，儿童用约1g。其中鱼雷形较多用，由于肛门括约肌的收缩，此形状的栓剂塞入后容易抵向直肠内。阴道栓重2～2.5g，直径1.5～2.5cm，其中鸭嘴形表面积较大，也可用圆锥形。尿道栓呈笔形，一端稍尖，男用的重约4g，长10～15cm；女用的重约2g，长6～7.5cm。

二、栓剂的作用特点

栓剂常温下为固体，进入人体腔道后，在体温下软化、熔融或溶解于分泌液，逐渐释放出药物产生局部或全身作用。一般对胃肠道有刺激性、在胃中不稳定或者有肝脏首过作用的药物，可以考虑制成栓剂直肠给药。

1. 局部作用　局部作用的栓剂主要起止痛、止痒、抗菌消炎等作用。如用于便秘的甘油栓、用于阴道炎的达克宁栓。起局部作用的栓剂要求释药缓慢而持久。

2. 全身作用　栓剂的全身作用主要是肛门栓通过直肠给药，药物由直肠吸收至血液循环起全身作用，常用于解热、镇痛、镇静、抗菌、消炎等。如治疗发热的阿司匹林栓、用于消炎镇痛的吲哚美辛栓。起全身作用的栓剂要求在腔道内迅速释药。

请你想一想

发挥全身作用的栓剂是如何吸收进入血液发挥全身作用的？

你知道吗

直肠给药

药物直肠吸收途径：①塞入肛门深部，距肛门口6cm处，药物主要经上直肠静脉入门静脉，经肝脏代谢后，再进入血液循环；②塞入肛门浅部，距肛门口2cm处，药物主要经中下直肠静脉入下腔静脉，直接进入血液循环；③药物经直肠黏膜进入淋巴系统。

任务二　了解栓剂的基质

栓剂主要由主药和基质两部分组成。基质不仅是栓剂的赋形剂，同时也是药物的载体。因此，栓剂基质对剂型特性和药物释放均具有重要影响。常用的栓剂基质可分为油脂性基质、水溶性基质两类。

一、油脂性基质

1. 可可豆脂　常温下为黄白色固体，无刺激，可塑性好，能与多种药物配伍。熔程31～34℃，加热至25℃时开始软化，体温下能迅速融化。加入10%以下羊毛脂能增加其可塑性。本品化学组成为脂肪酸甘油三酯，主要为硬脂酸酯、棕榈酸酯和油酸酯等的混合物，还含有少量不饱和酸。由于所含各酸比例的不同，所组成的甘油酯混合物的熔点及药物释放速度也不同。可可豆脂有 α、β、β及 γ 四种晶型，其中 β 型为稳定晶型。

有些药物如樟脑、薄荷脑、冰片、水合氯醛、酚等能使本品熔点降低，可加入适量的蜂蜡、鲸蜡等提高其熔点。

可可豆脂是优良的栓剂基质，但需进口，且价贵，因此研制各种半合成脂肪酸酯是解决可可豆脂供应不足的主要途径。

2. 半合成脂肪酸甘油酯 系由天然植物油（如椰子或棕榈种子油等）水解、分馏所得的游离脂肪酸，经部分氢化再与甘油酯化而得的甘油三酯、二酯、一酯的混合酯。这类半合成脂肪酸酯具有适宜熔点，不易酸败，为目前取代天然油脂的较理想的栓剂基质。国内已生产的有半合成椰油脂、半合成山苍子油脂、半合成棕榈油酯等。

二、水溶性基质

1. 甘油明胶 系水、明胶、甘油三者按一定的比例（10∶20∶70）在水浴上加热融和，蒸去大部分水，放冷后凝固而成。本品有弹性，不易折断，体温下不融化，但能软化并缓慢地溶于分泌液中，故药效缓慢，持久。其溶解速度与明胶、甘油及水三者用量有关，甘油与水的含量越高则越容易溶解，且甘油能防止栓剂干燥变硬。本品多用作阴道栓剂基质。

明胶是胶原水解产物，凡与蛋白质能产生配伍变化的药物，如鞣酸、重金属盐等均不能用甘油明胶作基质。以本品为基质的栓剂贮存时应注意在干燥环境中的失水性，本品也易滋长霉菌等微生物，故需加抑菌剂。

2. 聚乙二醇（PEG）类 本类基质随乙二醇聚合度、分子量不同，物理性状也不一样，随分子量增加从液体逐渐过渡到半固体、固体，熔点也随之升高。不同分子量的 PEG，以一定比例混合可制成适当硬度的栓剂基质。本品无生理作用，遇体温不融化，但能缓缓溶于体液中而释放药物。本品吸湿性较强，对黏膜有一定刺激性，加入约 20% 的水，可减轻刺激性。聚乙二醇栓受潮后易变形，应注意防潮，贮存于干燥处。

聚乙二醇基质不宜与银盐、鞣酸、奎宁、水杨酸、乙酸水杨酸、苯佐卡因、氯碘喹啉、磺胺类药物配伍。

3. 聚氧乙烯单硬脂酸酯类 系聚乙二醇的单硬脂酸酯和二硬脂酸酯的混合物，并含有游离乙二醇。商品代号为“S－40”，为水溶性基质。呈白色至微黄色，无臭或稍具脂肪臭味的蜡状固体，熔点为 39～45℃，可溶于水、乙醇、丙醇等，不溶于液状石蜡。S－40 还可以与 PEG 混合应用，制得崩解释放均较好、性质较稳定的栓剂。

4. 泊洛沙姆 系聚氧乙烯、聚氧丙烯的嵌段聚合物，随聚合度增大，物态从液体、半固体至蜡状固体，易溶于水，可用作栓剂基质。

三、添加剂

除主药及基质外，栓剂的处方中可根据不同目的加入一些添加剂，如硬化剂、增稠剂、吸收促进剂、抗氧剂、防腐剂等。

1. 硬化剂　若栓剂在贮藏或使用时过软，可加入硬化剂来调节。常用的硬化剂有白蜡、硬脂酸等。

2. 增稠剂　常用的增稠剂有氢化蓖麻油、单硬脂酸甘油酯等。

3. 吸收促进剂　起全身治疗作用的栓剂，可考虑添加吸收促进剂以增加直肠黏膜对药物的吸收。常用的吸收促进剂有表面活性剂、氮酮（azone）等。

4. 抗氧剂　对易氧化的药物可考虑加入抗氧剂。常用的抗氧剂有叔丁基对甲酚（BHT）、叔丁基羟基茴香醚（BHA）等。

你知道吗

栓剂基质要求

优良的基质应具下列要求：①室温时具有适宜硬度，塞入腔道不变形、不破碎。在体温下易软化、融化，能与体液混合或溶于体液；②对黏膜无刺激性、无过敏、无毒性；③性质稳定不妨碍主药作用与含量测定；④不因晶形转化而影响栓剂成型；⑤基质熔点与凝固点间距不宜过大，油脂性基质的酸价应在0.2以下，皂化价应在200~245间，碘价低于7；⑥易于脱模，适合冷压法及热熔法制栓。

任务三　熟悉制备栓剂的技术

栓剂的制备方法常用的有冷压法与热熔法二种，可根据基质种类及制备要求选择制法。一般水溶性基质多采用热熔法，油脂性基质制备栓剂两种方法均可采用。此外临时制备还可采用搓捏法，主要用于脂肪型基质小量制备。

你见过各种形状的蜡烛么？你觉得它们应该是怎样做成的呢？

制备栓剂用的固体原料药物，除另有规定外，应预先用适宜方法制成细粉或最细粉。

一、冷压法

冷压法主要用于油脂性基质制备栓剂。其方法是将药物与基质的粉末置于冷却的容器内混合均匀，然后装入压栓机内压制而成。冷压法可避免加热对药物的影响，但生产效率不高，使用较少。

二、热熔法

将基质用水浴或蒸汽浴加热熔化（温度不宜过高），然后加入药物混合均匀，倾入涂有润滑剂的栓模中冷却，待完全凝固后，削去溢出部分，开模取出，包装即得。是应用广泛的制栓方法。

1. 热熔法制备栓剂的工艺流程 如图19－2所示。

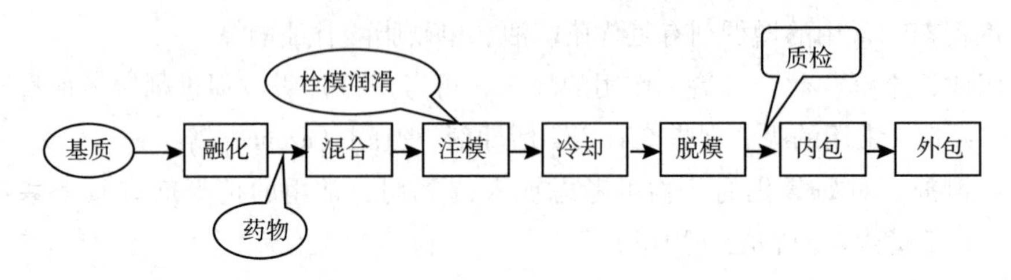

图19－2 热熔法制备栓剂的工艺流程图

2. 药物与基质的混合注意事项 ①油溶性药物可直接溶于已融化的油脂性基质中；②水溶性药物可直接与融化的水溶性基质混合；③水溶性药物可先溶解在少量水中，用羊毛脂吸收后再与油脂性基质混合；④难溶性固体药物应先粉碎成细粉，再混悬于基质中。

3. 栓模润滑 为能易于脱模，常需对栓模进行润滑，栓模孔内涂的润滑剂根据基质选用：①油脂性基质的栓剂，常用软肥皂、甘油各一份与95%乙醇五份混合所得的肥皂醑润滑栓模；②水溶性基质的栓剂，则用油性液体润滑剂，如液状石蜡或植物油等润滑栓模；③不沾模的基质，如可可豆脂或聚乙二醇类，可不用润滑剂。

4. 制栓设备 小量生产可用栓模手工灌注；大量生产则用全自动栓剂灌封机(19－3)。全自动灌封机具有制带、灌注、冷却、封口等工作程序，即将配制好的药料通过全自动灌封机后，即可制得内包装完好的栓剂。

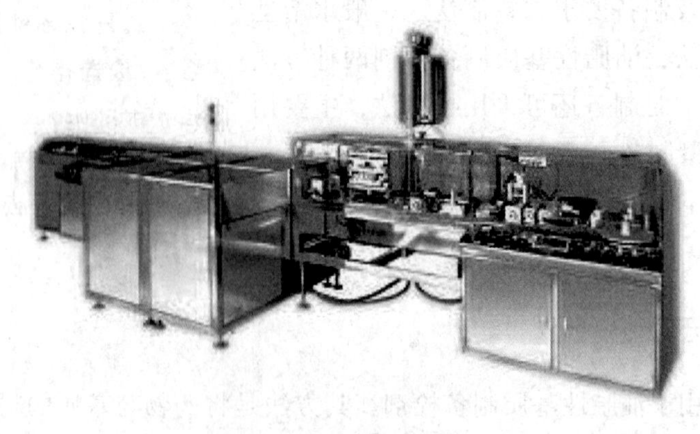

图19－3 全自动栓剂灌封机

任务四 了解栓剂的质量控制和检查

一、栓剂的质量控制

1. 栓剂中的原料药物与基质应混合均匀。
2. 栓剂外形应完整光滑，无气泡、花斑、杂点等。
3. 栓剂放入腔道后应无刺激性，应能融化、软化或溶化。
4. 栓剂应有适宜的硬度，以免在包装或贮存时变形。
5. 栓剂应在30℃以下密闭贮存和运输，防止因受热、受潮而变形、发霉、变质。

二、栓剂的质量检查

1. 重量差异 检查方法：取栓剂10粒，精密称定总重量，求得平均粒重，再分别精密称定各粒的重量，与平均重量比较，超出重量差异限度（表19-1）的药栓不得多于1粒，并不得超出限度1倍。

表19-1 栓剂重量差异限度

平均粒重或标示粒重	重量差异限度
1.0g及1.0g以下	±10%
1.0g以上至3.0g	±7.5%
3.0g以上	±5%

凡规定检查含量均匀度的栓剂，一般不再进行重量差异检查。

2. 融变时限 照融变时限检查法（通则0922）检查。取栓剂3粒，在室温放置1小时后，按融变时限检查法规定的检查装置和方法检查，除另有规定外，油脂性基质的栓剂应在30分钟内全部融化、软化或触压无硬心；水溶性基质的栓剂应在60分钟内全部溶解，如有1粒不符合规定，应另取3粒复试，均应符合规定。

3. 膨胀值 除另有规定外，阴道膨胀栓应检查膨胀值，并符合规定。

4. 微生物限度 除另有规定外，照非无菌产品微生物限度检查：微生物计数法（通则1105）和控制菌检查法（通则1106）及非无菌药品微生物限度标准（通则1107）检查应符合规定。

实例分析

甲硝唑栓

【处方】 甲硝唑 10g S-40 500g 制成 100粒

【制法】 取S-40在水浴上加热融化，将甲硝唑极细粉加入融化的基质中，研匀，保温注模，冷却成型，脱模，即得。

【注释】①本品为无色或几乎无色的透明或半透明栓剂；②本品为阴道栓，起抗厌氧菌作用；③本品需密闭，在30℃以下保存。

实训十九　栓剂综合实训及考核

一、实训目的

掌握热熔法制备栓剂的基本操作步骤。

二、实训原理

热熔法制备栓剂的工艺流程如图19－4所示。

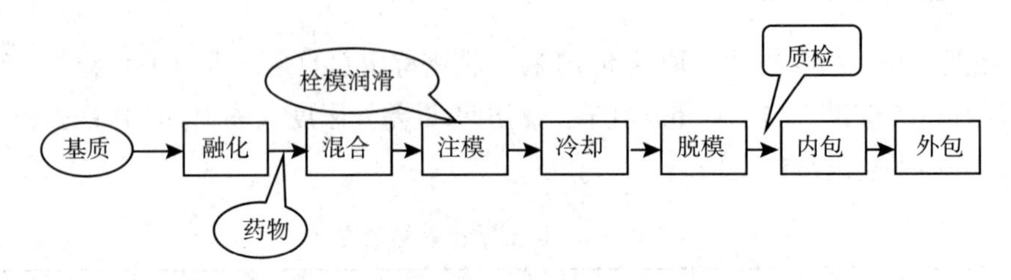

图19－4　热熔法制备栓剂的工艺流程图

三、实训器材

1. 药品及试剂　甘油、干燥碳酸钠、硬脂酸、纯化水、液状石蜡、克霉唑、PEG 400、PEG 4000等。

2. 器材　天平、量筒、蒸发皿、水浴锅、玻璃棒、栓模、小刀等。

四、实训操作

（一）甘油栓的制备 微课

【处方】甘油　16g　干燥碳酸钠　0.4g　硬脂酸　1.6g

纯化水　2.0ml　制成肛门栓　6枚

【制法】在蒸发皿中加入处方量的干燥碳酸钠、纯化水及甘油，置水浴上加热搅匀，缓缓加入硬脂酸细粉，随加随搅拌，待泡沸停止溶液澄明，即可注入已用液状石蜡润滑处理过的栓模中，放冷，起模，即可。

【注释】①水分的含量不宜过多，否则成品易发生浑浊；②硬脂酸细粉要少量分次加入，使其与碳酸钠充分反应；③注模前一定要待泡沸停止，溶液澄明，此时硬脂酸与碳酸钠充分反应，生成硬脂酸钠做基质，同时产生的二氧化碳应除尽，否则成品内有气泡；④本品是亲水的硬脂酸钠为基质，所以栓模上涂液状石蜡为润滑剂；⑤栓模可先适当预热，防止注模后栓剂冷却过快；⑥本品为润滑性通便药，直肠给药。

（二）克霉唑栓剂的制备

【处方】克霉唑　0. 6g　PEG 400　4. 8g　PEG 4000　4. 8g
　　　　制成阴道栓　4 枚

【制法】取克霉唑粉 0. 6g 研细，过 100 目筛，备用，另取 PEG 400 及 PEG 4000 各 4. 8g 在水浴上加热熔融，加入克霉唑细粉，搅拌至溶解，并迅速注入已用液状石蜡润滑的栓模中，放冷，起模，即可。

五、思考题

甘油栓的制备原理是什么？操作时有哪些注意点？

六、实训考核

具体考核项目如表 19 – 2 所示。

表 19 – 2　栓剂综合实训考核表

检查项目	考核要求	分值	得分
实训操作	操作步骤正确，操作规范	70	
实训结果	外形、重量差异限度符合要求	20	
清场	器材归位、场地清洁	10	
合计		100	

目标检测

一、单项选择题

1. 制备油脂性基质的栓剂时，栓模润滑可选用的润滑剂是（　　）
   A. 液状石蜡　B. 植物油　C. 肥皂　D. 肥皂醑
2. 以甘油明胶为基质的栓剂，栓模润滑可选用的润滑剂是（　　）
   A. 液状石蜡　B. 乙醇　C. 甘油　D. 水
3. 水溶性基质的栓剂全部溶解的时间应在（　　）分钟内。
   A. 30　B. 40　C. 50　D. 60
4. 油脂性基质的栓剂全部融化、软化的时间应在（　　）分钟内。
   A. 30　B. 40　C. 50　D. 60
5. 下面关于栓剂的说法错误的是（　　）
   A. 栓剂可发挥局部或全身治疗作用
   B. 栓剂应无刺激性，有一定硬度
   C. 栓剂制备方法有冷压法、热熔法等

D. 栓剂必须要检查药物的溶出度

二、简答题

1. 简述栓剂基质的类型有哪些，并举例。
2. 简述热熔法制备栓剂的工艺流程。

（杨　芳）

书网融合……

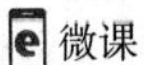
微课

划重点

自测题

项目二十 制备注射剂

PPT

学习目标

知识要求

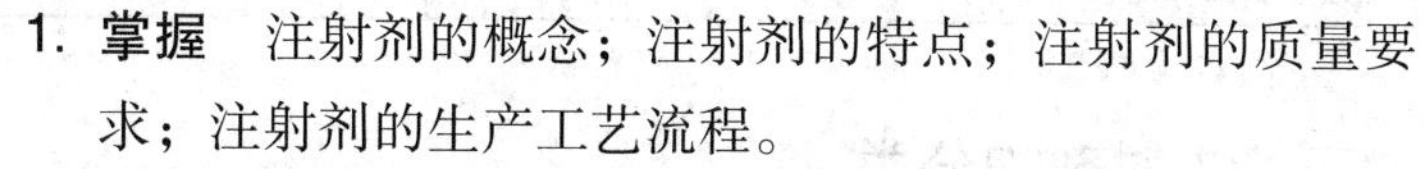

1. **掌握** 注射剂的概念；注射剂的特点；注射剂的质量要求；注射剂的生产工艺流程。
2. **熟悉** 注射剂常用的溶剂和附加剂；热原的定义；热原的性质。
3. **了解** 注射剂的质量检查；热原的主要污染途径和除去方法。

能力要求

1. 能识别不同类型的注射剂。
2. 能根据标准操作规程进行注射剂生产相关岗位的操作。

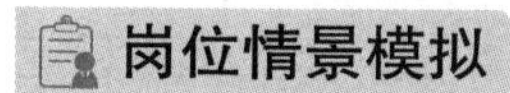

岗位情景模拟

情景描述 下面是利舍平注射液的处方。

【处方】	利舍平	2.5g	聚山梨酯80	100.0ml
	苯甲醇	20.0ml	无水枸橼酸钠	2.5g
	注射用水	加至10000.0ml		

讨论 请分析处方中各组分的作用。

任务一 认识注射剂

一、注射剂的定义

注射剂系指原料药物或与适宜的辅料制成的供注入体内的无菌制剂。注射剂可分为注射液、注射用无菌粉末与注射用浓溶液等。如图20－1。

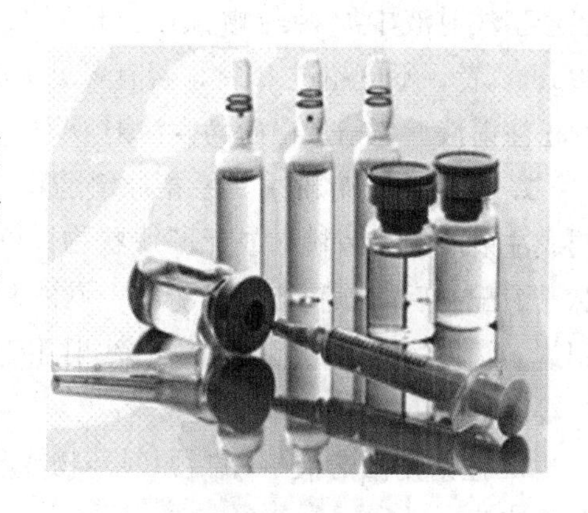

图20－1 注射剂

二、注射剂的特点

注射剂的优点和缺点如表20－1所示。

表 20－1 注射剂的优点与缺点

优点	缺点
药效迅速、可靠	不安全，注入人体后不良反应发生快且严重
适用于不宜口服给药的患者	注射时疼痛
适用于不宜口服的药物	用药不便，需专业技术人员给药
具有局部定位作用	制造过程复杂，工艺要求严格，生产成本高

三、注射剂的分类

《中国药典》2020 年版将注射剂分为注射液、注射用无菌粉末和注射用浓溶液三类。

1. 注射液 系指原料药物或与适宜的辅料制成的供注入体内的无菌液体制剂，包括溶液型注射液、乳状液型注射液和混悬型注射液。其中，供静脉滴注用的大体积注射液（除另有规定外，一般不小于 100ml，生物制品一般不小于 50ml）也称为输液。乳状液型注射液，不得用于椎管内注射。混悬型注射液不得用于静脉注射或椎管内注射。

（1）溶液型注射液 包括水溶液和油溶液（非水溶剂）两类。一般对于在水中稳定且有足够溶解度的药物，或者在水中溶解度不足但可以采用适当方法增加其溶解度的药物均可以制成水溶液。而有些在水中难溶或特意溶解在非水溶剂中以延长药效的药物可以制成水溶液。其中水溶液型注射剂最为常见，如葡萄糖注射液、黄体酮注射液等。

（2）乳状液型注射液 水不溶性的液体药物可以分散在适宜的分散介质中制成乳状液型注射剂。供静脉注射用的乳状液型注射剂中 90% 的乳滴粒径应控制在 1μm 以下，不得有大于 5μm 的乳滴。常见的有静脉营养脂肪乳注射液等。

（3）混悬型注射液 某些难溶的、在水溶液中不稳定的或注射后要求延长药效的固体药物，可以将药物以细小微粒的形式分散在水或油中制成混悬液。除另有规定外，混悬型注射液中原料药物粒径应控制在 15μm 以下，含 15 ~ 20μm（间有个别 20 ~ 50μm）者，不应超过 10%，若有可见沉淀，振摇时应容易分散均匀。常见的有醋酸可的松注射液、鱼精蛋白胰岛素注射液等。

2. 注射用无菌粉末 系指原料药物或与适宜的辅料制成的供临用前用无菌溶液配制成注射液的无菌粉末或无菌块状物，可用适宜的注射用溶剂配制后注射，也可用静脉输液配制后静脉滴注。以冷冻干燥法制备的注射用无菌粉末，也可称为注射用冻干制剂。常见的注射用无菌粉末有注射用青霉素钾、注射用头孢呋辛钠、注射用糜蛋白酶等。

3. 注射用浓溶液 系指原料药物或与适宜的辅料制成的供临用前稀释后注射的无菌浓溶液。

四、注射剂的给药途径

注射剂根据医疗的需要，有不同的给药途径，给药途径不同，注射剂的质量要求和作用特点也有差异。

1. 皮内注射 注射于表皮与真皮之间，一次剂量在0.2ml以下，主要为水溶液。常用于过敏性试验或疾病诊断，如青霉素皮试液等。

2. 皮下注射 注射于真皮与肌肉之间的松软组织内，一般用量为1~2ml，此部位的药物吸收更趋缓慢。皮下注射液主要是水溶液，如胰岛素注射液等。

3. 肌内注射 注射于肌肉组织中，大多为臀肌及上臂三角肌，一次剂量为1~5ml，起效比静脉注射慢，但持续时间较长。水溶液、油溶液、混悬液及乳浊液均可作肌内注射。

4. 静脉注射 注入静脉内，分静脉推注和静脉滴注两种，前者一般用量5~50ml，后者50ml至数千毫升。常用水溶液，平均直径小于1μm的乳浊液也可用，但非水溶液（如氢化可的松注射液）和混悬液易引起毛细血管栓塞，不宜静脉注射。凡能导致红细胞溶解或使蛋白质沉淀的药物，均不宜静脉给药。

此外，还有动脉注射、椎管内注射、鞘内注射、脑池内注射、心内注射、关节内注射、穴位注射、硬膜外注射等。脑池内、椎管内、硬膜外用的注射液均不得加抑菌剂。除另有规定外，一次注射量超过15ml的注射液，亦不得加抑菌剂。

五、注射剂的质量要求

注射剂直接注入体内，其安全性和质量要求远远高于口服制剂等其他剂型。注射剂的质量要求主要有以下几个方面。

1. 无菌 任何注射剂成品均应无菌，按照《中国药典》中无菌检查法项下的方法检查，应符合规定。

2. 无热原 注射用水、大容量注射剂、供静脉注射及脊髓腔内注射的制剂，均需进行热原检查，合格后方能使用。

3. 可见异物 在规定条件下目视检查，注射剂不得检出不溶性物质，其粒径或长度通常大于50μm。

4. 不溶性微粒 静脉用注射剂（乳液型注射液、注射用无菌粉末、注射用浓溶液）需进行不溶性微粒的检查，应符合《中国药典》的有关规定。

5. pH 注射剂的pH应与血浆的pH相等或接近（血浆的pH约为7.4），一般控制在4~9的范围内。

6. 渗透压 注射剂的渗透压应与血浆的渗透压相等或接近，静脉输液由于量大，应尽可能与血浆等渗或稍高渗。

7. 安全性 注射剂不应对组织有刺激性或毒性，必须经过严格的动物实验，证明其安全性，确保使用安全。

8. 稳定性 注射剂应具有一定的物理稳定性和化学稳定性，确保产品在有效期内安全有效。

9. 装量及装量差异 溶液型注射剂的装量应不低于标示量，注射用无菌粉末应检查装量差异，符合《中国药典》有关规定。

10. 其他 不同药物有不同的质量要求和检查项目。如有色或易变色的注射液应进行颜色检查，一些品种应进行异常毒性、过敏试验、降压物质检查等，以确保用药安全。

任务二 了解热原

一、热原的含义和组成

热原系指能引起恒温动物体温异常升高的致热物质。包括细菌性热原、化学热原等。大多数细菌都能产生热原，致热能力最强的是革兰阴性杆菌所产生的热原，真菌和病毒也能产生热原。药物制剂技术中所指热原主要是细菌性热原。

微生物代谢产物中的内毒素是产生热原反应最主要的致热物质。内毒素是由磷脂、脂多糖和蛋白质组成。其中，脂多糖是内毒素的主要成分，具有特别强的致热性，分子量越大致热作用也越强。

含有热原的注射液注入人体后，能导致特殊的致热反应，表现为发冷、寒战、发烧、恶心、呕吐等毒性反应，严重者体温可达40℃，以至昏迷、虚脱，甚至有生命危险。

二、热原的性质

1. 耐热性 热原具有良好的耐热性，180℃、3～4小时；200℃、60分钟或250℃、30～40分钟才能被彻底破坏，通常注射剂的灭菌条件下，均不足以使热原被破坏。

2. 水溶性 热原易溶于水，几乎不溶于乙醚、丙酮等有机溶剂。

3. 不挥发性 热原本身不挥发，但在蒸馏时，可随水蒸气中的雾滴带入蒸馏水中，因此，蒸馏水机必须设有隔沫装置，以防热原被带入蒸馏水中。

4. 滤过性 热原体积小，在1～5nm之间，可通过一般的滤器和微孔滤膜，但用超滤膜可将其除去。

5. 可被吸附性 热原易被吸附剂吸附，其中以活性炭吸附能力最强，故配制注射液时，药液常用活性炭处理。

6. 其他 强酸、强碱如盐酸、硫酸、氢氧化钠等，氧化剂如高锰酸钾、过氧化氢等均能破坏热原；超声波、反渗透膜、阴离子树脂也能破坏或吸附热原。

三、热原污染注射剂的主要途径

1. 溶剂 注射用水是热原污染的主要来源。蒸馏设备结构不合理，操作与接收容器不当，贮存时间过长等均易导致热原污染问题。

2. 原辅料　一些营养性药物，如葡萄糖，会因储存不当易滋生微生物而产生热原；一些生物药品，如水解蛋白、右旋糖酐等，因其用生物方法生产，易带入致热物质。

3. 容器、用具、管道和设备等　未按 GMP 要求清洗和灭菌而造成热原污染。

4. 生产过程和生产环境　生产过程中室内洁净度不符合要求、操作时间过长、装置不密闭等，均增加了细菌污染机会，从而产生热原。

5. 使用过程　有时输液本身并不含热原，但由于输液器具（输液瓶、乳胶管、针头、针管与针筒等）质量不合格或调配环境不符合要求而造成污染，也会引起热原反应。

请你想一想

在注射剂的生产过程中，为了避免热原的产生，可以采取哪些措施？

四、除去热原的方法

1. 容器具上的热原可用高温法、酸碱法除去。注射用的针头、针筒或玻璃器皿等耐热容器具清洁后在250℃加热 30～45 分钟；玻璃容器、用具还可用重铬酸钾硫酸溶液浸洗或用稀氢氧化钠溶液处理。

2. 溶剂中的热原可用蒸馏法、离子交换法及反渗透法除去。蒸馏法用于去除水中的热原，是利用热原不挥发的特性；热原可被强碱性阴离子交换树脂交换；反渗透法除热原则是利用机械过滤作用，用三醋酸纤维素膜和聚酰胺膜除去热原。

3. 药液中的热原可用吸附法、超滤法、离子交换法、反渗透法和凝胶过滤法除去。活性炭对热原有较强的吸附作用，是一种有效去除热原的方法，此外活性炭还有助滤、脱色作用，在注射剂生产中使用广泛。超滤膜常用于注射液的滤过，用于截留大分子杂质，除去热原。凝胶过滤也称分子筛，利用热原与药物在分子量上的差异，将两者分开。

你知道吗

热原与细菌内毒素的检查方法

静脉注射剂等应按照各品种项下的规定，照《中国药典》2020 年版四部规定中的热原检查法或细菌内毒素检查法检查。

热原检查法：将一定剂量的供试品，静脉注入家兔体内，在规定时间内，观察家兔体温升高的情况，以判定供试品中所含热原的限度是否符合规定。

细菌内毒素检查法：利用鲎试剂来检测或量化由革兰阴性菌产生的细菌内毒素，以判定供试品中细菌内毒素的限量是否符合规定的一种方法，包括凝胶法和光度测定法。细菌内毒素检查法灵敏度高，操作简单，适用于某些不能用家兔进行热原检查的品种（如肿瘤制剂、放射性制剂等），但对革兰阴性杆菌以外的细菌产生的内毒素不够灵敏。

任务三　熟悉注射剂的溶剂和附加剂

一、注射剂溶剂的作用和要求

注射剂大多数为液体制剂，在制备注射剂时，药物需用适当的溶剂进行溶解、混悬或乳化才能制备成制剂。对于注射用粉末，使用时也需要用溶剂溶解才能注射到体内。因此，溶剂是注射剂制备和使用中必不可少的部分。

注射剂所用溶剂应安全无害，并与其他药用成分兼容性良好，不得影响活性成分的疗效和质量。一般分为水性溶剂和非水性溶剂。

二、常用的注射剂溶剂

1. 水性溶剂　最常用的为注射用水，也可用0.9%氯化钠溶液或其他适宜的水溶液。注射用水因其对机体组织良好的适应性，是首选的注射用溶剂。注射用水的质量应符合《中国药典》的质量检查要求。

灭菌注射用水是注射用水按照注射剂生产工艺制备所得，不含任何添加剂，主要用于注射用无菌粉末的溶剂或注射剂的稀释剂。

2. 非水性溶剂　常用植物油，主要为供注射用的大豆油，其他还有乙醇、丙二醇和聚乙二醇等。供注射用的非水性溶剂，应严格限制其用量，并应在各品种项下进行相应的检查。

（1）注射用油　对于一些水不溶性药物，如激素、甾体类化合物与脂溶性维生素，可以选择溶解性好、可在机体进行新陈代谢的植物油作为溶剂制备成注射剂。常用的注射用油有大豆油（供注射用）、精制玉米油、橄榄油等。

（2）其他注射用溶剂　此类溶剂多数能与水混溶，可与水混合使用，以增加药物的溶解度或稳定性，适用于不溶、难溶于水或在水溶液中不稳定的药物。选用的这些溶剂，应具有低毒性和低刺激性、高稳定性及高沸点，同时在较宽的温度范围内具有较低黏度并容易纯化。

常用的如乙醇，是氢化可的松注射液的溶剂；甘油（供注射用），与乙醇和水的混合溶剂是洋地黄毒苷注射液的溶剂，可以增加药物溶解度和稳定性；丙二醇，是苯妥英钠注射液的溶剂；聚乙二醇（PEG），是1%塞替哌注射液的溶剂。

你知道吗

碘值、皂化值和酸值

碘值、皂化值和酸值是评价注射用油的重要指标。碘值说明油中不饱和游离脂肪酸的多少，碘值高，则不饱和键多，易氧化，不适合注射用。皂化值表示油中游离脂肪酸和结合成酯的脂肪酸总量的多少，可以看出油的种类和纯度。酸值说明油中游离脂肪酸的多少，酸值高则质量差，也可以看出酸败的程度。

三、注射剂的附加剂

配制注射剂时，除主药和溶剂外，还可加入其他物质，这些物质统称为附加剂。所用附加剂应考虑到对药物疗效和安全性的影响，避免对检验产生干扰，使用浓度不得引起毒性或明显的刺激性。加入附加剂的主要目的是：①增加药物的溶解度；②增加药物的物理和化学稳定性；③提高使用的安全性，减轻注射时的疼痛或对组织的刺激性；④抑制微生物生长。

附加剂按其用途可以分为以下几类：pH 调节剂、渗透压调节剂、抑菌剂、防止药物氧化的附加剂、局部止痛剂、增溶剂与助溶剂、乳化剂和助悬剂等。

1. pH 调节剂　调节注射剂的 pH 至适宜范围，可增加药物溶解度，提高药物的稳定性，减少对机体的刺激性。人体血液 pH 约为 7.4，只要不超过血液的缓冲极限，人体可自行调节 pH，所以，一般注射剂溶液的 pH 控制为 4～9。椎管用的注射剂及大剂量静脉注射剂尽量接近人体血液的 pH。

常用 pH 调节剂有：酸（盐酸、枸橼酸等）、碱（氢氧化钠、碳酸氢钠等）及缓冲液（磷酸氢二钠－磷酸二氢钠等）。

2. 渗透压调节剂　等渗溶液系指与血浆具有相等渗透压的溶液，如 0.9% 的氯化钠溶液（生理盐水）、5% 的葡萄糖溶液。注入机体内的注射液一般要求等渗。若大量注入低渗溶液，水分子通过细胞膜进入红细胞内，使之膨胀破裂，造成溶血现象；反之，若注入大量高渗溶液时，红细胞内水分渗出，使红细胞萎缩。因此，注射剂应调节其渗透压与血浆等渗。

常用的渗透压调节剂有氯化钠、葡萄糖等。常用的渗透压调整方法有冰点降低数据法和氯化钠等渗当量法。表 20－2 为一些药物的 1% 水溶液的冰点降低值与氯化钠等渗当量，根据这些数据，可将所配溶液调节为等渗溶液。

表 20－2　一些药物水溶液的冰点降低值与氯化钠等渗当量

药物名称	1% 水溶液的冰点降低值/℃	1g 药物的氯化钠等渗当量/E
硼酸	0.28	0.47
硫酸阿托品	0.08	0.10
盐酸可卡因	0.09	0.14
甘露醇	0.10	0.18
无水葡萄糖	0.10	0.18
葡萄糖（H_2O）	0.091	0.16
盐酸吗啡	0.086	0.15
维生素 C	0.105	0.18
盐酸丁卡因	0.109	0.18
盐酸普鲁卡因	0.122	0.18
盐酸肾上腺素	0.165	0.26
盐酸麻黄碱	0.16	0.28
氯化钾	0.439	0.76
氯化钠	0.578	

（1）冰点降低数据法　据研究，冰点相同的稀溶液具有相等的渗透压，人血浆的冰点为 $-0.52℃$，任何溶液其冰点降低到 $-0.52℃$，即与血浆等渗。所需渗透压调节剂的用量，可以根据公式（20－1）计算得到。

$$W=\frac{0.52-a}{b} \tag{20-1}$$

式中，W 为配制 100ml 等渗溶液需加入的等渗调节剂的克数（g）；a 为未经调整的药物溶液的冰点降低值，若溶液中含两种或两种以上物质时，则 a 为各种药物冰点降低值的总和；b 为 1%（g/ml）等渗调节剂水溶液的冰点降低值。

【例 20－1】配制 2% 盐酸肾上腺素注射液 200ml，需加入多少克氯化钠，使成等渗溶液？

答：查表 20－2，得 $b=0.58℃$（1% 氯化钠溶液的冰点降低值），$a=0.165\times2$（1% 盐酸肾上腺素溶液的冰点降低值为 0.165），代入公式（20－1）计算 100ml 等渗溶液需加入的氯化钠的量。

$$W=\frac{0.52-0.165\times2}{0.58}=0.33$$

$$200\text{ml 等渗溶液需要的氯化钠总量}=0.33\times2=0.66(\text{g})$$

即，配制 2% 盐酸肾上腺素注射液 200ml 需加入氯化钠 0.66g。

（2）氯化钠等渗当量法　氯化钠等渗当量是指与 1g 药物呈等渗效应的氯化钠的质量。计算公式如下。

$$X=0.009V-EW \tag{20-2}$$

式中，X 为配成 Vml 等渗溶液需加氯化钠的克数（g）；V 为欲配制溶液的毫升数（ml）；E 为药物的氯化钠等渗当量（可由表查得或测定）；W 为药物的重量（g）；0.009 为每 1ml 等渗氯化钠溶液中所含氯化钠的克数。

【例 20－2】配制 2% 盐酸普鲁卡因注射液 200ml，需加入多少克氯化钠，使成等渗溶液？

答：查表 20－2，得 $E=0.18$，$W=2\%\times200$，代入公式（20－2）：

$$X=0.009V-EW=0.009\times200-0.18\times2\%\times200=1.08\ (\text{g})$$

即，配制 2% 盐酸普鲁卡因注射液 200ml，需加入氯化钠 1.08g，即可使之成为等渗溶液。

请你想一想

配制 2% 盐酸麻黄碱溶液 200ml，用氯化钠调节等渗，需加入多少氯化钠？

3. 抑菌剂　凡采用低温灭菌、滤过除菌或无菌操作法制备的注射剂和多剂量包装的注射剂，均应加入适宜的抑菌剂以抑制注射液中微生物的生长。加有抑菌剂的注射剂，仍应采用适宜的方法灭菌，并应在标签或说明书上注明抑菌剂的名称和用量。

常用的抑菌剂见表 20－3。但静脉给药与脑池内、硬膜外、椎管内用的注射液均不得加抑菌剂；除另有规定外，一次注射量超过 15ml 的注射液，不得添加抑菌剂。

表 20-3　常用抑菌剂

抑菌剂	使用浓度/(g/ml)	适用范围
苯酚	0.5%	适用于偏酸性药液
甲酚	0.3%	适用于偏酸性药液
三氯叔丁醇	0.5%	适用于偏酸性药液
苯甲醇	1%～3%	适用于偏碱性药液
羟苯酯类	0.05%～1%	在酸性药液中作用强，在碱性药液中作用弱

4. 防止药物氧化的附加剂　有些注射剂中的主药在氧、金属离子等作用下被氧化，会出现药液颜色加深、析出沉淀、药效减弱甚至消失以及产生毒性物质等现象。为防止药物氧化，除了可采用降低温度、避免光照、调至稳定性好的 pH 等措施，还可加入抗氧剂、金属离子络合剂、灌装时通入惰性气体等。

常用的抗氧剂有亚硫酸钠、亚硫酸氢钠和焦亚硫酸钠等，一般浓度为 0.1%～0.2%，其应用范围见表 20-4。

表 20-4　常用抗氧剂的应用范围

抗氧剂名称	应用范围
焦亚硫酸钠	水溶液呈酸性，适用于偏酸性药液
亚硫酸氢钠	水溶液呈酸性，适用于偏酸性药液
亚硫酸钠	水溶液呈弱碱性，适用于偏碱性药液
硫代硫酸钠	水溶液呈中性或弱碱性，用于偏弱碱性药液
维生素 C	水溶液呈酸性，适用于偏酸性药液
焦性没食子酸	适用于油溶性药物的注射剂

金属离子络合剂可与微量金属离子形成稳定的络合物，从而消除金属离子对药物氧化的催化作用。常用的金属离子络合剂有依地酸钙钠、依地酸二钠，其浓度为 0.01%～0.05%。

对于接触空气易变质的药物，惰性气体通入注射剂中可驱除溶解在溶液中的氧和容器空间的氧，防止药物氧化。常用惰性气体有 N_2 和 CO_2，使用 CO_2 时应注意可能改变药液的 pH。

5. 局部止痛剂　有些注射剂在皮下和肌内注射时，会对机体产生刺激而引起剧痛，可考虑加入适量的局部止痛剂。常用的局部止痛剂有三氯叔丁醇、苯甲醇、盐酸普鲁卡因和利多卡因等。

6. 增溶剂与助溶剂　有些药物溶解度很低，即使配成饱和溶液，也难以满足临床治疗的需要，因此配制这类药物时，要使用一些增溶剂，以增加主药的溶解度。有时增溶剂的效果不明显，还需要加入助溶剂共同作用。

注射剂中常用的增溶剂有聚山梨酯 80（吐温 80），主要用于小剂量注射剂和中药注射剂；供静脉注射用的注射剂应慎用增溶剂。助溶剂可与溶解度小的药物形成可溶性复合物。例如：苯甲酸钠咖啡因注射液中，苯甲酸钠为助溶剂。

7. 乳化剂与助悬剂 注射剂中常用的乳化剂有卵磷脂、豆磷脂和泊洛沙姆等。常用的助悬剂有羧甲基纤维素钠、聚乙烯吡咯烷酮、甲基纤维素等。供静脉注射用的乳化剂和助悬剂必须严格控制其粒径大小，一般应小于1μm。

任务四 掌握制备注射液的技术

注射液在生产中通常分为大容量注射液（输液）和小容量注射液，它们的生产工艺大同小异。本任务主要以最终灭菌小容量注射液为例说明注射液的制备工艺。

一、注射液的生产工艺流程

注射液的生产工艺流程如图20－2所示。

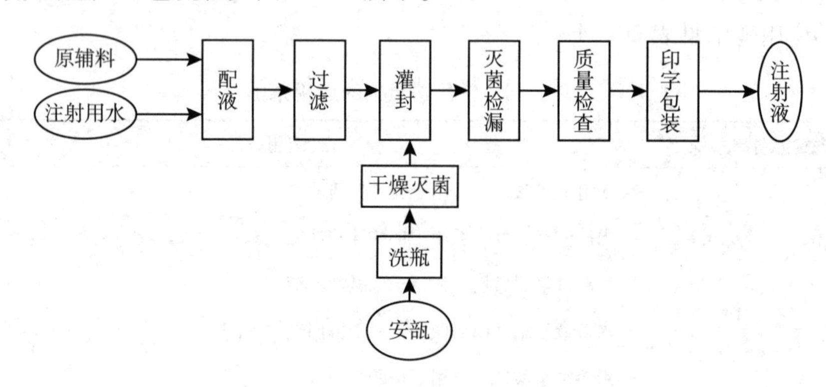

图20－2 注射剂的生产工艺流程图

二、安瓿的处理

安瓿在制造和运输过程中难免受到污染，必须经过处理方可使用。安瓿的处理包括清洗、干燥与灭菌。

1. 安瓿的清洗 通常采用超声波洗涤法，这是一种采用超声波洗涤、注射用水和压缩空气交替喷射洗涤相结合的方法。清洗过程主要有粗洗和精洗，先进行超声波粗洗，使附着在安瓿内外壁的异物脱落，再经气→水→气→水→气进行精洗、吹干，完成清洗过程。

安瓿清洗主要步骤包括：①外壁喷淋；②安瓿灌满水后经超声波处理；③安瓿倒置，喷针插入，水、气多次交替冲洗，交替冲洗次数应满足工艺要求。为保证清洗质量，洗涤水温应控制在50～60℃，使用清洗介质为注射用水和净化压缩空气。

常用的安瓿清洗设备是全自动超声波洗瓶机，其原理见图20－3。

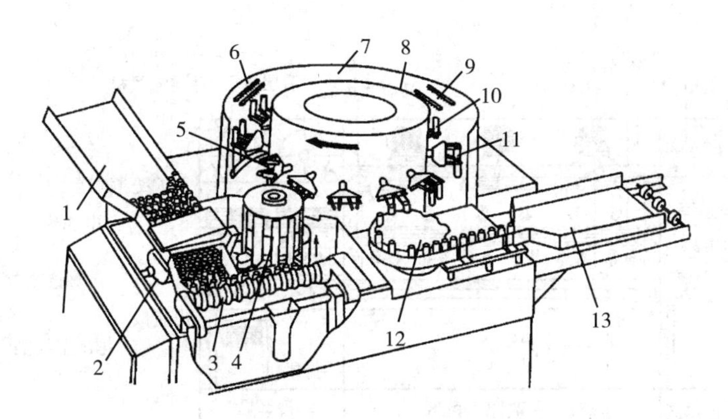

图 20-3　全自动超声波洗瓶机

1. 料槽；2. 超声波换能头；3. 送瓶螺杆；4. 提升轮；5. 瓶子翻转工位；6、7、9. 喷水工位；8、10、11. 喷气工位；12. 拨盘；13. 滑道

你知道吗

安瓿的种类和质量要求

最终灭菌小容量注射液的包装容器常用的是安瓿，分为玻璃安瓿和塑料安瓿两种。我国目前以玻璃安瓿应用较多，生产中常用的有硬质中性玻璃制成的安瓿，适用于弱酸性和中性药液，如葡萄糖注射液；含钡玻璃制成的安瓿适用于碱性较强的药液，如磺胺嘧啶钠注射液；含锆玻璃制成的安瓿适用于腐蚀性药液，如乳酸钠注射液。

注射液使用的安瓿必须是曲颈易折安瓿，规格有1ml、2ml、5ml、10ml、20ml五种。易折安瓿有色环易折安瓿和点刻痕易折安瓿两种。生产中多采用无色安瓿，有利于检查注射液的澄明度；对光敏感的药物，也可采用棕色安瓿。

安瓿的质量要求有：应透明，便于检查可见异物等；具低膨胀性、高耐热性，生产过程中不易爆裂；足够的物理强度，耐受清洗和灭菌；高度的化学稳定性，不和溶液发生反应；熔点低，易于熔封；不得有气泡、麻点和沙砾等。

2. 安瓿的干燥与灭菌　安瓿清洗后应通过干燥灭菌，以达到杀灭细菌和热原的目的。少量制备可采用间歇式干燥灭菌设备，即烘箱；大生产中广泛采用连续式干热灭菌设备，即隧道式烘箱。隧道式烘箱有两种形式，一种是热风循环隧道式灭菌烘箱，另一种是远红外加热灭菌烘箱，前者更为常用，见图20-4、图20-5。

图 20-4　热风循环隧道式灭菌烘箱

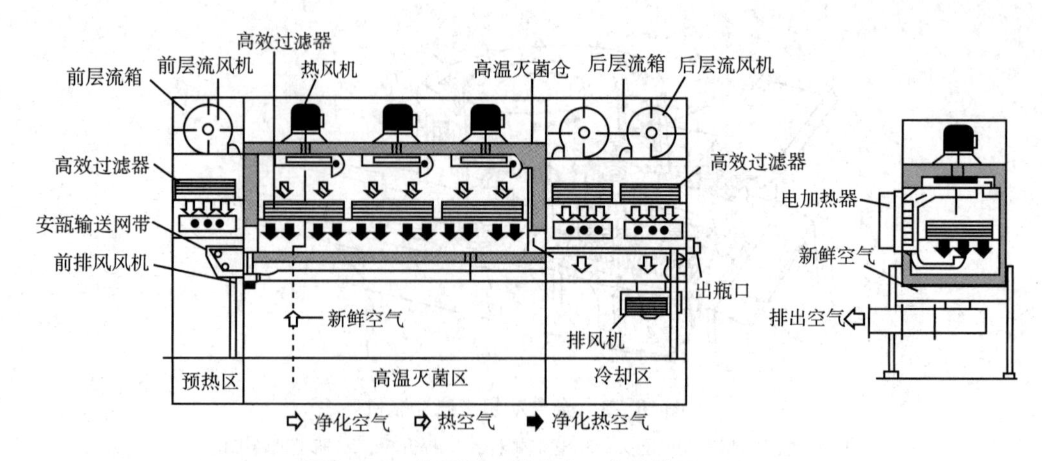

图 20－5 热风循环隧道式灭菌烘箱原理图

隧道式烘箱有层流净化空气保护，安瓿经传送带进入隧道烘箱，可连续完成安瓿的预热、高温灭菌和冷却三个过程。预热区，温度升至100℃左右，使大部分水分蒸发；灭菌区温度为270～350℃，可迅速达到干燥灭菌和除去热原的效果；冷却区，温度降至100℃左右，安瓿降温后送至下一道工序，进行灌封。

三、注射液的配液

1. 原辅料的准备 供注射用的原辅料必须达到注射用规格，符合《中国药典》规定的各项杂质检查与含量限度。配制前，应按处方和原辅料测定的含量结果，正确计算原辅料的用量，如原料含有结晶水应注意换算，某些产品在生产中因药用炭吸附或灭菌至含量下降，可适当酌情增加投料量。原辅料称量时，应准确无误，两人核对签名。

投料量计算：

原料实际用量＝原料理论用量×（成品标示量/原料实际含量）

原料理论用量＝实际配液数×成品含量%

实际配液数＝实际灌装量＋实际灌装时损耗量

【例 20－3】某药厂欲制备2ml装量的2%盐酸普鲁卡因注射液50000支，原料实际含量为98.0%，实际灌注时有5%损耗，计算需投料多少？

答：实际灌注量＝（2＋0.15）×50000＝107500ml（其中0.15为2ml注射液的装量增量）

实际配液量＝107500＋107500×5%＝112875ml

原料理论用量＝112875×2%＝2257.5g

原料实际用量＝2257.5×（100%/98%）＝2303.6g

即：原料的实际投料量为2303.6g。

2. 配液用具的选择与处理 大量生产常用不锈钢夹层配液罐（图 20－6），配有搅拌器以便溶解药物，夹层可通蒸汽加热或也可通冷水冷却。配制前用新鲜注射用水荡洗或灭菌后备用。每次配液完毕后，立即将所有配制用具清洗干净，干燥灭菌供下次使用。

配液用具和容器的材料应由化学稳定性好的材料制成，宜采用不锈钢、玻璃、搪瓷、耐酸耐碱陶瓷和无毒聚氯乙烯、聚乙烯塑料等，不宜采用铝、铁、铜质器具。

3. 注射液的配制 注射液的配制方法有浓配法和稀配法两种。

（1）浓配法 系指将全部原料加入部分溶剂中配成浓溶液，加热或冷藏后过滤，再稀释至所需浓度的方法。此法适用于质量较差的原料，浓配过滤时可滤除溶解度小的杂质。

图 20－6 不锈钢配液罐

（2）稀配法 系将全部原料加入全部溶剂中，一次配成所需浓度的方法。此法适用于原料质量好或不易带来可见异物的原料。

配制油性注射液时，其器具必须充分干燥，先将注射用油 150～160℃干热灭菌 1～2 小时，冷却至适宜温度，趁热配制，温度不宜过低，否则黏度增大，下一步不易过滤。

配制注射液时应在洁净的环境中进行，以减少污染。配制的药液，需经过 pH、含量等检查，合格后进入下一工序。

你知道吗

配液时活性炭的使用

注射液的配制过程中，对于不易滤清的药液，常加入 0.02%～1% 针用一级活性炭处理，进行助滤，还可脱色、除热原。但要注意的是：①活性炭中的可溶性杂质可能将进入药液，不易除去；②活性炭在酸性条件下吸附作用强，在碱性溶液中出现脱吸附，反而使药液中杂质增加。

四、注射液的过滤

配制好的注射液中含有多种杂质，如活性炭、纤维、棉绒、金属、细菌、玻璃屑等，必须滤过除去，过滤是注射液配制的重要步骤之一。注射液的过滤是靠介质的拦截作用，根据其孔径和所能截留的物质的大小，可分为粗滤、微滤、超滤等多种形式。

1. 常用滤器 常用的滤器和用途见表 20－5。

表 20－5 常用的滤器和用途

名称	用途
垂熔玻璃滤器（图 20－7）	常用作精滤和膜滤器的预滤
金属钛过滤器（图 20－8）	可用于注射剂的初滤
微孔滤膜滤器（图 20－9）	适用于注射剂的大生产

图 20－7　垂熔玻璃滤器

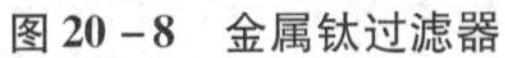

图 20－8　金属钛过滤器

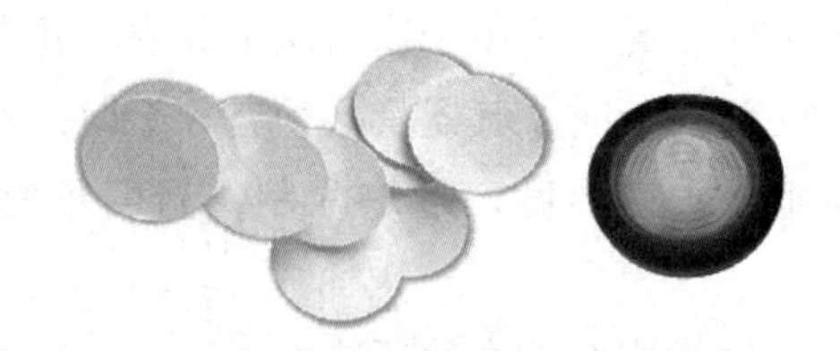

图 20－9　微孔滤膜

2. 过滤方法　注射剂生产中的滤过，一般采用二级过滤法，即先将药液进行初滤，常用的滤器为钛滤器（图 20－8），药液经含量、pH 检验合格后，再进行精滤，常用孔径为 0.22～0.45μm 微孔滤膜滤器（图 20－9）。为确保滤过质量，在药液灌装前再用孔径为 0.22μm 的微孔滤膜滤器进行终端过滤。

你知道吗

微孔滤膜过滤器

微孔滤膜过滤器是注射剂生产中应用最广泛的过滤器，常用纤维酯膜、尼龙膜、聚四氟乙烯膜等，孔径在 0.025～14μm 之间。该滤器的优点是孔径小、均匀，截留能力强；滤速快，无介质脱落；不影响药液的 pH；吸附性小，不滞留药液；其缺点是耐酸、耐碱性差，易堵塞，影响滤速。

五、注射液的灌封

灌封是指将滤过的药液，定量地灌注到安瓿中并进行封口的操作，包括灌装和熔封两个步骤。该操作必须在无菌环境下进行，常在一台设备内自动完成，我国使用较多的是安瓿自动灌封机，见图 20－10。

注射液灌封操作的注意事项有以下几项。

图 20－10　安瓿自动灌封机

1. 调整装量　按《中国药典》规定，灌装标示装量为不大于50ml的注射液，应按表20－6适当增加注射剂装量。补偿使用时安瓿壁黏附药液和注射器与针头吸留药液所造成的损失，增加装量应能保证每次注射用量。为使灌注体积准确，在每次灌注以前，必须用精确的量器校正注射器的吸取量，试装若干支安瓿，经检查合格后再进行灌装。

表20－6　注射剂装量增加量

标示装量/ml	增加量/ml	
	易流动液	黏稠液
0.5	0.10	0.12
1	0.10	0.15
2	0.15	0.25
5	0.30	0.50
10	0.50	0.70
20	0.60	0.90
50	1.0	1.5

2. 通入惰性气体　对接触空气易氧化变质的药物，在灌装过程中，需排除容器内的空气，可采用氮气和二氧化碳等气体填充后，立即熔封或严封。碱性药液或钙制剂不能使用CO_2。

3. 安瓿封口　国家规定封口必须采用直立（或倾斜）旋转拉丝式封口方法。安瓿封口时要求不漏气、顶端圆整光滑，无尖头、焦头及小泡。

你知道吗

安瓿自动灌封机工作过程

安瓿灌装封口的工艺过程主要包括安瓿的上瓶、药液的灌注、充气和封口等工序。

1. 上瓶　将已经灭菌的安瓿通过传送装置送达药液灌注工位。

2. 灌注　将经过滤的、检验合格的药液按规定的装量要求注入安瓿中，装量由灌注计量机构和注射针头实现。

3. 充气　对于易被空气氧化的药品充入氮气或二氧化碳气体，置换药液上部的空气。

4. 封口　已灌注完药液的安瓿通过传送装置送入安瓿的预热区，通过轴承自转以使安瓿颈部受热均匀，然后进入封口区，安瓿在高温下熔化，同时在旋转作用下通过机械拉丝钳将安瓿上部多余的部分强力拉走，安瓿封口严密。

在安瓿灌封过程中可能出现的问题，见表20－7。

表 20-7 在安瓿灌封过程中可能出现的问题

出现的问题	原因
剂量不准确	可能是剂量调节螺丝松动
大头（鼓泡）	与火焰太强、位置太低或安瓿内空气过度膨胀有关
焦头	因安瓿颈部沾有药液，熔封时炭化而致。当灌药太急、溅起药液在安瓿壁；针头注药后不能立即缩液回药，针端挂有水珠；针头安装不正，针头刚进瓶口就注药或针头临出瓶口时才注完药液，或升降轴不够润滑，针头起落迟缓等都会造成焦头
封口不严	可能是火焰不够强所致

灌装设备可与超声波洗瓶机、隧道式灭菌烘箱组成安瓿洗灌封联动生产线（图 20-11），完成安瓿洗涤、干燥灭菌以及药液灌封三个步骤，生产全过程在密闭或层流条件下工作，确保了安瓿的灭菌质量，有效提高产品质量和生产效率。

图 20-11 安瓿洗灌封联动生产线

你知道吗

吹灌封三合一无菌灌装技术

吹灌封三合一无菌灌装技术是一种先进的塑料安瓿无菌灌装技术，即在无菌状态下完成塑料容器的吹塑成型、药液灌装、封口过程。与传统的玻璃瓶技术相比，无需对瓶与胶塞的清洗、灭菌，节约能源；减少人为因素影响。主要生产过程有：①挤出成型：塑料粒子在一定温度和压力条件下热熔后进入模具，无菌压缩空气吹瓶成型。②灌装：无菌药液经过精密计量系统灌入成型的塑料容器内。③密封：模具合拢，抽取真空进行密封，密封后打开模具，成品被送出。

六、注射液的灭菌与检漏

安瓿灌封后，一般应根据药物性质选用适宜的方法进行灭菌，保证成品无菌。注射液在灭菌时或灭菌后，应采用减压法或其他适宜的方法进行容器检漏。

1. 灭菌 除采用无菌操作法生产的注射剂外，一般注射液在灌封后必须尽快灭菌。

注射液的灭菌要求 杀灭所有微生物，以保证用药安全。通常根据具体药物性质选择不同的灭菌方法、灭菌温度和时间。对于不耐热的药物，一般 1～5ml 安瓿可采用流通蒸汽 100℃、30 分钟灭菌。对热不稳定的产品可适当缩短灭菌时间，如维生素 C、地塞米松磷酸钠等，缩短为15分钟。对热稳定的品种、输液等均应采用热压灭菌。无论采用什么样的灭菌要求，必须按灭菌效果F_0大于8进行验证。

以油为溶剂的注射液，可选用干热灭菌法，具体温度与时间应根据主药性质确定，必要时以无菌操作法制备。

2. 检漏 灭菌后的安瓿应立即进行漏气检查。若安瓿未严密熔合，有毛细孔或微小裂缝存在，则药液易被微生物与污物污染或药物泄漏，污损包装，应检查剔除。

检漏的方法有两种，一种适用于无色或浅色的注射液，采用灭菌和检漏两用的灭菌器进行。灭菌完毕后，稍降温，抽气减压至真空达85.3～90.6kPa，停止抽气，将有色液（0.05%曙红或亚甲蓝）放入灭菌锅中，至浸没安瓿，再放入空气，有色液从漏气的毛细孔进入安瓿，使破损安瓿内药液被染色而被检出。检漏后的安瓿应及时冲去外壁的色水以便后续进行灯检。

另一种检漏方法适用于深色注射液的检漏，可将安瓿倒置进行热压灭菌，灭菌时安瓿内气体膨胀，将药液从漏气的细孔中挤出，使药液减少或成空安瓿而被剔除。

3. 注射液的灯检 灯检是控制注射液内在质量的一个重要工序，目前常用的检查方法有人工灯检和全自动灯检两种。人工灯检法是视力符合《中国药典》标准要求的操作工，在暗室中一定光照强度的灯检仪下对注射液内容物进行逐一目视检查。检查时采用40W的日光灯作光源，并用挡板遮挡以避免光线直射入眼内，背景为白色或黑色，使其具有明显对比度，安瓿距光源约200mm处，轻轻转动安瓿，目测药液内有无微粒。

全自动灯检机的结构示意图如图20－12所示。光源照射到瓶内液体仍在旋转的被检测安瓿上，由工业相机进行高速拍照，如果瓶内液体中有任何杂质，或空瓶、药液过少，经过图像比较，即可判断出来并被剔除。

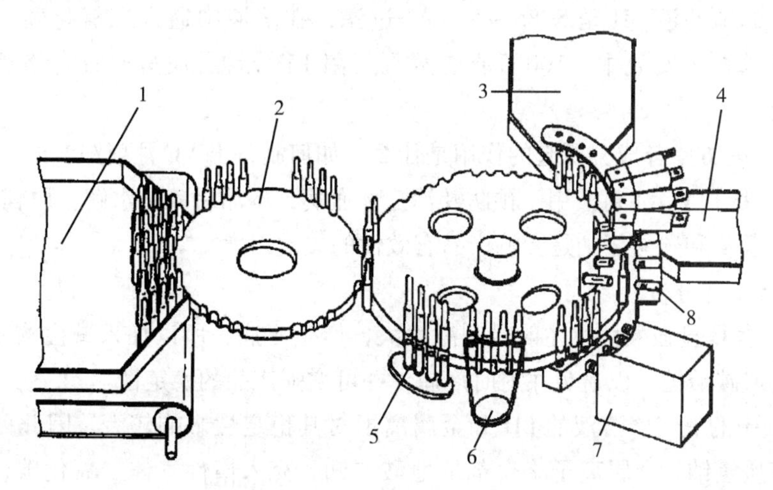

图20－12 全自动灯检机的结构示意图

1. 输瓶盘；2. 拨瓶盘；3. 合格贮瓶盘；4. 不合格贮瓶盘；5. 顶瓶；6. 转瓶；7. 异物检查；8. 空瓶、液量过少检查

你知道吗

注射剂中的可见异物

可见异物系指存在于注射剂中，在规定条件下目视可以观测到的不溶性物质，其粒径或长度通常大于50μm。有外源性异物和内源性异物两类，外源性异物主要有纤毛、金属屑、玻璃屑、白点、白块等；内源性异物有与原料相关的不溶物、药物放置后析出的沉淀物等。

七、注射液的印字与包装

完成灭菌、检漏和质量检查的产品，每支安瓿或每瓶注射液均需及时印字或贴签。印字内容包括注射液名称、规格及批号、有效期和生产日期等。目前广泛使用的印字包装机，为印字、贴签、装盒及包装等联成一体的印字包装联动生产线，提高了安瓿的印包效率。

八、实例分析

VC 注射液的制备

【处方】维生素 C　104g　　碳酸氢钠　49.0g　　依地酸二钠　0.05g
　　　　亚硫酸氢钠　2.0g　　注射用水加至　1000ml

【制法】取处方量80%的注射用水，通二氧化碳至饱和，加入维生素 C 搅拌溶解后，分次缓缓加入碳酸氢钠，搅拌至完全溶解，加入预先配制好的依地酸二钠和亚硫酸氢钠溶液，搅拌均匀，调节药液 pH 至 6.0 ~ 6.2，添加二氧化碳饱和的注射用水至全量，调节药液 pH 至 5.85 ~ 5.95，过滤，在溶液中通入二氧化碳，并在二氧化碳气流下灌封于安瓿中，100℃流通蒸汽灭菌 15 分钟，质量检查合格后，印字和包装，即得。

【问题】处方中各成分所起的作用是什么？如何制备出 VC 注射液？

【产品分析】VC 注射液用于预防及治疗坏血病；本品易氧化水解；原辅料的质量，特别是维生素 C 和碳酸氢钠是影响产品有效性的关键因素。

【处方及工艺分析】

1. 维生素 C 显强酸性，注射时刺激性大，产生疼痛，所以加入碱性物质调节 pH，如碳酸氢钠或碳酸钠，以避免注射时疼痛，并可增强产品的稳定性。

2. 空气中的氧气、溶液的 pH 和金属离子对其稳定性影响较大。因此处方中加入抗氧剂亚硫酸氢钠、金属离子络合剂依地酸二钠，充入惰性气体二氧化碳，以提高产品的稳定性。

3. 本产品的灭菌温度和时间对产品稳定性影响较大。

你知道吗

输　液

输液系指供静脉滴注用的大容量注射液（除另有规定外，一般不小于100ml），又称静脉输液。通常包装在玻璃或塑料的输液瓶或袋中，使用时通过输液器调整滴速，持续而稳定地进入静脉，以补充体液、电解质或提供营养物质。

输液的种类主要有电解质输液、营养输液、胶体输液、含药输液。

输液的质量要求与注射液基本一致，但由于这类产品注射量大，故对无菌、无热原及不溶性微粒三项检查，更应特别注意。此外，输液应具有适宜的渗透压，调节至等渗或略高渗；pH力求接近人体血液的pH；不得加入任何防腐剂；不能有引起过敏反应的异性蛋白，不能有降压物质；输入人体后不会引起血象的异常变化；不损害肝、肾等。

输液的制备工艺与普通注射液制备工艺大致相同，生产过程中容易出现的问题有染菌、可见异物与不溶性微粒等，临床上容易出现热原反应。

任务五　掌握制备粉针剂的技术

岗位情景模拟

情景描述　以下是注射用普鲁卡因青霉素的处方。

【处方】

普鲁卡因青霉素	30万单位	青霉素G钾（钠）	10万单位
磷酸二氢钠	0.0036g	磷酸氢二钠	0.0036g
助悬剂	适量		

讨论　1. 处方中各成分的作用是什么？

2. 在制备过程中有哪些注意事项？

一、概述

注射用无菌粉末又称粉针，系指原料药物或与适宜辅料制成的供临用前用无菌溶液配制成注射液的无菌粉末或无菌块状物，一般采用无菌分装或冷冻干燥法制得。如图20－13。注射前，可用灭菌注射用水、0.9%氯化钠注射液等溶解配制后注射；也可用静脉输液配制后静脉滴注。

图20－13　注射用粉针剂

在水中不稳定的药物，特别是对湿热敏感的抗生素类药物及生物制品，如青霉素、头孢菌素类及一些酶制剂（胰蛋白酶、辅酶A），适宜制成注射用无菌粉末，以保证药品稳定，不分解失效。

依据生产工艺不同，注射用无菌粉末可分为注射用无菌分装产品和注射用冻干制剂两种。

二、注射用无菌分装产品

注射用无菌分装产品是将药物经精制成无菌药物粉末后，在无菌操作条件下直接分装于洁净灭菌的西林瓶或安瓿中，密封而成。常用有抗生素药品，如青霉素。

大多数情况下，制成无菌分装产品的药物稳定性差，因此，一般没有灭菌过程，因而对无菌操作有较为严格的要求，特别是灌封等关键工序，尽可能采取层流净化措施，以保证操作环境的洁净度。

1. 注射用无菌分装产品的生产工艺流程 如图 20－14 所示。

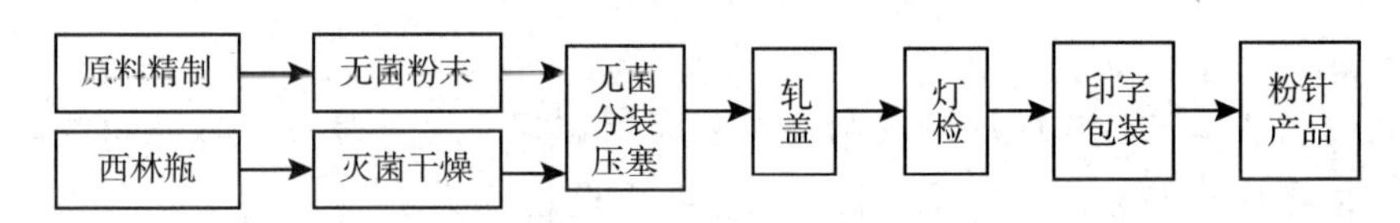

图 20－14 注射用无菌分装产品的生产工艺流程图

2. 制备工艺

（1）容器的处理 常用的容器有西林瓶等。把西林瓶、丁基胶塞先用纯化水淋洗，最终用新鲜注射用水冲洗，再干燥灭菌，西林瓶在隧道式灭菌烘箱内 270～350℃干热灭菌，丁基胶塞需 125℃干热灭菌 2.5 小时。生产中一般采用超声波洗瓶机和隧道式灭菌烘箱完成西林瓶的清洗、干燥和灭菌。

（2）原料的精制 无菌原料可用灭菌结晶法或喷雾干燥法制备，必要时进行粉碎、过筛等操作，在无菌条件下制得注射用无菌粉末。

（3）无菌分装和压塞 无菌分装必须在高度洁净的无菌室中按无菌操作法进行分装，并立即进行压塞。目前分装的机械设备有插管分装机、螺旋自动分装机、真空吸粉分装机等。此外，青霉素分装车间不得与其他抗生素分装车间轮换生产，以防止交叉污染。

（4）轧盖 用铝盖进行轧盖封口。

（5）灯检 检查西林瓶是否完好，瓶内有无异物，胶塞和铝盖是否紧密等。

（6）印字和包装 打印批号、生产日期和有效期，贴签、装盒、放说明书、装箱等。

生产中，通常将洗瓶、干燥灭菌、粉末分装、加塞、轧盖、印字贴签、包装等工序全部采用联动线，缩短生产周期，保证了产品质量。

3. 无菌分装工艺中存在的问题及解决办法 详见表 20－8。

表 20－8　无菌分装工艺中存在的问题及解决办法

问题	原因	处理方法
装量差异	物料流动性差	根据物料含水量、药物晶型、粒度、比容以及机械性能进行调整
不溶性微粒	工艺步骤多，污染可能增多	严格控制原料质量及其处理方法和环境，防止污染
无菌	受到污染	采用层流净化装置
吸潮变质	封口不严，胶塞透气性和铝盖松动	选择性能好的胶塞，铝盖压紧后瓶口烫蜡，以防水气透入

你知道吗

无菌分装原料的质量要求

进行无菌分装的原料药除应符合《中国药典》对注射用原料药的各项规定外，还应符合下列要求：①粉末无异物，配成溶液或混悬液的可见异物检查合格；②粉末的细度或结晶度应适宜，便于分装；③无菌、无热原。

三、注射用冷冻干燥制品

注射用冷冻干燥制品简称冻干粉针，是将药物制成无菌溶液，以无菌操作法灌装，经冷冻干燥后，在无菌条件下密封制成。一些对热敏感、水溶液不稳定的药物，如酶制剂及血浆、蛋白质等生物制品常制成冻干粉针。

由于冻干技术干燥温度低，不耐热的药物可避免因高热而分解变质；所得产品质地疏松，加溶剂后迅速溶解恢复药液原有的特性；冷冻干燥制品含水量低，一般在1%～3%范围内，同时干燥在真空中进行，不易氧化，有利于产品长期储存；产品剂量准确，外观优良。缺点是溶剂不能随意选择，生产成本高。

1. 注射用冻干制品的生产工艺流程　如图 20－15 所示。

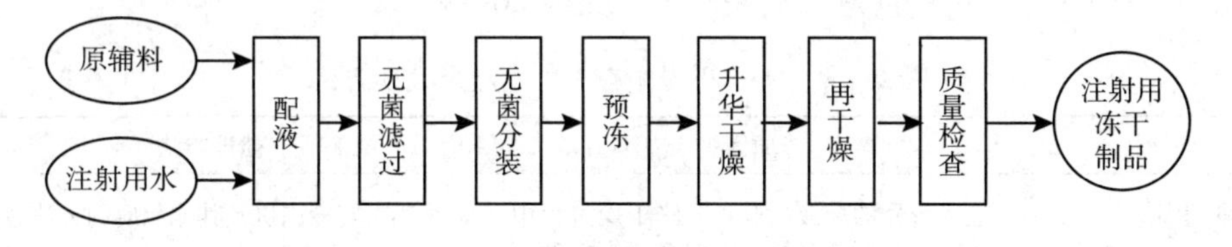

图 20－15　注射用冻干制品生产工艺流程图

2. 制备工艺

（1）药液配制、过滤及灌装　按照注射液生产工艺进行配液、过滤和灌装、半加塞等操作。当药物剂量和体积较小时，需加适宜稀释剂（甘露醇、乳糖、山梨醇、右旋糖酐、牛白蛋白、明胶、氯化钠和磷酸钠等）以增加容积。溶液经无菌滤过（0. 22μm 微孔滤膜）后分装在灭菌的宽口安瓿或西林瓶内，容器的余留空间应较水性注射液大，一般分装容器的液面深度为1～2cm，最深不超过容器深度的二分之一。

（2）冷冻干燥　冷冻干燥的工艺条件对保证产品质量极为重要。冷冻干燥的工艺过程一般分三步进行，即预冻、升华干燥、再干燥，控制预冻温度在共熔点以下，以保证冷冻干燥的顺利进行。共熔点是指在水溶液冷却过程中，冰和溶质同时析出结晶混合物时的温度。

①预冻　是冷冻干燥的第一步，为下阶段的升华做好准备。预冻是恒压降温过程，随着温度下降药液形成固体，一般应将温度降至产品共熔点以下10～20℃，以保证冷冻完全。

②升华干燥　是冷冻干燥的主要过程，目的是除去制品中大量的自由水和少量的结合水。该过程是将冷冻体系进行恒温减压，再通过恒压（或低压）加热缓缓升温，水分由结冰固体状态不经液化而直接升华变成气体，抽气除去。针对结构较复杂、稠度大及熔点低的制品，如蜂蜜、蜂王浆等，可采用反复冷冻干燥法。

③再干燥　升华干燥完成后，在减压条件下，使体系温度提高，保持一定的时间，使制品中残留的水分与水蒸气被进一步抽尽。再干燥的温度根据制品的性质确定，如0℃、25℃等。

你知道吗

冷冻干燥添加剂

在冷冻干燥过程中，除了少数药物含有较多的成分可以直接冷冻干燥外，大多数药物都需添加合适的添加剂。添加剂的种类包括填充剂，如明胶、甘露醇、右旋糖酐、山梨醇等，使产品具有一定的体积；防冻剂，如甘油、二甲基亚砜等；抗氧剂，如维生素E、维生素C等；pH调整剂，如磷酸二氢钠、磷酸氢二钠等。

（3）封口及轧盖　冷冻干燥后应立即密封。通过安装在冻干箱内的液压或螺杆升降装置进行全压塞，移出冻干箱后，用铝盖轧口密封。

3. 冷冻干燥中存在的问题及处理方法　见表20－9。

表20－9　冷冻干燥中存在的问题及处理方法

问题	原因	处理方法
含水量偏高	装入容器的药液过厚，升华干燥过程中供热不足，冷凝器温度偏高或真空度不够，均可能导致含水量偏高	可采用旋转冷冻机及其他相应的方法解决
喷瓶	如果供热太快，受热不匀或预冻不完全，则易在升华过程中使制品部分液化，在真空减压条件下产生喷瓶	为防止喷瓶，必须控制预冻温度在共熔点以下10～20℃，同时加热升华，温度不宜超过共熔点
产品外形不饱满或萎缩	一些黏稠的药液由于结构过于致密，在冻干过程中水蒸气逸出不完全，冻干结束后，制品会因潮解而萎缩	可在处方中加入适量甘露醇、氯化钠等填充剂，并采取反复预冻法，改善制品的通气性，产品外观即可得到改善

四、实例分析

注射用辅酶 A（注射用冷冻干燥制品）

【处方】辅酶 A　56.1 单位　水解明胶　5mg　甘露醇　10mg
葡萄糖酸钙　1mg　半胱氨酸　0.5mg

【制法】将上述组分用适量注射用水溶解后，无菌过滤，分装于安瓿中，每支 0.5ml，冷冻干燥后封口，质检、包装即可。

【问题】处方中各成分的作用是什么？在制备过程中有哪些注意事项？

【产品分析】本品为体内乙酰化反应的辅酶，有利于糖、脂肪以及蛋白质的代谢。用于白细胞减少症、原发性血小板减少性紫癜及功能性低热。

【处方及工艺分析】

1. 辅酶 A 为白色或微黄色粉末，有吸湿性，易溶于水，不溶于丙酮、乙醚、乙醇，易被空气、过氧化氢、碘、高锰酸盐等氧化成无活性的二硫化物，故在制剂中加入半胱氨酸作为稳定剂，用甘露醇、水解明胶等作为填充剂。

2. 辅酶 A 在冻干工艺中易丢失效价，故投料量应酌情增加。

任务六　了解注射剂的质量控制和检查

一、注射剂的质量控制

1. 含量测定　应符合各品种质量标准中的相应要求。

2. 中药注射剂有关物质检查　注射剂有关物质系指中药材经提取、纯化制成注射剂后，残留在注射剂中可能含有并需要控制的物质。除另有规定外，一般应检查蛋白质、鞣质、树脂等，静脉注射液还应检查草酸盐、钾离子等。

3. 安全性检查　必要时注射剂应进行相应的安全性检查，如异常毒性、过敏反应、溶血与凝聚、降压物质等，均应符合要求。椎管内、腹腔、眼内、皮下等特殊途径的注射剂，其安全性检查项目一般应符合静脉用注射剂的要求，必要时应增加其他安全性检查项目，如刺激性检查、细胞毒性检查。

4. 注射剂类药包材的检验项目　包括细胞毒性、急性全身毒性试验和溶血试验等。

二、注射剂的质量检查

按照《中国药典》2020 年版，除另有规定外，注射剂质量检查应进行以下项目：装量、渗透压摩尔浓度、可见异物、不溶性微粒、中药注射剂有关物质、重金属及有害元素残留量、无菌、细菌内毒素或热原等。

1. 装量　注射液及注射用浓溶液照下述方法检查，应符合规定。

检查法　供试品标示装量不大于 2ml 者，取供试品 5 支（瓶）；2ml 以上至 50ml

者，取供试品3支（瓶）。开启时注意避免损失，将内容物分别用相应体积的干燥注射器及注射针头抽尽，然后缓慢连续地注入经标化的量入式量筒内（量筒的大小应使待测体积至少占其额定体积的40%，不排尽针头中的液体），在室温下检视。测定油溶液、乳状液或混悬液时，应先加温（如有必要）摇匀，再用干燥注射器及注射针头抽尽后，同前法操作，放冷（加温时），检视。每支（瓶）的装量均不得少于其标示装量。

标示装量为50ml以上的注射液及注射用浓溶液照最低装量检查法（通则0942）检查，应符合规定。也可采用重量除以相对密度计算装量。方法是：准确量取供试品，精密称定，求出每1ml供试品的重量（即供试品的相对密度）；精密称定用干燥注射器及注射针头抽出或直接缓慢倾出供试品内容物的重量，再除以供试品相对密度，得出相应的装量。

预装式注射器和弹筒式装置的供试品：除另有规定外，标示装量不大于2ml者，取供试品5支（瓶）；2ml以上至50ml者，取供试品3支（瓶）。供试品与所配注射器、针头或活塞装配后将供试品缓慢连续注入容器（不排尽针头中的液体），按单剂量供试品要求进行装量检查，应不低于标示装量。

2. 装量差异 除另有规定外，注射用无菌粉末照下述方法检查，应符合规定（表20－10）。

表20－10 注射用无菌粉末装量差异限度表

标示装量或平均装量	装量差异限度
0.05g及0.05g以下	±15%
0.05g以上至0.15g	±10%
0.15g以上至0.50g	±7%
0.50g以上	±5%

检查法 取供试品5瓶（支），除去标签、铝盖，容器外壁用乙醇擦净，干燥，开启时注意避免玻璃屑等异物落入容器中，分别迅速精密称定；容器为玻璃瓶的注射用无菌粉末，首先小心开启内塞，使容器内外气压平衡，盖紧后精密称定。然后倾出内容物，容器用水或乙醇洗净，在适宜条件下干燥后，在分别精密称定每一容器的重量，求出每瓶（支）的装量与平均装量。每瓶（支）装量与平均装量相比较（如有标示装量，则与标示装量相比较），应符合表20－10规定，如有1瓶（支）不符合规定，应另取10瓶（支）复试，应符合规定。

凡规定检查含量均匀度的注射用无菌粉末，一般不再进行装量差异的检查。

3. 渗透压摩尔浓度 除另有规定外，静脉输液及椎管注射用注射液按各品种项下的规定，照渗透压摩尔浓度测定法（通则0632）测定，应符合规定。

4. 可见异物 除另有规定外，照可见异物检查法（通则0904）检查，应符合规定。

可见异物检查法有灯检法和光散射法，常采用的是灯检法，检查装置如图20－16。用深色透明容器包装，或液体色泽较深的品种可以选用光散射法。混悬型、乳状液型注射液和滴眼液不能使用光散射法。

5. 不溶性微粒 除另有规定外，用于静脉注射、静脉滴注、鞘内注射、椎管内注射的溶液型注射液、注射用无菌粉末及注射用浓溶液照不溶性微粒检查法（通则0903）检查，均应符合规定。

6. 中药注射剂有关物质 按各品种项下规定，照注射剂有关物质检查法（通则2400）检查，应符合有关规定。

7. 重金属及有害元素残留量 除另有规定外，中药注射剂照铅、镉、砷、汞、铜测定法（通则2321）测定，按各品种项下每日最大使用量计算，铅不得超过12μg，镉不得超过3μg，砷不得超过6μg，汞不得超过2μg，铜不得超过150μg。

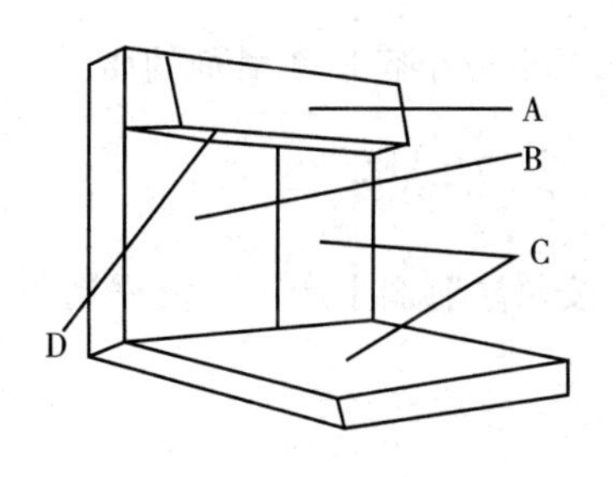

图20－16 灯检法示意

A. 带有遮光板的日光灯光源（光照度可在1000～4000lx范围内调节）；B. 不反光的黑色背景；C. 不反光的白色背景和底部（供检查有色异物）；D. 反光的白色背景（指遮光板内侧）

8. 无菌 照无菌检查法（通则1101）检查，应符合规定。

9. 细菌内毒素或热原 除另有规定外，静脉用注射剂按各品种项下的规定，照细菌内毒素检查法（通则1143）或热原检查法（通则1142）检查，应符合规定。

你知道吗

滴眼剂

滴眼剂系指由原料药物与适宜辅料制成的供滴入眼内的无菌液体制剂。可分为溶液、混悬液或乳状液。

滴眼剂中可加入调节渗透压、pH、黏度以及增加原料药物溶解度和制剂稳定的辅料，所用辅料不应降低药效或产生局部刺激。

除另有规定外，滴眼剂应与泪液等渗。混悬型滴眼剂的沉降物不应结块或聚集，经振摇应易再分散，并应检查沉降体积比。除另有规定外，每个容器的装量应不超过10ml。多剂量滴眼剂一般应加适当抑菌剂，尽量选用安全风险小的抑菌剂，产品标签应标明抑菌剂种类和标示量。

除另有规定外，滴眼剂应遮光密封贮存。滴眼剂启用后最多可用4周。

实训二十 注射剂综合实训及考核

小容量注射液的制备

一、实训目的

1. 学会小容量注射剂的制备方法和操作步骤。

2. 掌握小容量注射剂的质量检查项目和方法。

二、实训原理

按照注射剂生产工艺流程制备注射剂。

三、实训器材

1. 药品 安瓿、纯化水、注射用水、氯化钠。

2. 器材 超声波洗瓶机、干燥灭菌机、电子天平、配液罐、钛滤器、微孔滤膜滤器、安瓿拉丝灌封机、检漏灭菌器、安瓿等。

四、实训操作

0.9%氯化钠注射液

【处方】氯化钠 9g 注射用水 1000ml

【操作步骤】

1. 称量 按处方量称取氯化钠，注意核对品名、规格、批号和数量，记录并签名。

2. 配液和过滤 检查确认配液罐和滤器是否完好和已清洁，容器具是否清洁干燥。按照配液罐操作规程进行配液；配好的溶液依次通过钛滤器和微孔薄膜滤器进行过滤。滤液检测合格后备用。

3. 安瓿的洗涤、干燥和灭菌 检查确认超声波洗瓶机和干燥灭菌器是否完好和已清洁。检查水压、压缩空气压力、干燥灭菌的参数是否在工艺范围内。按要求取合适的安瓿，核对规格和数量，理入超声波洗瓶机的理瓶盘内，按照超声波洗瓶机的操作规程进行洗瓶；洗好的安瓿进入干燥灭菌器，按照干燥灭菌器的操作规程进行安瓿的干燥灭菌操作。

4. 灌封 检查安瓿拉丝灌封机是否完好和已清洁，调节火焰强度适中。按照安瓿拉丝灌封机操作规程将合格的药液灌封于已灭菌的安瓿中。

5. 灭菌和检漏 检查检漏灭菌器是否完好和已清洁，按照工艺参数设定灭菌温度和时间。将灌封好的安瓿推入检漏灭菌器，按照检漏灭菌器操作规程依次进行灭菌和检漏，冲洗色迹。生产结束后，取出安瓿。

6. 清洁清场 对所有设备、器具、生产场地进行清洁，完成清场记录。

7. 质量检查 外观：封口严密、无焦头、鼓泡现象；装量：每支装量不得少于标示量；可见异物：在规定条件下，不得有肉眼可见的浑浊或异物；无菌：按照无菌检查法检查，应符合要求。

五、实训考核

具体考核项目如表 20 - 11 所示。

表 20－11　小容量注射液的制备实训考核表

项目	考核要求	分值	得分
原辅料的称量	操作规范，称量准确	10	
配液和过滤	操作正确规范	10	
安瓿的洗涤、干燥和灭菌	方法熟练，操作规范，结果合理	20	
灌封	取量准确，操作规范，判断准确	10	
灭菌和检漏	操作规范，判断准确	10	
记录和清场	记录清晰完整，器材归位，场地清洁	10	
质量检查	方法熟练，操作规范，结果合理	15	
实验报告	书写规范，讨论有针对性，完整	15	
合计		100	

注射用无菌分装产品的制备

一、实训目的

1. 学会注射用无菌分装产品的制备方法和操作步骤。
2. 掌握注射用无菌分装产品的质量检查项目和方法。

二、实训原理

按照冻干粉的生产工艺流程制备注射用无菌分装产品。

三、实训器材

1. 药品　纯化水、注射用水、头孢唑啉钠。

2. 器材　超声波洗瓶机、干燥灭菌机、电子天平、抗生素玻璃瓶螺杆式分装机、轧盖机、西林瓶等。

四、实训操作

500mg 注射用头孢唑啉钠

【操作步骤】

1. 待分装原料的准备　按生产量要求称量头孢唑啉钠原料药，注意核对品名、规格、批号，记录并签名。

2. 西林瓶洗涤、干燥和灭菌　检查确认超声波洗瓶机和干燥灭菌器完好和已清洁。检查水压、压缩空气压力、干燥灭菌的参数是否在工艺范围内。按要求取合适的西林瓶，核对规格和数量，理入超声波洗瓶机的理瓶盘内，按照超声波洗瓶机的操作规程进行洗瓶；洗好的西林瓶进入干燥灭菌器，按照干燥灭菌器的操作规程进行西林瓶的干燥灭菌操作。

3. 胶塞和铝盖的清洗、干燥和灭菌　西林瓶的胶塞用注射用水清洗后于125℃干热灭菌2.5小时；铝盖清洗后于120℃干热灭菌1小时。

4. 无菌粉末的分装、加塞和轧盖 检查螺杆式分装机、加塞机和轧盖机是否完好和已清洁。按照螺杆式分装机和轧盖机操作规程，按照装量要求将合格的药粉分装于已灭菌的西林瓶中，加胶塞，轧盖。

5. 清洁清场 对所有设备、器具、生产场地进行清洁，完成清场记录。

6. 质量检查 外观：封口严密、无歪盖、无肉眼可见的异物等；装量及装量差异：每一瓶的装量与平均装量比较，不得超过±7%；不溶性微粒：按照不溶性微粒检查法检查，应符合规定；无菌：按照无菌检查法检查，应符合要求。

五、实训考核

具体考核项目如表20-12所示。

表20-12 注射用无菌分装产品的制备实训考核表

项目	考核要求	分值	得分
原辅料的称量	操作规范，称量准确	10	
西林瓶洗涤、干燥和灭菌	方法熟练，操作规范，结果合理	15	
胶塞和铝盖的清洗、干燥和灭菌	取量准确，操作规范，判断准确	15	
无菌粉末的分装、加塞和轧盖	操作规范，判断准确	20	
记录和清场	记录清晰完整、器材归位、场地清洁	10	
质量检查	方法熟练，操作规范，结果合理	15	
实验报告	书写规范，讨论有针对性，完整	15	
合计		100	

目标检测

一、判断题

1. 皮下注射常用于过敏性实验或疾病诊断。(　　)
2. 用于静脉、脊椎注射的注射液不得加抑菌剂。(　　)
3. 湿热灭菌法是注射剂应用最广泛的一种灭菌方法。(　　)

二、单项选择题

1. 注射剂的pH一般要求为（　　）

   A. 4~9　　B. 3~8　　C. 5.0~7.8　　D. 2~5

2. 延缓主药氧化的附加剂有（　　）

   A. 抗氧剂　　B. 金属离子络合剂

   C. 惰性气体　　D. 三者均是

3. 大量注入低渗溶液可导致（ ）
   A. 红细胞不变 B. 红细胞聚集 C. 红细胞皱缩 D. 溶血
4. 兼有抑菌和止痛作用的是（ ）
   A. 尼泊金类 B. 三氯叔丁醇 C. 乙醇 D. 醋酸苯汞
5. 焦亚硫酸钠在注射剂中的作用是（ ）。
   A. pH 调节剂 B. 金属离子络合剂
   C. 等渗调节剂 D. 抗氧剂
6. 常用于注射液最后精滤的过滤器是（ ）
   A. 砂滤棒 B. 4 号垂熔玻璃滤器
   C. 微孔滤膜 D. 布氏漏斗
7. 下列有关注射剂的叙述，错误的是（ ）
   A. 注射剂均为澄明溶液，必须用热压灭菌
   B. 适用于不能口服药物的患者
   C. 适用于不宜口服的药物
   D. 质量要求比其他剂型严格
8. 下列关于冷冻干燥制品的陈述，错误的是（ ）
   A. 冷冻干燥是利用水的蒸发性能进行的干燥
   B. 物料是在高度真空和低温下干燥的
   C. 冷冻干燥制品多孔疏松，易于溶解
   D. 冷冻干燥制品含水量低，有利于贮存

三、简答题

1. 注射剂常用的附加剂有哪些？
2. 欲配制 1% 氯化钾溶液 200ml，需加入氯化钠多少克才能成为等渗溶液？（1% 氯化钾溶液冰点下降 0.44℃；1% 氯化钠溶液冰点下降 0.58℃）
3. 请将下列处方配成注射液，并说出各种成分的作用。
   盐酸普鲁卡因 20g 氯化钠 4g 盐酸（0.1mol/L） 适量
   注射用水加至 1000ml
4. 简述小容量注射液的生产工艺过程。

（刘桂丽）

书网融合……

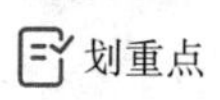

划重点 自测题

项目二十一　制备气雾剂

PPT

学习目标

知识要求

1. **掌握**　气雾剂的定义、特点、分类、组成和质量要求。
2. **熟悉**　气雾剂的药物吸收和质量检查。
3. **了解**　气雾剂吸入方法、处方类型、制备方法。

能力要求

1. 会对气雾剂进行质量检查。
2. 会借助药典、网络、多媒体、图书等资源查阅相关资料。

岗位情景模拟

情景描述　患者，男，阵发性呼吸困难6年，1周前感冒咳嗽，1天前突然气喘发作，胸部憋闷，确诊为哮喘病急性发作。

讨论　此时患者可自行使用哪种药剂进行急救？

任务一　认识气雾剂

一、气雾剂的定义

气雾剂是指原料药物或原料药物和附加剂与适宜的抛射剂共同装封于具有特制阀门系统的耐压容器中，使用时借助抛射剂的压力将内容物呈雾状物喷至腔道黏膜或皮肤的制剂。（图21－1）

气雾剂喷出后呈泡沫状或半固体状，则称之为泡沫剂或凝胶剂/乳膏剂。

图21－1　气雾剂的喷雾装置图

气雾剂可用于局部或全身给药。抗生素药、抗病毒药、抗菌中药等可用作局部治疗，如局麻止痛利多卡因气雾剂、复方甲硝唑气雾剂、云南白药气雾剂等；发挥全身治疗作用的有布地奈德气雾剂、硝酸甘油气雾剂、吲哚美辛气雾剂、胰岛素气雾剂等。

你知道吗

气雾剂的发展

1943 年 Goodhue 用二氯二氟甲烷（商品名 F12）作为抛射剂制备了便于携带的杀虫用气雾剂，具有重要意义。1947 年杀虫用气雾剂上市，但当时需要很厚很重的耐压容器。随着低压抛射剂和低压容器的开发成功，气雾剂成本降低，得到快速发展。至 20 世纪 50 年代，气雾剂被用于皮肤病、创伤、烧伤和局部感染等，1955 年被用于呼吸道给药。随着人们的研究与新制剂技术的飞跃发展，使气雾剂的应用越来越广泛。

二、气雾剂的特点

1. 气雾剂的优点

（1）具有速效和定位作用，如治疗哮喘的气雾剂可使药物粒子直接进入肺部，吸入两分钟即能显效。

（2）药物密闭于容器内能保持药物清洁无菌，且由于容器不透明、避光且不与空气中的氧或水分直接接触，增加了药物的稳定性。

（3）使用方便，一揿（吸）即可，使病患用药顺应性提高，尤其适用于 OTC 药物。

（4）全身用药可避免胃肠道的破坏和肝脏首过作用。

（5）可以用定量阀门准确控制剂量。

2. 气雾剂的缺点

（1）因气雾剂需要耐压容器、阀门系统和特殊的生产设备，所以生产成本高。

（2）抛射剂有高度挥发性因而具有致冷效应，多次使用于受伤皮肤上可引起不适与刺激。

（3）氟氯烷烃类抛射剂在动物或人体内达一定浓度都可致敏心脏，造成心律失常，故治疗用的气雾剂对心脏病患者不适宜。

三、气雾剂的分类

1. 按分散系统分类

（1）溶液型气雾剂　系指药物（固体或液体）溶解在抛射剂中，形成均匀溶液，喷出后抛射剂挥发，药物以固体或液体微粒状态达到作用部位。

（2）混悬型气雾剂　药物（固体）以微粒状态分散在抛射剂中形成混悬液，喷出后抛射剂挥发，药物以固体微粒状态达到作用部位。此类气雾剂又称为粉末气雾剂。

（3）乳剂型气雾剂　药物水溶液和抛射剂按一定比例混合可形成 O/W 型或 W/O 型乳剂。O/W 型乳剂以泡沫状态喷出，因此又称为泡沫气雾剂。W/O 型乳剂，喷出时形成液流。

2. 按气雾剂处方组成分类

（1）二相气雾剂　一般指溶液型气雾剂，由气液两相组成。气相是抛射剂所产生的蒸气；液相为药物与抛射剂所形成的均相溶液。

（2）三相气雾剂　一般指混悬型气雾剂与乳剂型气雾剂，由气－液－固，或气－液－液三相组成。在气－液－固中，气相是抛射剂所产生的蒸气，液相是抛射剂，固相是不溶性药粉；在气－液－液中两种不溶性液体形成两相，即 O/W 型或 W/O 型。

3. 按医疗用途分类

（1）呼吸道吸入用气雾剂　吸入气雾剂系指药物与抛射剂呈雾状喷出时随呼吸吸入肺部的制剂，可发挥局部或全身治疗作用。

（2）皮肤和黏膜用气雾剂　皮肤用气雾剂主要起保护创面、清洁消毒、局部麻醉及止血等作用；阴道黏膜用的气雾剂，常用 O/W 型泡沫气雾剂。主要用于治疗微生物、寄生虫等引起的阴道炎，也可用于节制生育。鼻黏膜用气雾剂主要是一些肽类的蛋白类药物，用于发挥全身作用。

（3）空间消毒用气雾剂　主要用于杀虫、驱蚊及室内空气消毒。喷出的粒子极细（直径不超过 50μm），一般在 10μm 以下，能在空气中悬浮较长时间。

4. 按给药定量与否分类　分为定量气雾剂和非定量气雾剂。定量气雾剂释出的主要含量应准确、均一，喷出的雾滴（粒）应均匀。且应在包装上标明：①每罐总揿次；②每揿主药含量或递送剂量。

你知道吗

吸入气雾剂和鼻用气雾剂

吸入气雾剂是指原料药物或原料药物和附加剂与适宜抛射剂共同装封于具有定量阀门系统和一定压力的耐压容器中，形成溶液、混悬液或乳液，使用时借助抛射剂的压力，将内容物呈雾状物喷出而用于肺部吸入的制剂，其原料药物粒度大小应控制在 10μm 以下，其中大多数应在 5μm 以下。

鼻用气雾剂系指经鼻吸入沉积于鼻腔的制剂。揿压阀门可定量释放活性物质。

四、气雾剂的吸收

气雾剂主要通过肺部吸收，吸收速度快，如异丙肾上腺素气雾剂吸入后 1～2 分钟即可起平喘作用。肺部吸收迅速的原因主要是肺部吸收面积巨大。肺由气管、支气管、细支气管、肺泡管和肺泡囊组成。肺泡囊的数目估计达 3 亿～4 亿，总表面积可达 70～100m^2，为体表面积的 25 倍。肺泡囊壁由单层上皮细胞所构成，这些细胞紧靠着致密的毛细血管网（毛细血管总表面积约为 90m^2，且血流量大），细胞壁或毛细血管壁的厚度只有0.5～1μm，因此肺泡囊是气体与血液进行快速扩散交换的部位，药物到达肺泡囊即可迅速吸收显效。

影响气雾剂吸收的因素有：微粒大小、呼吸情况（呼吸量和呼吸频率）、药物性质（药物的分子量及脂溶性、溶解性、吸湿性）等。

1. 微粒大小　粒子大小是影响药物是否能深入肺泡囊的主要因素。较粗的微粒大部分散落在上呼吸道黏膜上而吸收缓慢。如果微粒太细，进入肺泡囊后则大部分随呼气排出，且在肺部的沉积率也很低。通常吸入气雾的微粒大小以在0.5～5μm范围内最适宜。

2. 药物性质　吸入的药物能溶解于呼吸道的分泌液中则有助于药物的吸收，而难溶的药物易造成呼吸道刺激。药物在肺部的吸收速度与其脂溶性成正比，与分子量成反比。

3. 呼吸情况　粒子的沉积量与呼吸量成正比，与呼吸频率成反比。

你知道吗

吸入气雾剂的使用方法

1. 移开喷口的盖，如图21－2（a）所示拿着气雾剂，并用力摇匀。

2. 如图21－2（b）所示，轻轻地呼气直到不再有空气可以从肺内呼出。

3. 如图21－2（c）所示，将喷口放在口内，并合上嘴唇含着喷口。在开始通过口部深深地、缓慢地吸气同时，马上按下药罐将药物释出，并继续深吸气。

4. 如图21－2（d）屏息10秒，或在没有不适的感觉下尽量屏息久些，然后才缓慢呼气。若需要多吸一剂，应等待至少1分钟后再重做第2、3、4步骤。

5. 用后，将盖套回喷口上。

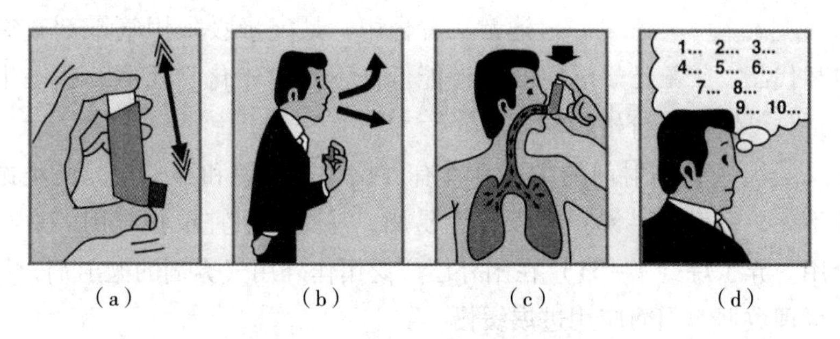

（a）　（b）　（c）　（d）

图21－2　吸入气雾剂的使用方法

任务二　熟悉气雾剂的组成

气雾剂是由抛射剂、药物与附加剂、耐压容器和阀门系统所组成。抛射剂与药物（必要时加附加剂）一同装封在耐压容器内，器内产生压力（抛射剂气体），若打开阀门，则药物、抛射剂一起喷出而形成气雾。雾滴中的抛射剂进一步气化，雾滴变得更细。雾滴的大小决定于抛射剂的类型、用量、阀门和揿钮的类型，以及药液的黏度等。

一、抛射剂

抛射剂是喷射药物的动力，有时兼有药物的溶剂作用。抛射剂多为液化气体，在常压下沸点低于室温。因此，需装入耐压容器内，由阀门系统控制。在阀门开启时，借抛射剂的压力将容器内药液以雾状喷出达到用药部位。抛射剂的喷射能力的大小直接受其种类和用量的影响，同时也要根据气雾剂用药目的和要求加以合理地选择。对抛射剂的要求是：①适宜的低沸点液体，在常温下的蒸气压大于大气压；②无毒、无致敏反应和刺激性；③惰性，不与药物等发生反应；④不易燃、不易爆炸；⑤无色、无臭、无味；⑥价廉易得。但一个抛射剂不可能同时满足以上各个要求，应根据用药目的适当选择。

过去常用的抛射剂为氟氯烷烃类（CFCSs，氟利昂类），因其受紫外线影响而分解出高活性元素氯，与臭氧发生作用而破坏大气臭氧层，已逐渐停用。目前常用的抛射剂主要有氢氟烷烃类、碳氢化合物和压缩气体三类。

> **请你想一想**
>
> 氟利昂的"功与过"
>
> 从氟利昂的性质、用途等，分析氟利昂的"功与过"，并通过查阅药典，概括目前常用的气雾剂有哪些。

1. 氢氟烷烃类（HFA） 作为氟利昂的主要替代品。目前用于气雾剂的主要有四氟乙烷（HFA－134a）、七氟丙烷（HFA－227ea）及二氟乙烷（HFA－152a）。四氟乙烷主要的缺点是温室效应潜能高，且我国生产能力较低。七氟丙烷较为安全，但是价格昂贵，且温室效应潜能高。两者的性状均与低沸点的氟利昂类似，在人体内残留少、毒性小。通常二者合用，是定量吸入用气雾剂氟氯化碳类抛射剂的主要替代品。二氟乙烷温室效应潜能低，不产生光化学反应，我国生产能力较强，但缺点是具可燃性、价格较高。

2. 碳氢化合物 作抛射剂的主要品种有丙烷、正丁烷和异丁烷。此类抛射剂虽然稳定，毒性不大，密度低，沸点较低，但易燃、易爆，不宜单独应用，常与氟氯烷烃类抛射剂合用。异丁烷（A－31）在国外已广泛用作外用气雾剂的抛射剂，但目前缺乏足够的吸入毒理数据，因而应用进展缓慢。

3. 压缩气体 用做抛射剂的主要有二氧化碳、氮气和一氧化氮等。其化学性质稳定，不与药物发生反应，不燃烧。但液化后的沸点均较上述二类低得多，常温时蒸气压过高，对容器耐压性能的要求高（需小钢球包装）。若在常温下充入它们非液化气体，则压力容易迅速降低，达不到持久的喷射效果，在气雾剂中基本不用，用于喷雾剂。

你知道吗

气雾剂的喷射能力的强弱决定于抛射剂的用量及自身蒸气压。一般用量大，蒸气压高，喷射能力强；反之则弱。需要按医疗要求选择适宜的抛射剂的组分和使用量，常采用混合抛射剂，通过调整用量和蒸气压来调整喷射能力。

二、药物与附加剂

1. 药物　液体、固体药物均可制备气雾剂，目前应用较多的药物有呼吸道系统用药、心血管系统用药、解痉药及烧伤用药等，近年来多肽类药物的气雾剂给药系统的研究越来越多。

2. 附加剂　为制备质量稳定的溶液型、混悬型或乳剂型气雾剂应加入附加剂，如潜溶剂、润湿剂、乳化剂、稳定剂、抗氧剂等，必要时还可添加矫味剂、防腐剂等。加入防腐剂时应注意其本身的药理作用。各类附加剂均应对呼吸道、皮肤或黏膜没有刺激作用。

三、耐压容器

气雾剂的容器必须不与药物和抛射剂起作用、耐压（有一定的耐压安全系数）、轻便、价廉等。耐压容器有金属容器和玻璃容器等，以玻璃容器较常用。

1. 玻璃容器　中性玻璃化学性质稳定，耐腐蚀，但耐压和耐撞击性差。因此，在玻璃容器外面裹一层塑料防护层，以弥补这种缺点。

2. 金属容器　包括铝、不锈钢等容器，耐压性强，但对药液不稳定，需内涂聚乙烯或环氧树脂等。

3. 塑料容器　特点是质轻，牢固，能耐受较高的压力，具有良好的抗撞击性和耐腐蚀性。但塑料容器有较高的渗透性和特殊气味，易引起药液变化。如热塑性聚丁烯对苯二甲酸树脂。

四、阀门系统

气雾剂的阀门系统，是控制药物和抛射剂从容器喷出的主要部件，其中设有供吸入用的定量阀门，或供腔道或皮肤等外用的泡沫阀门等特殊阀门系统（图 21－3）。

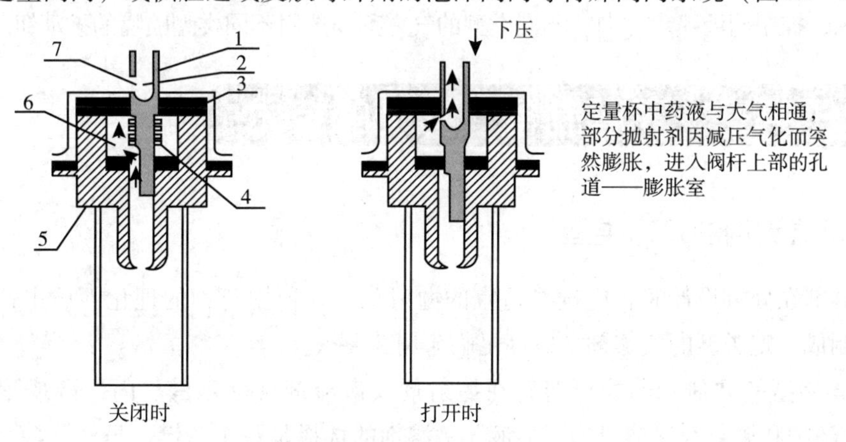

图 21－3　气雾剂阀门系统示意图

1. 阀杆；2. 膨胀室；3. 出液弹性封圈；4. 弹簧；5. 进液弹性封圈；6. 定量室；7. 内孔

阀门系统坚固、耐用和结构稳定与否，直接影响到制剂的质量。阀门材料必须对内容物为惰性，其加工应精密。下面主要介绍目前使用最多的定量型的吸入气雾剂阀门系统的结构与组成部件。

1. 封帽 通常为铝制品，将阀门固封在容器上，必要时涂上环氧树脂等薄膜。

2. 阀杆（轴芯） 常用尼龙或不锈钢制成。顶端与推动钮相接，其上端有内孔和膨胀塞，其下端还有一段细槽或缺口以供药液进入定量杯。

（1）内孔（出药孔） 是阀门沟通容器内外的极细小孔，其大小关系到气雾剂喷射雾滴的粗细。内孔位于阀杆之旁，平常被弹性封圈封在定量杯之外，使容器内外不沟通。当揿下推动钮时内孔进入定量杯与药液相通，药液即通过其进入膨胀室，然后从喷嘴喷出。

（2）膨胀室 在阀杆内，位于内孔之上，药液进入此室时，部分抛射剂因减压气化而骤然膨胀，以致使药液雾化、喷出，进一步形成微细雾滴。

3. 橡胶封圈 有弹性，通常由丁腈橡胶制成。分进液弹性封圈和出液弹性封圈两种。进液弹性封圈紧套于阀杆下端，在弹簧之下，它的作用是托住弹簧，同时随着阀杆的上下移动而使进液槽打开或关闭，且封住定量杯下端，使杯内药液不致倒流。出液弹性封圈，紧套于阀杆上端，位于内孔之下，弹簧之上，它的作用是随着阀杆的上下移动而使内孔打开或关闭，同时封闭定量杯的上端，使杯内药液不致溢出。

4. 弹簧 由不锈钢制成，套于阀杆，位于定量杯内，提供推动钮上升的弹力。

5. 定量杯（室） 由塑料或金属制成，其容量一般为0.05～0.2ml。它决定了剂量的大小。由上下封圈控制药液不外逸，使喷出准确的剂量。

6. 浸入管 塑料制成，浸入管的作用是将容器内药液向上输送到阀门系统的通道，向上的动力是容器的内压。

7. 推动钮 常由塑料制成，装在阀杆的顶端，推动阀杆用以开启和关闭气雾剂阀门，上有喷嘴，控制药液喷出方向。不同类型的气雾剂，选用不同类型喷嘴的推动钮。

任务三 了解制备气雾剂的技术

一、气雾剂的处方类型

气雾剂在处方设计时，应选择适宜的抛射剂，并根据药物的理化性质来选择附加剂，配制成一定类型的气雾剂，以满足临床用药要求。

1. 溶液型气雾剂 药物可溶解在抛射剂及潜溶剂（如乙醇、丙二醇或聚乙二醇等），使药物和抛射剂混溶成均相溶液。潜溶剂的选择是一个关键，虽然乙醇、聚乙二醇、丙二醇、甘油、乙酸乙酯、丙酮等可作为气雾剂的潜溶剂，但必须要注意其毒性和刺激性，尤其是用于口腔、吸入或鼻腔的气雾剂。

2. 混悬型气雾剂　药物不溶于抛射剂或潜溶剂，以细微粒分散于抛射剂中，常加表面活性剂作为润湿剂、稳定剂、助悬剂和分散剂。

3. 乳剂型气雾剂　药物溶于水或溶于甘油、丙二醇类溶剂中，加入抛射剂和适宜乳化剂，使其在容器内呈乳剂。O/W 型乳剂经阀门喷出后，分散相中的抛射剂立即膨胀气化，使乳剂呈泡沫状态喷出，故称泡沫气雾剂，这类气雾剂比较常用。

二、气雾剂的制备方法 微课

气雾剂应在避菌环境下配制，各种用具、容器等需用适宜的方法清洁、灭菌，整个生产工艺流程（图 21－4）应注意避免微生物的污染。

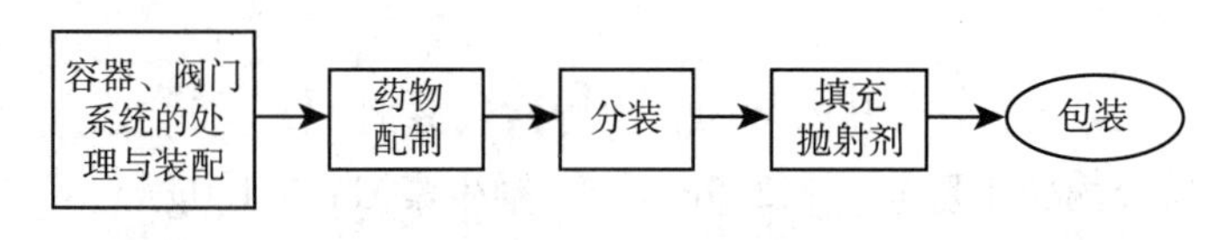

图 21－4　气雾剂的生产工艺流程图

1. 容器、阀门系统的处理与装配

（1）玻瓶搪塑　先将玻瓶洗净烘干，预热至 120～130℃，趁热浸入塑料黏浆中，使瓶颈以下黏附一层塑料液，倒置，在 150～170℃烘干 15 分钟，备用。对塑料涂层的要求是：能均匀地紧密包裹玻瓶，万一爆瓶不致玻片飞溅，外表平整、美观。

（2）阀门系统的处理与装配　将阀门的各种零件分别处理：①橡胶制品可在 75% 乙醇中浸泡 24 小时，以除去色泽并消毒，干燥备用；②塑料、尼龙零件洗净后浸在 95% 乙醇中备用；③不锈钢弹簧在 1% ～3% 碱液中煮沸 10～30 分钟，用水洗涤数次，然后用蒸馏水洗 2～3 次，直至无油腻为止，浸泡在 95% 乙醇中备用。最后将上述已处理好的零件，按照阀门的结构装配。

2. 药物的配制与分装　按处方组成及所要求的气雾剂类型进行配制。溶液型气雾剂应制成澄清药液；混悬型气雾剂应将药物微粉化并保持干燥状态；乳剂型气雾剂应制成稳定的乳剂。

将上述配制好的合格药物分散系统，定量分装在已准备好的容器内，安装阀门，轧紧封帽。

3. 抛射剂的填充　抛射剂的填充有压灌法和冷灌法两种。

（1）压灌法　先将配好的药液（一般为药物的乙醇溶液或水溶液）在室温下灌入容器内，再将阀门装上并轧紧，然后通过压装机压入定量的抛射剂（最好先将容器内空气抽去）。液化抛射剂经砂棒滤过后进入压装机。操作压力以 68.65～105.975kPa 为宜。压力低于 41.19kPa 时，充填无法进行。压力偏低时，可将抛射剂钢瓶用热水或红外线等加热，使达到工作压力。当容器上顶时，灌装针头伸入阀杆内，压装机与容器的阀门同时打开，液化的抛射剂即以自身膨胀压入容器内。

压入法的设备简单，不需要低温操作，抛射剂损耗较少，目前我国多用此法生产。

但生产速度较慢，且在使用过程中压力的变化幅度较大。目前，国外气雾剂的生产主要采用高速旋转压装抛射剂的工艺，产品质量稳定，生产效率大为提高。

（2）冷灌法　药液借助冷却装置冷却至 -20℃左右，抛射剂冷却至沸点以下至少5℃。先将冷却的药液灌入容器中，随后加入已冷却的抛射剂（也可两者同时进入）。立即将阀门装上并轧紧，操作必须迅速完成，以减少抛射剂损失。

冷灌法速度快，对阀门无影响，成品压力较稳定。但需制冷设备和低温操作，抛射剂损失较多。含水品不宜用此法。在完成抛射剂的灌装后（对冷灌法而言，还要安装阀门并用封帽扎紧），最后还要在阀门上安装推动钮，而且一般还加保护盖。

三、实例分析

盐酸异丙肾上腺素气雾剂

【处方】盐酸异丙肾上腺素　2.5g　维生素 C　1.0g

二氯二氟甲烷（F12）　适量　乙醇　296.5g

共制　1000g

【制法】将药物与维生素 C 溶于乙醇，制成澄清溶液，定量分装于气雾剂容器，安装阀门，轧紧封帽后，充装抛射剂 F12。

【注释】

1. 盐酸异丙肾上腺素在 F12 中溶解性能差，加入乙醇作潜溶剂，维生素 C 为抗氧剂。局部应用的溶液型气雾剂除上述组成外，还含有防腐剂羟苯甲酯和丙酯等。

2. 该气雾剂是溶液型气雾剂。

任务四　了解气雾剂的质量控制和检查

一、气雾剂的质量控制

1. 气雾剂应在清洁、避菌环境下配制。各种用具、容器等须用适宜的方法清洁、灭菌。在整个操作过程中应注意防止微生物的污染。

2. 配制气雾剂时，可按药物的性质，加入适量抗氧剂或抑菌剂等附加剂。吸入气雾剂、皮肤和黏膜用气雾剂均应无不良刺激性。

3. 吸入气雾剂的雾粒或药物微粒的细度应控制在 10μm 下，大多数的微粒应小于 5μm。

4. 气雾剂常用的抛射剂为适宜的低沸点液体。根据气雾剂所需压力，可将两种或几种抛射剂以适宜比例混合使用。

5. 二相气雾剂应按处方制得澄清的溶液后，按规定量分装。三相气雾剂应将微粉化（或乳化）原料药物和附加剂充分混合制得混悬液或乳状液，如有必要，抽样检查，符合要求后分装。在制备过程中，必要时应严格控制水分，防止水分混入。

6. 气雾剂的容器，应能耐受气雾剂所需的压力，各组成部件均不得与原料药物或附加剂发生理化作用，其尺寸精度与溶胀性必须符合要求。

7. 定量气雾剂释出的主药含量应准确、均一，喷出的雾滴（粒）应均匀。

8. 气雾剂应进行泄漏检查，确保安全使用。

9. 气雾剂应置凉暗处保存，并避免曝晒、受热、敲打、撞击。

10. 定量气雾剂应标明：①每罐总揿次；②每揿主药含量或递送剂量。

11. 气雾剂用于烧伤治疗，如为非无菌制剂的，应在标签上标明“非无菌制剂”；产品说明书中应注明“本品为非无菌制剂”，同时在适应证下应明确“用于程度较轻的烧伤（Ⅰ°或浅Ⅱ°）”；注意事项下规定“应遵医嘱使用”。

二、气雾剂的质量检查

除另有规定外，气雾剂应进行以下相应检查。

鼻用气雾剂除符合气雾剂项下要求外，还应符合鼻用制剂（通则0106）相关项下要求。

1. 每罐总揿次　气雾剂照下述方法检查，每罐总揿次应符合规定。

检查法　取气雾剂1罐（瓶），揿压阀门，释放内容物到废弃池中，每次揿压间隔不少于5秒。每罐（瓶）总揿次应不少于标示总揿次。

2. 递送剂量均一性　定量气雾剂照吸入制剂（通则0111）相关项下方法检查，递送剂量均一性应符合规定。

3. 每揿主药含量　定量气雾剂照下述方法检查，每揿主药含量应符合规定。

检查法　取供试品1瓶，充分振摇，除去帽盖，试喷5次，用溶剂洗净套口，充分干燥后，倒置于已加入一定量吸收液的适宜烧杯中，将套口浸入吸收液液面下（至少25mm），喷射10次或20次（注意每次喷射间隔5秒并缓缓振摇），取出供试品，用吸收液洗净套口内外，合并吸收液，转移至适宜量瓶中并稀释至刻度后，按各品种含量测定项下的方法测定，所得结果除以取样喷射次数，即为平均每揿主药含量。每揿主药含量应为每揿主药含量标示量的80%～120%。

4. 喷射速率　非定量气雾剂照下述方法检查，喷射速率应符合规定。

检查法　取供试品4瓶，除去帽盖，分别喷射数秒后，擦净，精密称定，将其浸入恒温水浴（25℃±1℃）中30分钟，取出，擦干，除另有规定外，连续喷射5秒，擦净，分别精密称重，然后放入恒温水浴（25℃±1℃）中，按上法重复操作3次，计算每瓶的平均喷射速率（g/s），均应符合各品种项下的规定。

5. 喷出总量　非定量气雾剂照下述方法检查，喷出总量应符合规定。

检查法　取供试品4瓶，除去帽盖，精密称定，在通风橱内，分别连续喷射于已加入适量吸收液的容器中，直至喷尽为止，擦净，分别精密称定，每瓶喷出量均不得少于标示装量的85%。

6. 每揿喷量　定量气雾剂照下述方法检查，应符合规定。

检查法　取供试品1罐，振摇5秒，按产品说明书规定，弃去若干揿次，擦净，精密称定，揿压阀门喷射1次，擦净，再精密称定。前后两次重量之差为1个喷量。按上法连续测定3个喷量；揿压阀门连续喷射，每次间隔5秒，弃去，至$n/2$次；再按上法连续测定4个喷量；继续揿压阀门连续喷射，弃去，再按上法测定最后3个喷量。计算每罐/瓶10个喷量的平均值。除另有规定外，应为标示喷量的80%～120%。

凡进行每揿递送剂量均一性检查的气雾剂，不再进行每揿喷量检查。

7. 粒度　除另有规定外，混悬型气雾剂应作粒度检查。

检查法　取供试品1罐，充分振摇，除去帽盖，试喷数次，擦干，取清洁干燥的载玻片一块，置距喷嘴垂直方向5cm处喷射1次，用约2ml四氯化碳或其他适宜溶剂小心冲洗载玻片上的喷射物，吸干多余的四氯化碳，待干燥，盖上盖玻片，移置具有测微尺的400倍或以上倍数显微镜下检视，上下左右移动，检查25个视野，计数，应符合各品种项下规定。

8. 装量　非定量气雾剂照最低装量检查法（通则0942）检查，应符合规定。

9. 无菌　除另有规定外，用于烧伤［除程度较轻的烧伤（Ⅰ°或浅Ⅱ°外）］、严重创伤或临床必须无菌的气雾剂，照无菌检查法（通则1101）检查，应符合规定。

10. 微生物限度　除另有规定外，照非无菌产品微生物限度检查：微生物计数法（通则1105）和控制菌检查法（通则1106）及非无菌药品微生物限度标准（通则1107）检查，应符合规定。

目标检测

一、单项选择题

1. 关于气雾剂正确的表述是（　　）
   A. 按气雾剂相组成可分为一相、二相和三相气雾剂
   B. 二相气雾剂一般为混悬系统或乳剂系统
   C. 按医疗用途可分为吸入气雾剂、皮肤和黏膜气雾剂及空间消毒用气雾剂
   D. 气雾剂系指将药物封装于具有特制阀门系统的耐压密封容器中制成的制剂
2. 气雾剂的优点不包括（　　）
   A. 制备简单，成本低　　B. 药物不易被污染
   C. 可避免肝脏的首过效应　　D. 使用方便，可减少对创面的刺激性
3. 二相气雾剂为（　　）
   A. 溶液型气雾剂　　B. O/W型乳剂型气雾剂
   C. W/O型乳剂型气雾剂　　D. 混悬型气雾剂
4. 乳剂型气雾剂为（　　）
   A. 单相气雾剂　　B. 二相气雾剂
   C. 三相气雾剂　　D. 双相气雾剂

5. 下列组分中，不属于气雾剂基本组成的是（　　）
   A. 药物与附加剂　　B. 抛射剂
   C. 耐压容器　　D. 胶塞
6. 气雾剂喷射药物的动力是（　　）
   A. 推动钮　　B. 内孔　　C. 定量阀门　　D. 抛射剂
7. 对抛射剂的要求错误的是（　　）
   A. 在常压下沸点低于室温　　B. 在常温下蒸气压低于大气压
   C. 兼有溶剂的作用　　D. 无毒、无致敏性、无刺激性
8. 下列哪种物质可作为气雾剂的抛射剂（　　）
   A. 四氟乙烷　　B. 乙醚　　C. 氧气　　D. 空气
9. 混悬型气雾剂中不包括（　　）组成
   A. 抛射剂　　B. 润湿剂　　C. 助溶剂　　D. 助悬剂
10. 气雾剂按医疗用途分，错误的是（　　）
   A. 肺部吸入　　B. 口服和黏膜用　　C. 皮肤用　　D. 空间消毒

二、多项选择题

1. 气雾剂由（　　）组成
   A. 抛射剂　　B. 药物和附加剂　　C. 囊材　　D. 耐压容器
2. 下列关于气雾剂的特点描述正确的是（　　）
   A. 具有速效和定位作用
   B. 可以用定量阀门准确控制剂量
   C. 药物可避免胃肠道的破坏和肝脏首过作用
   D. 设备简单，生产成本低

三、简答题

1. 气雾剂的特点是什么？
2. 简述气雾剂的四大组成是什么？
3. 医用气雾剂的抛射剂应具备的条件是什么？
4. 写出气雾剂的制备工艺流程。

（丛振娜）

书网融合……

划重点

自测题

PPT

项目二十二 制备喷雾剂

学习目标

知识要求

1. **掌握** 喷雾剂的定义、特点、质量要求。
2. **熟悉** 喷雾剂的分类、质量检查。
3. **了解** 喷雾剂的制备。

能力要求

喷雾剂的质量检查。

岗位情景模拟

情景描述 刘某较懒惰，不常清洗鞋袜，不讲究卫生，致脚长癣，瘙痒难受，因恐怕长成“香港脚”，就医后，医生开了硝酸益康唑喷雾剂（图22－1）。

讨论 1. 该药是何种剂型？

2. 如何使用？怎样制备的？

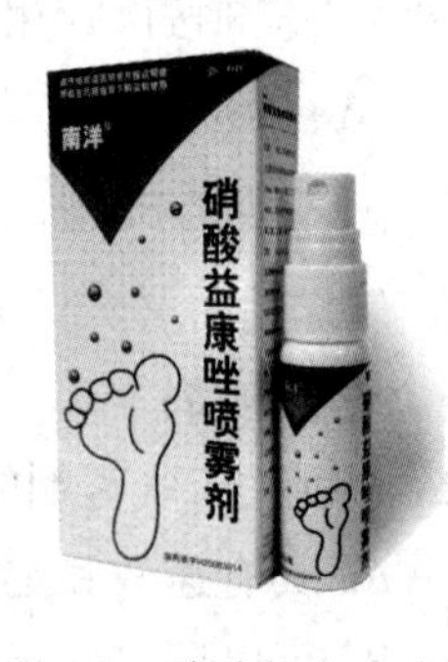

图22－1 硝酸益康唑喷雾剂

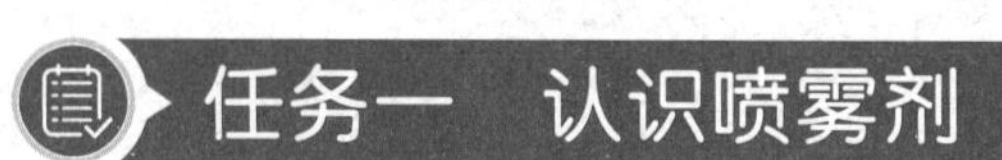

任务一 认识喷雾剂

一、喷雾剂的定义

喷雾剂是指原料药物或与适宜辅料填充于特制的装置中，使用时借助手动泵的压力、高压气体、超声振动或其他方法将内容物呈雾状物释出，直接喷至腔道黏膜或皮肤等的制剂。（图22－2）

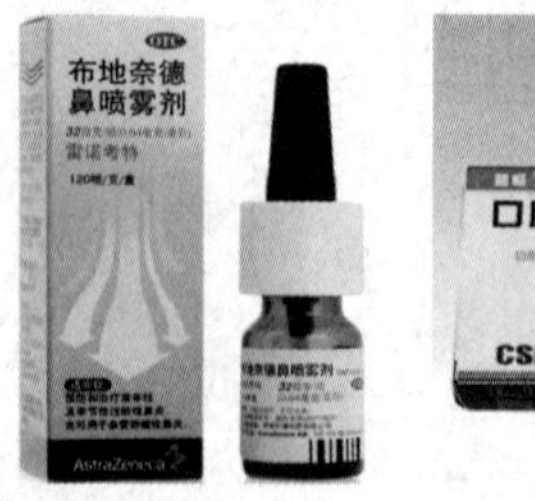

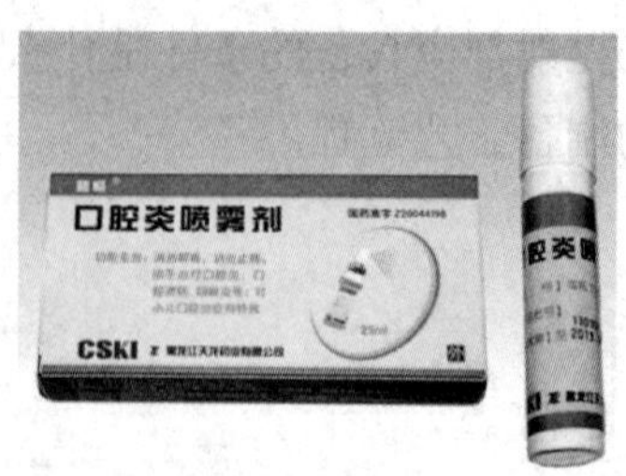

图22－2 喷雾剂

二、喷雾剂的特点

1. 喷射的雾滴较大，一般以局部应用为主。

2. 由于不是加压包装，制备方便，生产成本低。

3. 喷雾剂无需抛射剂、较安全，可雾化给药，特别适用于皮肤、黏膜、腔道等部位给药，尤以鼻腔和体表给药较多见，可作为非吸入用气雾剂的替代形式。如临床上一些抗组胺药、抗交感神经药和抗生素等常通过鼻腔喷雾给药来治疗鼻腔的充血、过敏、炎症或感染等；一些局麻药、抗菌药、止痒药或皮肤保护剂的喷雾剂等可用于烫伤或晒伤；含抗菌剂、除臭剂和芳香剂的喷雾剂可用于口臭、喉痛和喉炎等；其他一些喷雾剂可用于运动员的伤痛或真菌感染等。

请你想一想

气雾剂与喷雾剂有什么区别呢？

三、喷雾剂的分类

1. 按内容物组成分为溶液型、乳状液型或混悬型。
2. 按给药途径可分为吸入喷雾剂、鼻用喷雾剂及用于皮肤、黏膜的非吸入喷雾剂。
3. 按给药定量与否，喷雾剂还可分为定量喷雾剂和非定量喷雾剂。

供雾化器用的喷雾剂是指通过连续型雾化器产生供吸入用气溶胶的溶液、混悬液或乳液。定量吸入喷雾剂指通过定量雾化器产生供吸入用气溶胶的溶液、混悬液和乳液。

任务二　熟悉喷雾剂的组成

一、喷雾剂的药物

喷雾剂中的易溶药物可溶解于溶剂中，制成澄清的溶液型喷雾剂。难溶性药物则需要应用超微粉碎等技术，将药物制成 5μm 或 10μm 以下的微粉，再制成稳定的混悬型喷雾剂。如果药物是难溶的液体，可均匀分散于溶剂中形成乳状液型喷雾剂。

如果原料药物是中药饮片，则需进行提取、纯化和浓缩后再进入后续配液和灌封。

二、压缩气体的选择

常用的压缩气体有 CO_2、N_2O、N_2，使用前需要经过净化处理。内服的喷雾剂大多采用氮或者二氧化碳等压缩气体为喷射药液动力。其中氮的溶解度小，化学性质稳定，无异臭。二氧化碳的溶解度虽然高，但能改变药液的 pH，因此应用受到限制。

制备喷雾剂的过程中，要施加较高的压力以确保内容物能全部喷出，因此对容器的牢固性要求较高，必须能抵抗 1029. 7kPa 表压的内压。

三、喷雾剂的附加剂

喷雾剂根据制备的需要，除溶剂外还可加入增溶剂、助溶剂、抗氧剂、抑菌剂、助悬剂、表面活性剂、pH 调节剂等附加剂。有些皮肤给药的喷雾剂还可加入适宜的透皮促进剂等。所加附加剂应符合药用规格，对皮肤或黏膜应无刺激性、无毒性。

任务三 了解制备喷雾剂的技术

一、喷雾装置

喷雾装置主要由容器和雾化器两部分构成，该系统是采用手压触动器产生压力，使喷雾器内药液以所需形式释放的装置，使用方便，仅需很小的触动力即可达到全喷量，适宜范围广。

常用的容器有塑料瓶和玻璃瓶两种，前者一般为不透明的白色塑料，质轻，强度较高，便于携带；后者一般为透明的棕色玻璃制成，质重，强度差，不便携带。

雾化器使用氧气、加压空气、超声振动或其他方法将药物溶液、乳状液或混悬液分散为小雾滴喷出，患者可以通过该装置的入口端直接吸入药物。由于处方设计及制备过程相对简单，喷雾剂在制剂研发过程中能较快地进入临床阶段。

该装置中各组成部件均应采用无毒、无刺激性、性质稳定、与药物不起作用的材料制造。常用的材料多为聚丙烯、聚乙烯、不锈钢弹簧及钢珠。

你知道吗

喷雾剂主要借助外力喷射，不含抛射剂，可弥补气雾剂的不足。但存在剂量不易控制，使用不便等缺点。

二、喷雾剂的生产工艺流程 微课

喷雾剂的生产工艺流程如图 22-3 所示。

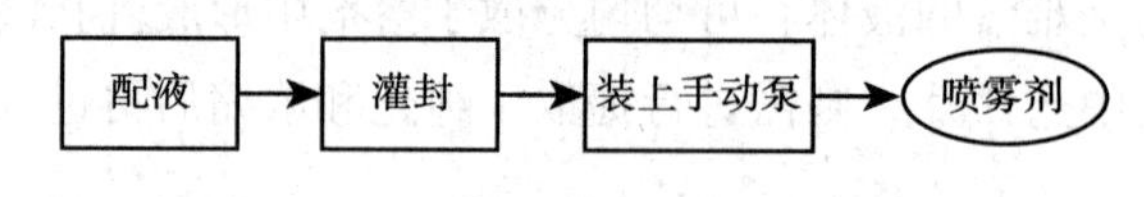

图 22-3 喷雾剂的生产工艺流程图

喷雾剂应在相关品种要求的环境下配制，如一定的洁净度、灭菌条件和低温环境等。

（一）药液的配制

将药物采用适宜的方法处理后，加入规定的溶剂和附加剂，制成规定浓度的溶液、乳状液或混悬液待用。

（二）药液的灌封

上述药液经质量检查合格后，即可灌封于灭菌的洁净干燥容器中，装上阀门系统（雾化装置）和帽盖。使用压缩气体的喷雾剂，安装阀门、轧紧封帽后，压入压缩气体即可。

任务四　了解喷雾剂的质量控制和检查

一、喷雾剂的质量控制

1. 喷雾剂的药液应分散均匀。溶液型喷雾剂药液应澄清；乳液型喷雾剂液滴在液体介质中应分散均匀；混悬型喷雾剂应制成稳定、易分散的混悬剂。中药喷雾剂应将提取的药液做必要的净化处理，减少杂质的析出，增加制剂的稳定性，并应避免沉淀物堵塞喷嘴影响药液的喷出。

2. 喷雾剂用于烧伤治疗如为非无菌制剂的，应在标签上标明“非无菌制剂”；产品说明书中应注明“本品为非无菌制剂”，同时在适应证下应明确“用于程度较轻的烧伤（Ⅰ°或浅Ⅱ°）”；注意事项下规定“应遵医嘱使用”。

3. 除另有规定外，喷雾剂应避光密封贮存。

二、喷雾剂的质量检查

喷雾剂应标明每瓶的装量、主药含量、总喷次、贮藏条件。

检查内容与气雾剂类似，应检查每瓶总喷次、每喷喷量、每揿主药含量、装量、微生物限度、灭菌等，应符合规定。

1. 每瓶总喷次　多剂量定量喷雾剂照下述方法检查，应符合规定。

检查法　取供试品4瓶，除去帽盖，充分振摇，照使用说明书操作，释放内容物至收集容器内，按压喷雾泵（注意每次喷射间隔5秒并缓缓振摇），直至喷尽为止，分别计算喷射次数，每瓶总喷次均不得少于其标示总喷次。

2. 每喷喷量　除另有规定外，定量喷雾剂照下述方法检查，应符合规定。

检查法　取供试品1瓶，照产品说明书规定，弃去若干喷次，擦净，精密称定，喷射1次，擦净，再精密称定。前后两次重量之差为1个喷量。分别测定标示喷次前（初始3个喷量）、中（$n/2$喷起4个喷量，n为标示总喷次）、后（最后3个喷量），共10个喷量。计算上述10个喷量的平均值。再重复测试3瓶。除另有规定外，均应为标示喷量的80%~120%。

凡规定测定每喷主药含量或递送剂量均一性的喷雾剂，不再进行每喷喷量的测定。

3. 每喷主药含量　除另有规定外，定量喷雾剂照下述方法检查，每喷主药含量应符合规定。

检查法　取供试品1瓶，按产品说明书规定，弃去若干喷次，用溶剂洗净喷口，充分干燥后，喷射10次或20次（注意喷射每次间隔5秒并缓缓振摇），收集于一定量的吸收溶剂中，转移至适宜量瓶中并稀释至刻度，摇匀，测定。所得结果除以10或20，即为平均每喷主药含量，每喷主药含量应为标示含量的80%~120%。

凡规定测定递送剂量均一性的喷雾剂，一般不再进行每喷主药含量的测定。

4. 递送剂量均一性 除另有规定外，混悬型和乳状液型定量鼻用喷雾剂应检查递送剂量均一性，照吸入制剂（通则 0111）或鼻用制剂（通则 0106）相关项下方法检查，应符合规定。

5. 装量差异 除另有规定外，单剂量喷雾剂照下述方法检查，应符合规定。

检查法 除另有规定外，取供试品 20 个，照各品种项下规定的方法，求出每个内容物的装量与平均装量。每个的装量与平均装量相比较，超出装量差异限度的不得多于 2 个，并不得有 1 个超出限度 1 倍（表 22 -1）。

表 22 -1 喷雾剂装量差异限度

平均装量	装量差异限度
0.30g 以下	±10%
0.30g 至 0.30g 以上	±7.5%

凡规定检查递送剂量均一性的单剂量喷雾剂，一般不再进行装量差异的检查。

6. 装量 非定量喷雾剂照最低装量检查法（通则 0942）检查，应符合规定。

7. 无菌 除另有规定外，用于烧伤［除程度较轻的烧伤（Ⅰ°或浅Ⅱ°外）］、严重创伤或临床必须无菌的喷雾剂，照无菌检查法（通则 1101）检查，应符合规定。

8. 微生物限度 除另有规定外，照非无菌产品微生物限度检查：微生物计数法（通则 1105）和控制菌检查法（通则 1106）及非无菌药品微生物限度标准（通则 1107）检查，应符合规定。

实训二十一 喷雾剂综合实训及考核

一、实训目的

1. 了解喷雾剂的制备方法。
2. 了解喷雾剂的质量评定方法。

二、实训原理

通过配液与灌封，掌握喷雾剂药液的配液方法，了解喷雾剂的主要工序及喷雾装置构造。

三、实训器材

1. 药品 异丙基去甲肾上腺素喷雾剂。

2. 器材 电子天平、吸水纸。

四、实训操作

异丙基去甲肾上腺素喷雾剂

【处方】异丙基去甲肾上腺素　2.48g　氯化钠　适量
甘油　适量　亚硫酸钠　适量
盐酸　适量　注射用水　加至4000ml
共制　1000瓶

【制法】将异丙乙基去甲肾上腺素溶于含有甘油、氯化钠、亚硫酸钠、盐酸的无菌注射用水中，制成澄清溶液，通过喷雾器喷雾。

【分析】氯化钠为等渗调节剂，甘油为矫味剂且起增稠作用，亚硫酸钠为抗氧化剂，盐酸为pH调节剂。本品为无菌制剂，包装材料为塑料小瓶，适用于各种病因导致的支气管哮喘。每次剂量为0.25~0.5ml。

【检查】

1. 性状　无色或几乎无色的澄清溶液。

2. 每喷喷量检查　取制得的异丙基去甲肾上腺素喷雾剂4瓶，分别试喷数次后，擦净，精密称定，再连续喷射3次，每次喷射后均擦净，精密称定，计算每次喷量，连续喷射10次，擦净，精密称定，再按上述方法测定3次喷量，继续连续喷射10次后，按上述方法再测定4次喷量，计算每瓶10次喷量的平均值，均应为标示喷量的80%~120%，则为合格品。

五、实训考核

具体考核项目如表22-2所示。

表22-2　喷雾剂制备实训考核表

项目	考核要求	分值	得分
性状	描述准确	10	
每喷喷量检查	操作规范，记录清晰，计算准确	80	
清场	器材归位，场地清洁	10	
合计		100	

目标检测

一、单项选择题

1. 喷雾剂的质量评定不包括（　　）
A. 每喷喷量　B. 每瓶总喷次
C. 递送剂量均一性　D. 抛射剂用量检查

2. 以下关于喷雾剂的说法正确的是（　　）

A. 喷雾剂的内容物必须是液体的

B. 喷雾剂中的压力可以保持恒定

C. 喷雾剂中的压缩气体和气雾剂中一样是被液化的

D. 喷雾剂分为定量喷雾剂和非定量喷雾剂

3. 喷雾剂喷射药液的动力来源是（　　）

A. 潜溶剂　　B. 抛射剂

C. 耐压容器　　D. 手动泵压力、高压气体或超声振动

二、多项选择题

1. 喷雾剂制备过程中雾化药液可采用的方法有（　　）

A. 氧气　　B. 加压空气　　C. 超声振动　　D. 抛射剂

2. 喷雾剂按内容物组成分为（　　）

A. 溶液型　　B. 吸入型　　C. 乳状液型　　D. 混悬型

3. 喷雾剂按给药途径可分为（　　）

A. 吸入喷雾剂　　B. 鼻用喷雾剂

C. 皮肤用喷雾剂　　D. 黏膜非吸入喷雾剂

三、简答题

1. 喷雾剂的定义是什么？

2. 喷雾剂有什么特点？

3. 喷雾剂与气雾剂的区别？

4. 喷雾剂质量检查项目有哪些？

（从振娜）

书网融合……

微课

划重点

自测题

参考答案

项目一

一、单项选择题

1. A　2. C　3. B　4. A　5. C

项目二

一、单项选择题

1. C　2. B　3. D

二、判断题

1. ×　2. ×　3. ×

项目三

一、多项选择题

1. ABCD　2. ABCD　3. ABCD　4. ABCD

项目四

一、单项选择题

1. A　2. C　3. D　4. B　5. E　6. B

项目五

一、单项选择题

1. C　2. D　3. A　4. A　5. C　6. C　7. A　8. D

二、多项选择题

1. ABCD　2. ABCD

项目六

二、单项选择题

1. A　2. B　3. B　4. B　5. B　6. D　7. B　8. B　9. A　10. A

三、配伍选择题

1. C　2. B　3. D　4. A

四、判断题

1. √　2. √　3. ×　4. √　5. ×

项目七

二、单项选择题

1. D　2. D　3. B　4. D　5. A　6. C　7. B　8. D　9. D　10. D

三、配伍选择题

1. A　2. D　3. B　4. E　5. C　6. A　7. A　8. B　9. C　10. D

四、多项选择题

1. ABD　2. ABC　3. AB　4. ABCD　5. AB　6. AC　7. BC　8. ACD

五、判断题

1. ×　2. ×　3. ×　4. ×　5. √　6. √　7. ×　8. ×　9. ×　10. ×

项目八

一、单项选择题

1. A　2. C　3. D　4. D　5. D　6. D　7. A　8. D　9. A　10. B
11. B　12. D　13. B　14. A　15. D

二、配伍选择题

1. D　2. A　3. E　4. C　5. B　6. B　7. E　8. D　9. E　10. D
11. C　12. A　13. C　14. B　15. D

三、多项选择题

1. ABCD　2. ABD　3. ABC　4. BCD　5. ABCD

项目九

一、单项选择题

1. D　2. B　3. A　4. B　5. A　6. B　7. D　8. A

二、多项选择题

1. ACD　2. ABD　3. BCD

项目十

一、判断题

1. ×　2. √　3. √　4. √　5. ×　6. ×

二、单项选择题

1. D　2. B　3. C　4. D　5. A

项目十一

一、判断题

1. ×　2. √　3. ×　4. ×

二、单项选择题

1. D　2. C　3. C　4. A　5. C　6. B

项目十二

一、判断题

1. √　2. ×　3. √

二、单项选择题

1. E　2. C　3. B　4. D　5. A

项目十三

一、单项选择题

1. A　2. C　3. A　4. C　5. C

二、判断题

1. √ 2. × 3. √ 4. × 5. √

项目十四

一、单项选择题

1. D 2. A 3. A 4. D 5. C 6. A 7. D

项目十五

一、单项选择题

1. C 2. B 3. B 4. D 5. A 6. A 7. D

二、判断题

1. × 2. × 3. √

项目十六

一、单项选择题

1. D 2. D 3. B 4. C 5. C 6. A 7. B 8. C 9. D 10. A

二、判断题

1. √ 2. √ 3. × 4. ×

项目十七

一、单项选择题

1. D 2. A 3. D 4. B 5. D 6. D 7. A

二、判断题

1. √ 2. √ 3. ×

项目十八

一、单项选择题

1. C 2. A 3. D 4. C 5. B 6. A 7. C

二、配伍选择题

1. A 2. D 3. B 4. C 5. A 6. C 7. B 8. D

项目十九

一、单项选择题

1. C 2. A 3. D 4. A 5. D

项目二十

一、判断题

1. × 2. √ 3. √

二、单项选择题

1. A 2. D 3. D 4. B 5. D 6. C 7. A 8. A

项目二十一

一、单项选择题

1. C 2. A 3. A 4. C 5. D 6. D 7. C 8. A 9. C 10. B

二、多项选择题

1. ABD　2. ABC

项目二十二

一、单项选择题

1. D　2. D　3. D

二、多项选择题

1. ABC　2. ACD　3. ABCD

参考文献

[1] 国家药典委员会．中华人民共和国药典（2020 年版）[M]．北京：中国医药科技出版社，2020.

[2] 缪立德，刘生阶．药物制剂技术 [M]．2 版．北京：中国医药科技出版社，2016.

[3] 杨明．中药药剂学 [M]．4 版．北京：中国中医药出版社，2016.